产浆蜂场（金水华 摄）

蜂王（金水华 摄）

多王群

6只蜂王在同一脾面和平相处（郑火青 摄）

图1 移虫（张中印 摄）

图2 引诱工蜂泌浆喂虫（叶振生 摄）

图3 提取浆框（吴黎明 摄）

图4 爬满哺育蜂的浆框（吴黎明 摄）

图5 割除加高的王台盖（张中印 摄）

图6 整齐一致的浆杯（吴黎明 摄）

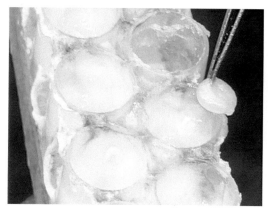

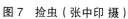

图 7　捡虫（张中印 摄）

图 8　挖浆（张中印 摄）

图 9　呈朵状的蜂王浆（金水华 摄）

图 10　冷冻保存的荆条花期蜂王浆
（张中印 摄）

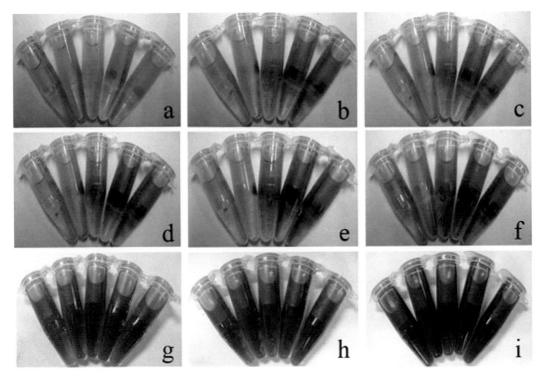

蜂王浆与 HCl 颜色反应（郑火青 摄）

庭院前的定地蜂场（吴黎明 摄）

油菜花上的蜜蜂（吴黎明 摄）

紫云英（金水华 摄）

"十三五"国家重点图书重大出版工程规划项目

中国农业科学院科技创新工程资助出版

蜂王浆品质评价
新方法及应用

New Methods for Royal Jelly Quality
Evaluation: Fundamentals and Applications

吴黎明　薛晓锋　胡福良　郑火青◎著

中国农业科学技术出版社

图书在版编目（CIP）数据

蜂王浆品质评价新方法及应用 / 吴黎明等著. —北京：中国农业科学技术
出版社，2019.10

ISBN 978-7-5116-3887-8

Ⅰ.①蜂…　Ⅱ.①吴…　Ⅲ.①蜂乳-质量评价②蜂乳-利用　Ⅳ.①S896.3

中国版本图书馆 CIP 数据核字（2018）第 210605 号

责任编辑	李海燕　张志花
责任校对	马广洋

出 版 者	中国农业科学技术出版社
	北京市中关村南大街 12 号　邮编：100081
电　话	（010）82106636（编辑室）　（010）82109702（发行部）
	（010）82109709（读者服务部）
传　真	（010）82106631
网　址	http://www.castp.cn
经 销 者	各地新华书店
印 刷 者	北京建宏印刷有限公司
开　本	787mm×1 092mm　1/16
印　张	13.25　彩插　4 面
字　数	280 千字
版　次	2019 年 10 月第 1 版　2019 年 10 月第 1 次印刷
定　价	136.00 元

前　言

蜂王浆是由哺育蜂头部咽下腺（Hypopharyngeal gland）和上颚腺（Mandibular gland）共同分泌的，具有酸、涩、辣、甜且略带特殊芳香气味的乳白色或淡黄色，用以饲喂蜂王和 1~3 日龄蜜蜂幼虫的浆状物质，对蜜蜂，尤其是蜂王的营养和发育具有重要意义。我国是世界上最大的蜂王浆生产和出口国，每年生产蜂王浆约 4 000 吨，生产量和出口量均占世界总量的 90% 以上，出口国家和地区主要有日本、澳大利亚、美国和欧盟等。

蜂王浆的化学组成非常复杂，一般认为新鲜蜂王浆含水量为 64.5%~68.5%，干物质为 35.5%~31.5%。其中，蛋白质 12%~14%，碳水化合物 8.5%~16%，脂类 6% 左右，灰分 0.4%~2%，另外还有维生素和矿物质、微量元素、酶类、核酸类物质以及其他成分和未知物质。迄今为止，仍有约 2.84% 的被称为"R"物质的组分尚未被鉴定。

丰富的生物活性物质使得蜂王浆可以在自然状态下平衡机体内分泌系统，具有诸如肿瘤抑制、免疫调节、降血压、降血脂、抗氧化、抗菌、抗疲劳、抗衰老等生理药理功能；蜂王浆中的复杂化合物可激发人类腺体功能、天然激素或激素样物质功能，有利于保持生殖系统发育和功能正常。因蜂王浆具有卓越的营养保健效果，在保健食品、医药、化妆品等领域具有很高的应用价值，目前蜂王浆及其制品已经风靡全球。在国内，随着人民生活水平的提高和保健需求的增长，蜂王浆的需求和市场也正在逐步扩大。

但总体而言，人们对蜂王浆的化学组成认识还不深入，我国蜂王浆国家标准 GB 9697—2008 的品质指标仅包括水分、10-羟基-2-癸烯酸、蛋白质、总糖、灰分、酸度和淀粉；2016 年颁布的蜂王浆国际标准 ISO 12824：2016（E）规定的品质指标也仅限于水分、10-羟基-2-癸烯酸、蛋白质、总糖（细分为葡萄糖、果糖、蔗糖、麦芽糖、麦芽三糖和吡喃葡糖基蔗糖）、总酸、总脂和 C_{13}/C_{12} 同位素

1

比值。虽然这些指标可在一定程度上评判蜂王浆的品质优劣，但准确性还有待提高，且也难以准确阐明蜂王浆营养功能的产生机理。

近年来，随着分析技术的成熟和发展，国内外科学家对蜂王浆化学组成和营养功能进行了更深层次的研究，探讨了蜂王浆主要蛋白的结构和功能，在国内外学术期刊上发表了上百篇学术论文并获得了系列专利，取得了较大的进展。

非常值得欣慰的是，在大家的共同努力下，我们研究小组也在蜂王浆质量控制和品质评价领域取得可喜的研究成果。尤其是在蜂王浆核酸类、生物胺、糖类、氨基酸等组分的分析方法及其与新鲜度相关性研究方面取得了一些突破。在此编印成册，期望为蜂王浆组分及功能研究抛砖引玉，吸引更多的研究者开展研究，利用好蜂王浆这一宝贵资源。

由于我们水平有限，错误之处在所难免，敬请读者海涵并提出宝贵意见。

著 者

2018 年 10 月

目　录

第一章　蜂王浆化学组分及新鲜度研究进展 ……………………………………… （1）

第一节　蜂王浆的化学组分 ………………………………………………… （1）
第二节　蜂王浆新鲜度研究进展 ………………………………………… （5）
参考文献 ……………………………………………………………………… （9）

第二章　蜂王浆高效生产配套技术之多王群组建及利用技术 ………………… （14）

第一节　意大利蜂多王群的组建 ………………………………………… （14）
第二节　多王群的饲养管理技术及应用价值 …………………………… （22）
第三节　意大利蜂多王群的形成机理初探 ……………………………… （27）
参考文献 ……………………………………………………………………… （36）

第三章　生产方式对蜂王浆品质的影响 ………………………………………… （39）

第一节　不同采浆时间对蜂王浆理化指标的影响 ……………………… （39）
第二节　蛋白质营养水平对蜂王浆产量和成分的影响 ………………… （42）
第三节　3 种蜂王浆蛋白质的营养评价 ………………………………… （48）
参考文献 ……………………………………………………………………… （55）

第四章　蜂王浆中糖和氨基酸测定新技术及应用 ……………………………… （56）

第一节　离子色谱法测定蜂王浆中葡萄糖、果糖、蔗糖和麦芽糖 ……… （56）
第二节　蜂王浆中 26 种氨基酸的 UPLC 测定及其贮存过程中含量的变化…… （61）

参考文献 ……………………………………………………………………………… (78)

第五章　蜂王浆三磷酸腺苷及其关联物分析新技术和应用 ……………… (83)

第一节　蜂王浆中腺苷的测定 ……………………………………………… (83)
第二节　蜂王浆中磷酸腺苷、核苷和核碱基的鉴定及分布 ……………… (91)
第三节　基于三磷酸腺苷及其关联产物评价蜂王浆的新鲜度 …………… (103)
参考文献 ……………………………………………………………………… (115)

第六章　蜂王浆内源性有害物质检测新方法及其利用 …………………… (120)

第一节　蜂王浆中糠醛类物质含量的测定及其在贮存中的变化 ………… (120)
第二节　蜂王浆中糠氨酸的测定及在贮藏中的变化 ……………………… (136)
第三节　蜂王浆中生物胺的测定及在贮藏中的变化 ……………………… (145)
参考文献 ……………………………………………………………………… (159)

第七章　蜂王浆新鲜度快速评价方法 ……………………………………… (165)

第一节　FT-IR 整体评价蜂王浆新鲜度的研究 …………………………… (165)
第二节　蜂王浆不同贮存条件下蛋白质二级结构的 Fourier 变换红外光谱
　　　　研究 ………………………………………………………………… (179)
第三节　基于显色反应快速测定蜂王浆的新鲜度 ………………………… (193)
参考文献 ……………………………………………………………………… (200)

第一章　蜂王浆化学组分及新鲜度研究进展

第一节　蜂王浆的化学组分

一、蜂王浆的概念

蜂王浆（Royal jelly）是由蜜蜂哺育蜂头部咽下腺（Hypopharyngeal gland）和上颚腺（Mandibular gland）共同分泌的，具有酸、涩、辣、甜且略带特殊芳香气味的乳白色或淡黄色的浆状物，具有诸如抗疲劳、抗菌消炎、抗肿瘤、降血压、促生长等多方面的营养保健作用，在保健食品、医药、化妆品等领域具有很高的应用价值。

蜂王浆在蜜蜂的级型分化中发挥着重要的作用（Haydak，1970；Osamu et al.，2004）。同样由蜂王产下的受精卵孵化成的小幼虫，如果在整个幼虫期都被饲喂蜂王浆，只需 16 d 就能发育成生殖器官完全的蜂王；如果只在幼虫期的前三天饲喂蜂王浆，随后改喂蜂蜜和花粉，需要 21 d，并只能发育成生殖器官不完全的工蜂。

蜂王与工蜂尽管同样发育自受精卵，但存在着巨大的差异，主要表现在：

第一，工蜂的寿命为 35~40 d（越冬期可达半年），蜂王的平均寿命可长达 4~5 年，是工蜂寿命的 50 倍左右；

第二，蜂王的体长是工蜂体长的 1.5 倍左右，体重是工蜂的 3 倍左右；

第三，蜂王具有超常的生殖能力，高峰期可在 24 h 内产下 2 000 粒以上的卵，而工蜂通常不产卵；

第四，蜂王的生殖器官发育完全，而工蜂的生殖器官发育不完全并形成了与其工作分工密切相关的组织，如花粉筐、发达的上颚腺、咽下腺和蜡腺等（陈崇羔，1999；陈盛禄，2001）。

蜂王与工蜂个体形态与生理的巨大差异引起了人们研究蜂王浆的极大兴趣。近百年来，科技工作者从蜂王浆的化学组成、营养保健功能等方面入手进行了系列研究。

二、蜂王浆的化学组分

人们对蜂王浆的理化性质研究由来已久。早在 1922 年，美国学者 Aeppler 等就开始探索蜂王浆的化学成分（Aeppler, 1922），但直到 20 世纪 70 年代以后，随着现代分析技术的发展和进步，人们才逐渐对蜂王浆的化学成分有了比较全面的了解。

蜂王浆的化学组成非常复杂，一般认为新鲜蜂王浆含水量为 64.5%~68.5%，干物质为 35.5%~31.5%。其中，蛋白质 12%~14%，碳水化合物 8.5%~16%，脂类 6%左右，灰分 0.4%~2%。迄今为止，还有约 2.84% 被称为"R"物质的未确定物质未被鉴定（Howe et al., 1985; Palma, 1992）。

新鲜蜂王浆的 pH 值为 3.5~4.5，其水溶液呈混浊状，可溶于强酸和强碱中，部分溶于酒精并产生白色沉淀（Howe et al., 1985; Takenaka, 1982）。

（一）糖类组分及含量

蜂王浆中的糖组分与蜂蜜相似，主要为果糖和葡萄糖，约占蜂王浆总糖量的 90%，蔗糖含量在不同样品间差异很大，此外还含有少量的麦芽糖、海藻糖、龙胆二糖、核糖和吡喃葡糖基蔗糖等（Lercker et al., 1992）。基于 HPLC 分析，发现蜂王浆中果糖含量范围为 4.06%~6.4%，葡萄糖的含量范围为 5.07%~8.2%，蔗糖含量也相当高，范围为 0.8%~3.6%，麦芽糖和海藻糖的含量较少，两者均约为 0.3%（Popescu et al., 2009）。

（二）蛋白质组分与含量

蛋白质占蜂王浆干重的 50% 以上，其中接近 80% 的可溶性蛋白是 MRJPs（major royal jelly proteins），它们在雌性蜜蜂发育中有特定的生理作用（Schmitzova et al., 1998; Nozaki et al., 2012）。研究表明，MRJPs 家族中有 9 个成员：MRJP1、MRJP2、MRJP3、MRJP4、MRJP5、MRJP6、MRJP7、MRJP8 和 MRJP9（Albert et al., 2004; Drapeau et al., 2006; Schonleben et al., 2007; Tamura et al., 2009; Ramadan 和 Al-Ghamdi, 2012; Buttstedt et al., 2013）。MRJP1~MRJP8 已经通过克隆和测序手段得到鉴定，并获得了各自的 cDNA 序列（Albert 和 Klaudiny, 2004）。

MRJP1 是一种弱酸性的糖蛋白（pI 为 4.9~6.3，单体大小 55~57 kDa），其在凝胶过滤层析后形成大小为 350 kDa 的六聚体（Kimura et al., 1995）。另有研究显示，MRJPs 为 280 kDa 大小的蛋白质，可通过还原和非还原 SDS-PAGE 分离为 55 kDa 大小的条带，也可通过 2-DE（pH 值 4.2~6.5）分离成多个点（Tamura et al., 2009）；以上两种不同的聚合过程是与 pH 值密切相关的，在 pH 值 6~7 时形成五聚体，在 pH 值 8 下形成六聚体（Cruz et al., 2011）。有研究表明，MRJP1 寡聚体是由 55 kDa 蛋白质亚基通过非共价键结合而成（Santos *et al.*，2005；Tamura *et al.*，2009）。MRJP1 有较高含量的必需氨基酸（48%），因此被认为是功能性食物的潜在原料（Judova *et al.*，2004）。基于圆二色谱（CD）测量的 MRJP1 的二级结构由 9.6% α-螺旋，38.3% β-折叠和 20% β-转角组成（Cruz *et al.*，2011）。

在西方蜜蜂中，*AmMRJP*1 基因具有 1 299 bp 的开放阅读框（ORF），编码具有 422 个氨基酸的去糖基化蛋白质，预测分子量为 48 kDa（Tamura *et al.*，2009）。在毕赤酵母中表达的中华蜜蜂 MRJP1（*Apis cerana cerana* MRJP1，AccMRJP1）与来自西方蜜蜂（*Apis mellifera*）的糖基化 AmMRJP1 在分子量上一致（Shen *et al.*，2010）。重组 AccMRJP1 去糖基化后分子量从 57 kDa 降至 48 kDa，表明 AccMRJP1 是糖基化形式。MRJP2、MRJP3、MRJP4 和 MRJP5 分别是 49、60~70、60 和 80 kDa 的糖蛋白（Li *et al.*，2007；Schmitzova *et al.*，1998）。MRJP2~MRJP5 的 pI 范围在 6.3~8.3（Li *et al.*，2007；Sano *et al.*，2004；Santos *et al.*，2005；Schonleben *et al.*，2007）。研究表明，甲基化是 MRJPs 最重要的翻译后修饰，其在蜂王浆蛋白质组中导致了 MRJP1~MRJP5 的多态性（Zhang *et al.*，2012）。MRJP8 和 MRJP9 在蜂王浆中比较罕见，但在蜜蜂毒液中可以检测到（Peiren *et al.*，2005；2008）。

（三）游离氨基酸、脂类、维生素和生物活性物质的成分与含量

蜂王浆含有丰富的氨基酸，包括 8 种必需氨基酸和 5 种未鉴定的相关化合物。它们是缬氨酸（1.6%）、甘氨酸（3.0%）、异亮氨酸（1.6%）、亮氨酸（3.0%）、脯氨酸（3.9%）苏氨酸（2.0%）、丝氨酸（2.9%）、蛋氨酸（3.7%）、苯丙氨酸（0.5%）、天冬氨酸（2.8%）、谷氨酸（8.3%）、酪氨酸（4.9%）、赖氨酸（2.9%）、精氨酸（3.3%）和色氨酸（3.4%）（Bărnuţiu *et al.*，2011）。超高效液相色谱（UPLC）可以分离和定量蜂王浆中的 26 种氨基酸，结果表明，新鲜蜂王浆中 FAA 和 TAA 的平均含量分别为 9.21 mg/g 和 111.27 mg/g，其中 FAA 主要为 Pro、Gln、Lys、Glu，最丰富的 TAA 为 Asp、Glu、Lys 和 Leu。然而，在贮存期间，Met 和游离 Gln 的总含量显著且连续地降低，因此它们可以用作鉴定蜂王浆品质的参数（Wu *et al.*，2009）。

在蜂王浆中也鉴定到了核苷酸，包括游离碱基（腺苷、尿苷、鸟苷和胞苷等）及其磷酸盐，如 5′-单磷酸腺苷（AMP）、5′-二磷酸腺苷（ADP）和 5′-三磷酸腺苷（ATP）（Xue *et al.*，2009a，b；Zhou *et al.*，2012）。腺苷是天然存在的嘌呤核苷，是核糖核酸（RNA）的组分，由通过 b-N9-糖苷键与呋喃核糖连接的腺嘌呤组成。在体内，腺苷是细胞内三磷酸腺苷（ATP）代谢降解产生的，ATP 是蛋白质转运系统和酶活性的重要能量来源。通过连续的去磷酸化 ATP 可以转化为二磷酸腺苷（ADP）和单磷酸腺苷（AMP）（Kim *et al.*，2011）。UPLC 方法显示蜂王浆中的 ATP 依次降

解为 5′-二磷酸腺苷（ADP）、5′-单磷酸腺苷（AMP）、单磷酸肌苷（IMP）、肌苷（HxR）和次黄嘌呤（Hx）（Zhou et al. 2009）。研究表明，ATP、ADP 和 AMP 在新鲜蜂王浆中含量很高，而单磷酸肌苷、尿苷、鸟苷和胸苷可在商业蜂王浆样品中被鉴定出来（Wu et al., 2015）。

蜂王浆还含有维生素 B_1、维生素 B_2、维生素 B_6、维生素 B_5、维生素 B_8、维生素 B_9、维生素 C 和烟酸（PP）（表 1-1）（Bărnuţiu et al., 2011）。蜂王浆的挥发性有机化合物（VOC）谱显示，蜂王浆富含酸、酯和醛化合物，在检测到的 40 种挥发性有机化合物（VOC）中，酯类和醛类是最丰富的，分别约占 25% 和 17.5%，对蜂王浆风味贡献最大。还检测到其他类别的化合物，例如酮（15%）、酸（10%）和醇（10%）（Zhao et al., 2016）。

表 1-1　在蜂王浆中鉴定出的主要维生素

Tab. 1-1　Principal vitamins identified in Royal jelly

蜂王浆中维生素	mg/100 g
维生素 A	1.10
维生素 E	5.00
维生素 B_1	2.06
维生素 D	0.2
维生素 B_2	2.77
维生素 B_6	11.90
维生素 B_{12}	0.15
维生素 B_5（泛酸）	52.80
烟酸（PP）	42.42
维生素 C（抗坏血酸）	2.00
维生素 B_9（叶酸）	0.40

从蜂王浆中也分离出了抗氧化肽，它们具有很强的羟基自由基清除活性，包括 Ala-Leu、Phe-Lys、Phe-Arg、Ile-Arg、Lys-Phe、Lys-Leu、Lys-Tyr、Arg-Tyr、Tyr-Asp、Tyr-Tyr、Leu-Asp-Arg 和 Lys-Asn-Tyr-Pro。在 C 末端含有 Tyr 残基的 3 个二肽（Lys-Tyr、Arg-Tyr 和 Tyr-Tyr）显示出强羟基自由基和过氧化氢清除活性（Guo et al., 2009）。

（四）脂质成分与含量

蜂王浆脂肪酸与动植物中的脂肪酸不同，主要为含有 8~12 个碳的游离短链脂肪酸，而动植物中的脂肪酸主要是甘油三酯、甘油二酯和甘油单酯的形式，游离脂肪酸含量很少（Melliou et al., 2005）。最初 Lercker 等（1981）发现蜂王浆中的脂肪酸主要由 10-羟基-2-癸烯酸（10-HDA）和 10-羟基癸酸（10-HDDA）组成，至少占有机酸总量的 60%~80%。脂肪酸由 32% 的反式-10-羟基-2-癸烯酸、24% 葡萄糖酸、22%10-羟基癸酸、5% 二羧酸以及其他几种酸组成（Terada *et al.*，2011；Echigo *et al.*，1986）。蜂王浆中的主要脂肪酸是其特有的反式-10-羟基-2-癸烯酸（Melliou *et al.*，2005），是蜂王浆最重要的品质指标之一（Bloodworth *et al.*，1995）。

（五）其他微量物质

蜂王浆中还含有许多微量的活性成分，在发挥其生理功能过程中有着不可替代的作用。

1. 酶类

蜂王浆中含有胆碱酯酶、酸性磷酸酶、碱性磷酸酶、葡萄糖氧化酶、抗坏血酸氧化酶、脂肪酶、醛缩酶、转氨酶、淀粉酶及超氧化物歧化酶（SOD）等。

2. 激素及激素类物质

蜂王浆中含有微量的可以调节生理机能、激活和抑制某些器官生理变化的激素，主要包括保幼激素、皮质酮、皮质醇、雌二醇（E）、睾酮（T）、孕酮（P）、肾上腺素、去甲肾上腺素、类胰岛素样激素、乙酰胆碱等，但含量甚微。

3. 其他成分及未知物质

蜂王浆中还含有微量的杂环物质、生物蝶呤、新蝶呤等活性成分。此外，蜂王浆中还有 2.84% 左右的未知物质——R 物质值得进一步研究和鉴定。

第二节　蜂王浆新鲜度研究进展

一、蜂王浆质量标准现状和新鲜度研究的意义

总体而言，人们对蜂王浆的化学组成认识还不深入，我国蜂王浆国家标准 GB 9697—2008 的品质指标仅包括水分、10-羟基-2-癸烯酸、蛋白质、总糖、灰分、酸度和淀粉；而 2016 年颁布的蜂王浆国际标准 ISO 12824：2016（E）规定的品质指标也仅限于水分、10-羟基-2-癸烯酸、蛋白质、总糖（细分为葡萄糖、果糖、蔗糖、麦芽糖、麦芽三糖和吡喃葡糖基蔗糖）、总酸、总脂和 C_{13}/C_{12} 同位素比值。虽然这些指标可在一定程度上评判蜂王浆的品质优劣，但准确性还有待提高，且也难以准确阐明蜂王浆营养功能的产生机理。

研究显示，蜂王浆活性成分对温度和贮存时间极为敏感，贮存不当将导致蜂王浆的营养功能降低甚至丧失，即蜂王浆的品质与其新鲜度密切相关（Masaki *et al.*，

2001；Zheng *et al.*，2012；Messia *et al.*，2005；Antinelli *et al.*，2003）。长期临床验证也表明，蜂王浆新鲜度与其品质存在显著的正相关性，所经历的贮存条件是决定蜂王浆品质极其关键的因素。但是由于缺少相应的检测指标和评价方法，质量监管部门及加工、贸易企业迄今无法在蜂王浆生产和流通过程中进行有效的监管和控制，难以对蜂王浆质量做出如实的评价，从而导致市场上蜂王浆质量良莠不齐。缺少新鲜度的指标及评价方法是现行蜂王浆质量标准的一大缺陷，也是亟待解决的问题。

与新鲜度有关的蜂王浆质量问题已成为近年来蜂王浆产业关注的焦点，国内外科研工作者相继开展了一系列与蜂王浆新鲜度和贮存稳定性相关的指标和方法研究，但由于各种因素的制约，目前尚没有一个公认的蜂王浆新鲜度评价指标和能在实际应用中推广的评价方法。

二、蜂王浆新鲜度研究进展

近些年，国内外科研工作者已经从色泽、脂肪酸（10-羟基-2-癸烯酸）、酶类、蛋白质、美拉德反应产物（糠氨酸和5-羟甲基糠醛）、ATP 关联物等方面对蜂王浆的新鲜度评价进行了研究。

业界已基本形成共识，蜂王浆新鲜度的评价指标和方法必须符合以下几个条件（Zheng *et al.*，2012；Ciulu，*et al.*，2015）：①首要条件，评价指标在蜂王浆中的含量或活性与贮存温度及贮存时间有合适的相关度；②必要条件，评价指标在新鲜蜂王浆中的含量有较高的稳定性，不因蜂王浆产地、季节及产浆蜂种等不同而有显著差异；③检测方法应尽量简单易行。

（一）色泽

Masaki 等测定了贮存于不同条件下蜂王浆的颜色变化情况。结果表明蜂王浆的褐变程度与其贮存温度和贮存时间呈正相关性（Masaki，*et al.*，2001）。Zheng 等（2012）测定了不同贮存条件下的蜂王浆样品与酸性溶液反应的颜色差异，建立了一种简单的基于颜色深浅变化规律来评价蜂王浆新鲜度的方法，并推测这种变化可能与蜂王浆中含有的多酚类物质有关。

因为植物源和饲料等生产因素的差异，蜂王浆样品间的色泽本身差异较大；加上当蜂王浆色泽出现明显变化时，说明蜂王浆已经变质并腐败，无法食用。因此，简单地从色泽变化很难科学评价蜂王浆新鲜度。

（二）10-羟基-2-癸烯酸（10-HDA）

10-HDA 是蜂王浆特有的一种脂肪酸。在蜂王浆质量标准中，10-HDA 是最重要的品质指标，曾被认为是一个合适的蜂王浆新鲜度评价指标（Zheng *et al.*，2012）。

但后期的研究发现，10-HDA 结构非常稳定，即使在高温下也不会大量分解，同时不同蜂王浆样品（蜜源、饲料和产地不同）间 10-HDA 含量本身存在明显差异，因此，10-HDA 并不适合作为蜂王浆新鲜度的指标（Antinelli et al.，2003）；

（三）酶类物质

葡萄糖氧化酶（GOD）和超氧化物歧化酶（SOD）是最早被用来评价蜂王浆新鲜度的指标。吴粹文等测定了新鲜蜂王浆在 27~30℃、0~5℃、-18℃、-33℃下分别贮存 8 d、17 d、35 d、55 d 时的 GOD 活性。结果表明，蜂王浆中 GOD 活性基本上能反映贮存温度和时间的影响，认为 GOD 可以作为蜂王浆品质及新鲜度评价的灵敏指标（周才琼 & 罗雪雅，2010）。唐朝忠等研究了贮存温度和时间对蜂王浆中 SOD 活力的影响，结果显示在-18℃下保存一个月 SOD 活力变化不大，-4℃下保存 10 d 时 SOD 活力略有下降，但变化不明显，而在 5℃下保存 10 d 时，则 SOD 活力消失（周才琼 & 罗雪雅，2010）。由于 GOD 和 SOD 对温度非常敏感，在常规贮存条件（2~8℃）下，GOD 和 SOD 活性快速下降甚至消失，但蜂王浆的大部分活性物质并未发生明显变化。因此，类似 GOD 和 SOD 对贮存温度和时间过分敏感的物质并不适合作为蜂王浆新鲜度的指标（Zheng et al.，2012）。

（四）蛋白质

Kamakura 等在研究蜂王浆贮存过程中多种成分的变化时，发现了一个相对分子质量为 57 kDa 的单体糖蛋白（命名为 MRJP-1），通过这种蛋白质能够鉴别蜂王浆的质量。比较 MRJP1 在 4~50℃条件下不同贮存时间（1~7 d）的降解程度，发现其降解速率与贮存温度及时间成一定的比例关系。由于 MRJP1 具有一定的生物活性，降解程度与蜂王浆的贮存时间和温度有一定的相关性，认为 MRJP-1 能够作为蜂王浆新鲜度检测的标记物（Kamakura et al.，2001）。

MRJPs 家族是蜂王浆中蛋白质的主体，浙江大学 Shen 等利用高度特异性的 MRJP1 抗体，建立了一种能有效检测蜂王浆中 MRJP1 含量的 ELISA 方法；将这一方法用于在 40℃下贮存不同时间的蜂王浆样品中 MRJP1 含量的检测，结果显示，MRJP1 含量随贮存时间的增加逐步降低，显示了这一方法有着良好的适用性（Shen et al.，2015）。

但是同样因为样品植物源等因素的差异，MRJP1 在不同的蜂王浆样品中含量本身差异较大，也很难作为合适的指标评价蜂王浆新鲜度。

（五）美拉德反应产物

美拉德反应是食品中的氨基化合物（胺、氨基酸、肽和蛋白质）和羰基化合物

（糖类）在食品加工和贮存过程中自然发生的反应。蜂王浆富含氨基化合物和羰基化合物，贮存过程中发生美拉德反应几乎是不可避免的。基于前期牛奶中糠氨酸的检测，有研究者提出了基于糠氨酸的测定来评价蜂王浆新鲜度的思路。Marconi 等分析了 15 个商业蜂王浆样品的蛋白质、赖氨酸和糠氨酸的含量，研究了 4℃ 和室温条件下贮存 10 个月所产生的美拉德反应和营养损失情况。结果表明，在室温下保存 10 个月的样品糠氨酸含量从 72.0 mg/100g 蛋白显著增长至 500.8 mg/100g 蛋白，而在 4℃ 条件下，这一增长水平相对较低（100.5 mg/100g 蛋白）。因此，他们认为糠氨酸可作为评价蜂王浆品质和新鲜度的合适指标（Messia *et al.*，2005；Wytrychowski *et al.*，2014）。Maria 等（2015）研究了不同的贮存条件下蜂王浆中 5-羟甲基糠醛含量变化，在 -18℃ 和 4℃ 保存下，5-羟甲基糠醛含量低于检出限（0.13mg/kg），室温贮存 30～270 d，5-羟甲基糠醛含量增加了 5 倍，最高达到 2.4 mg/kg，因此，认为 5-羟甲基糠醛可以作为蜂王浆新鲜度的潜在指标。但由于样品数量少，仅仅简单研究了 5-羟甲基糠醛变化与温度和时间的关系，未与蜂王浆贮存过程中的主要品质和功能等指标关联，无法设定合理的阈值，新鲜程度无法判定。尽管 2016 年出版的蜂王浆国际标准中引入了蜂王浆新鲜度的概念，并将糠氨酸的检测方法列入附录，但是并没有提出明确的评价方法和阈值，无法用于蜂王浆新鲜度的科学评价和品质分级［ISO12824：2016（E），2016；胡元强，2013］。分析原因，主要是由于已有的指标和方法未充分考虑蜂王浆样品本身差异（蜜源植物、饲料和产地等），同时未与蜂王浆品质参数（感官、微生物、品质指标、腐败挥发物等）以及蜂王浆的营养功能进行有效的关联。

（六）ATP 及其关联物

我们研究发现，蜂王浆中三磷酸腺苷（ATP）关联物的含量变化与贮存温度和时间线性相关，且有可能满足蜂王浆新鲜度评价指标条件的要求，有望成为蜂王浆新鲜度的新型评价指标（Zhou *et al.*，2012；Wu *et al.*，2015）。我们根据文献报道并结合蜂王浆中 ATP 关联物含量与贮存时间和温度的变化规律，假设了如下的蜂王浆新鲜度 F 值评价的经验公式（式1）。该公式可以很好预测出蜂王浆在不同温度下已贮存的天数（Wu *et al.*，2015），为后期研究奠定了重要基础。

$$F(\%) = \frac{HxR + Hx + Ao + Ai}{ATP + ADP + AMP + IMP + HxR + Hx + Ao + Ai} \times 100 \qquad (1)$$

公式中：*F*-新鲜度、*ATP*-三磷酸腺苷、*ADP*-二磷酸腺苷、*AMP*-单磷酸腺苷、*IMP*-肌苷酸、*HxR*-次黄嘌呤核苷、*Hx*-次黄嘌呤、*Ao*-腺苷、*Ai*-腺嘌呤。

目前基于 ATP 关联物的含量变化构建的新鲜度经验公式 *K* 值（Itoh *et al.*，2013）和现场速测设备已广泛用于评价鱼、虾等食品在贮藏过程中新鲜度的变化，并作为新鲜度评价方法对产品的新鲜度进行监控和分级评价（Itoh *et al.*，2013；Li *et al.*，2017；Qiu *et al.*，2016；Chie *et al.*，2010；Shirai *et al.*，2011）。从 ATP 关联物的含量变化评价产品的新鲜度，首要的研究是明确 ATP 关联物在产品贮存过程中的降解途径。目前确认的 K 值新鲜度经验公式主要基于以下 3 种 ATP 关联物降解途径：①ATP→ADP→AMP→Ao→HxR→Hx（Qiu *et al.*，2016）；②ATP→ADP→AMP→Ao→Ai（Chie *et al.*，2010）；③ATP→ADP→AMP→IMP→HxR→Hx（Shirai *et al.*，2011）；从式 1 可以看出，蜂王浆中的 ATP 关联物有 8 种，而其他产品涉及 5~6 种，其降解途径明显与上述的产品不同。蜂王浆的降解途径更为复杂，从式 1 推测，蜂王浆中 3 种降解途径可能均存在，但是要探明其降解途径，还需要进行大量的样品分析以及测定 ATP 关联物的相关降解酶的变化。因此，为了实现基于 ATP 关联物的变化来科学评价蜂王浆的新鲜度，探明贮存过程中蜂王浆中 ATP 关联物的降解途径是根本。同时，蜂王浆种类多样，蜜源、饲料和产地等因素是否会影响 F 值的分析，还需要进一步明确。

参考文献

胡元强. 2013.《蜂王浆》国际标准制定的研讨［J］. 蜜蜂杂志，33（11），31-32.

周才琼，罗雪雅. 2010. 蜂王浆新鲜度指标筛选及新鲜度的评判［J］. 食品与发酵工业，36（3），129-132.

Aeppler C W. 1922. Tremendous growth force［J］. Gleaning in Bee Culture, 50：69-73.

Albert S, Klaudiny J. 2004. The MRJP/YELLOW protein family of *Apis mellifera*：identification of new members in the EST library［J］. Journal of Insect Physiology, 50（1）：51-59.

Antinelli J F, Zeggane S, Davico R, *et al.*. 2003. Evaluation of（E）-10-hydroxydec-2-enoic acid as a freshness parameter for royal jelly［J］. Food Chemistry, 80（1），85-89.

Bărnuţiu L I, Al L, Mărghitaş D D S, *et al.*. 2011. Chemical composition and antimicrobial activity of royal jelly-review［J］. Journal of Animal Science and Biotechnology, 44（2）：67-72.

Bloodworth B C, Harn C S, Hock C T. 1995. Liquid chromatographic determination of trans-10hydroxy-2-decenoic acid content of commercial products containing royal jelly［J］. Journal of Aoac International, 78：1019-1023.

Buttstedt A, RF M, Erler S. 2013. Origin and function of the major royal jelly proteins of the honeybee（*Apis mellifera*）as members of the yellow gene family［J］. Biological Reviews of The Cambridge Philosophical Society, 89：255-269.

Chie Y, Chinatsu K, Keiko H, *et al.*. 2010. Changes in taste and textural properties of the foot of the japanese cockle（*fulvia mutica*）by cooking and during storage［J］. Fisheries Science, 68（5），1138-1144.

Ciulu M, Floris I, Nurchi V M, et al.. 2015. A possible freshness marker for royal jelly: formation of 5-hydroxymethyl-2-furaldehyde as a function of storage temperature and time [J]. Journal of Agricultural & Food Chemistry, 63 (16), 4190-4195.

Cruz G C N, Garcia L, Silva A J, et al.. 2011. Calcium effect and pH-dependence on self-association and structural stability of the *Apis mellifera* major royal jelly protein [J]. Apidologie, 42: 252-269.

Drapeau M D, Albert S, Kucharski R, et al.. 2006. Evolution of the yellow/major royal jelly protein family and the emergence of social behavior in honey bees [J]. Genome Research, 16: 1385-1394.

Echigo T, Takenaka T, Yatsunami K. 1986. Comparative studies on chemical composition of honey, royal jelly and pollen loads [J]. Bulletin of the Faculty of Agriculture, The Tamagawa University, 26: 1-12.

Guo H, Kozuma Y, Yonekura M. 2009. Structures and properties of antioxidative peptides derived from royal jelly protein [J]. Food Chemistry, 113: 238-245.

Howe S R, Dimick P S, Benton A W. 1985. Composition of freshly harvested and commercial royal jelly [J]. Journal of Apicultural Resarch, 24 (1): 52-61.

ISO 12824: 2016 Royal Jelly-Specifications, 2016.

Itoh D, Koyachi E, Yokokawa M, et al.. 2013. Microdevice for on-site fish freshness checking based on k-value measurement [J]. Analytical Chemistry, 85 (22), 10962-10968.

Judova J, Sutka R, Klaudiny J, et al.. 2004. Transformation of tobacco plants with cDNA encoding honeybee royal jelly MRJP1 [J]. Biologia Plantarum, 48: 185-191.

Kamakura, M. 2011. Royalactin induces queen differentiation in honeybees [J]. Nature, 473, 478-483.

Kamakura M, Fukuda T, Fukushima M, et al.. 2001. Storage-dependent degradation of 57-kDa protein in royal jelly: a possible marker for freshness [J]. Bioscience Biotechnology & Biochemistry, 65 (2), 277-284.

Kim J, Lee J. 2011. Observation and quantification of self-associated adenosine extracted from royal jelly products purchased in USA by HPLC [J]. Food Chemistry, 126: 347-352.

Kimura Y, Washino N, Yonekura M. 1995. N-linked sugar chains of 350-kDa royal jelly glycoprotein [J]. Bioscience Biotechnology and Biochemistry, 59: 507-509.

Lercker G, Caboni M F, Vecchi M A, et al.. 1992. Characterizaton of the main constituents of royal jelly [J]. Journal of Apicultural Science, 410: 27-37.

Lercker G, Capella P, Conte LS, et al.. 1981. Components of royal jelly: I Identification of the organic acid [J]. Lipids, 16 (12): 912-919.

Li J, Wang T, Zhang Z, et al.. 2007. Proteomic analysis of royal jelly from three strains of western honeybees (*Apis mellifera*) [J]. Journal of Agricultural and Food Chemistry, 55: 8411-8422.

Li Q, Zhang L, Lu H, *et al.*. 2017. Comparison of postmortem changes in atp-related compounds, protein degradation and endogenous enzyme activity of white muscle and dark muscle from common carp (*Cyprinus Carpio*) stored at 4℃ [J]. LWT - Food Science and Technology, 78, 317-324.

Masaki K, Noriko S, Makoto F.. 2001. Fifty-seven-kDa protein in royal jelly enhances proliferation of primary cultured rat hepatocytes and increases albumin production in the absence of serum [J]. Biochemical and Biophysical Research Communications, 282: 865-874.

Melliou E, Chinou I. 2005. Chemistry and bioactivity of royal jelly from Greece [J]. Journal of Agricultural and Food Chemistry, 53 (23): 8987-8992.

Messia M C, Caboni M F, Marconi E.. 2005. Storage stability assessment of freeze-dried royal jelly by furosine determination [J]. Journal of Agricultural and Food Chemistry, 53: 4440-4443.

Nozaki R, Tamura S, Ito A, *et al.*. 2012. A rapid method to isolate soluble royal jelly proteins [J]. Food Chemistry, 134: 2332-2337.

Palma M S. 1992. Composition of freshly harvested Brazilian royal jelly; identificationof carbohydrates from the sugar fraction [J]. Journal of Apicultural Reseach, 31: 42-44.

Peiren N, De Graaf D C, Vanrobaeys F, *et al.*. 2008. Proteomic analysis of the honey bee worker venom gland focusing on the mechanisms of protection against tissue damage [J]. Toxicon, 52: 72-83.

Peiren N, Vanrobaeys F, De Graaf D C, *et al.*. 2005. The protein composition of honeybee venom reconsidered by a proteomic approach [J]. Biochimicaet Biophysica Acta - biomembranes, 1752: 1-5.

Popescu O, Mărghitas L A, Bobis O, *et al.*. 2009. Sugar profile and total proteins content of fresh royal jelly [J]. Bulletin UASVM Animal Science and Biotechnologies, 66: 265-269.

Qiu W Q, Chen S S, Xie J, *et al.*. 2016. Analysis of 10 nucleotides and related compounds in litopenaeus vannamei, during chilled storage by HPLC-DAD [J]. LWT - Food Science and Technology, 67, 187-193.

Ramadan M F, Al-Ghamdi A. 2012. Bioactive compounds and health-promoting properties of royal jelly: a review [J]. Journal of Functional Foods, 4: 39-52.

Ramadan M F, Al-Ghamdi A.. 2012. Bioactive compounds and health-promoting properties of royal jelly: a review [J]. Journal of Functional Foods, 4 (1), 39-52.

Sano O, Kunikata T, Kohno K, *et al.*. 2004. Characterization of royal jelly proteins in both Africanized and European honeybees (*Apis mellifera*) by two- dimensional gel electrophoresis [J]. Journal of Agricultural and Food Chemistry, 52 (1): 15-20.

Santos K S, Dos Santos L D, Mendes M A, *et al.*. 2005. Profiling the proteome complement of the secretion from hypopharyngeal gland of Africanized nursehoneybees (*Apis mellifera* L.) [J]. Insect Biochemistry and Molecular Biology, 0965-174 35: 85-91.

Schmitzova J, Klaudiny J, Albert S, *et al.*. 1998. A family of major royal jelly proteins of the *honeybee Apis mellifera* L. [J]. Cellular and Molecular Life Sciences, 54 (9): 1020-1030.

Schonleben S, Sickmann A, Mueller MJ, *et al.*. 2007. Proteome analysis of *Apis mellifera* royal jelly [J]. Analytical and Bioanalytical Chemistry, 389 (4): 1087-1093.

Shen L, Zhang W, Jin F, *et al.*. 2010. Expression of recombinant AccMRJP1 protein from royal jelly of Chinese honeybee in *Pichia pastoris* and its proliferation activity in an insect cell line [J]. Journal of Agricultural and Food Chemistry, 58: 9190-9197.

Shen L R, Wang Y R, Zhai L, *et al.*. 2015. Determination of royal jelly freshness by ELISA with a highly specific anti-apalbumin 1, major royal jelly protein 1 antibody [J]. Journal of Zhejiang University. Science. B, 16 (2): 155-66.

Shirai T, Kikuchi Y.. 2011. Extractive components of kuruma prawn penaeus japonicus (proceedings of international commemorative symposium 70th anniversary of the japanese society of fisheries science) [J]. Fisheries Science, 68 (2), 1386-1389.

Takenaka T.. 1982. Chemical composition of royal jelly [J]. Honeybee Science, 3: 69-74.

Tamura S, Amano S, Kono T, *et al.*. 2009. Molecular characteristics and physiological functions of major royal jelly protein 1 oligomer [J]. Proteomics 9: 5534-5543.

Terada Y, Narukawa M, Watanabe T. 2011. Specific hydroxy fatty acids in royal jelly activate TRPA1 [J]. Journal of Agricultural and Food Chemistry, 59: 2627-2635.

Wu L, Chen L, Selvaraj JN, *et al.*. 2015. Identification of the distribution of adenosine phosphates, nucleosides and nucleobases in royal jelly [J]. Food Chemistry, 173: 1111-1118.

Wu L, Zhou J, Xue X, *et al.*. 2009. Fast determination of 26 amino acids and their content changes in royal jelly during storage using ultra-performance liquid chromatography [J]. Journal of Food Composition and Analysis, 22: 242-249.

Wu L M, Chen L Z, Selvaraj J N, *et al.*. 2015. Identification of the distribution of adenosine phosphates, nucleosides and nucleobases in royal jelly [J]. Food Chemistry, 173 (173), 1111-1118.

Wu L M, Wei Y, Du B, *et al.*. 2015. Freshness determination of royal jelly by analyzing decomposition products of adenosine triphosphate [J]. LWT - Food Science and Technology, 63 (1), 504-510.

Wytrychowski M, Païssé J O, Casabianca H, *et al.*. 2014. Assessment of royal jelly freshness by hilic LC/MS determination of furosine [J]. Industrial Crops & Products, 62, 313-317.

Xue X, Zhou J, Wu L, *et al.*. 2009b. HPLC determination of adenosine in royal jelly [J]. Food Chemistry, 115: 715-719.

Xue XF, Wang F, Zhou JH, *et al.*. 2009a. Online cleanup of accelerated solvent extractions for determination of adenosine 5′-triphosphate (ATP), adenosine 5′-diphosphate (ADP), and adenosine 5′-monophosphate (AMP) in royal jelly using high performance liquid chromatography [J]. Journal of Agricultural and Food Chemistry, 57: 4500-4505.

Zhang L, Fang Y, Li R, *et al.*. 2012. Towards posttranslational modification proteome of royal jelly

［J］. Journal of Proteome Research, 75: 5327-5341.

Zhao Y, Li Z, Tian W, *et al.*. 2016. Differential volatile organic compounds in royal jelly associated with different nectar plants ［J］. Journal of Integrative Agriculture, 15: 1157-1165.

Zheng H Q, Wei W T, Wu L M, *et al.*. 2012. Fast determination of royal jelly freshness by a chromogenic reaction ［J］. Journal of Food Science, 77 (6), 247-252.

Zhou J, Xue X, Chen F, *et al.*. 2009. Simultaneous determination of seven fluoroquinolones in royal jelly by ultrasonic-assisted extraction and liquid chromatography with fluorescence detection ［J］. Journal of Separation Science, 32 (7): 955-964.

Zhou L, Xue X, Zhou J, *et al.*. 2012. Fast determination of adenosine 5'-triphosphate (ATP) and its catabolites in royal jelly using ultra performance liquid chromatography ［J］. Journal of Agricultural and Food Chemistry, 60: 8994-8999.

Zhou L, Xue X F, Zhou J H, *et al.*. 2012. Fast determination of adenosine 5'-triphosphate (ATP) and its catabolites in royal jelly using ultra performance liquid chromatography ［J］. Journal of Agricultural & Food Chemistry, 60 (36), 8994-8999.

第二章 蜂王浆高效生产配套技术之
多王群组建及利用技术

第一节 意大利蜂多王群的组建

本节介绍了意大利蜂（以下简称意蜂）多王群的组建技术，即采用生物诱导和环境诱导相结合的技术方法，成功组建多只蜂王在同一产卵区内自由活动、正常产卵的多王群，并且实现了多王同巢越冬。通过对多王群蜂王产卵力的观察发现，经生物诱导处理的单只蜂王的产卵力与未经处理蜂王的产卵力相比无显著差异；而 3 王群和 5 王群蜂王的产卵力分别是单只蜂王产卵力的 222.94% 和 367.09%。

一、概　述

蜜蜂 *Apis* spp. 是一种社会性昆虫，它们是以蜂群的形式生存和发展的。蜂王是蜂群中唯一生殖器官发育完全的雌性蜂，其主要职能是产卵。蜂王通过其产卵力和分泌信息素直接影响蜂群的生殖力和生产力。在蜂王的诸多生物学特性中有一个奇特的现象，那就是性好妒，即敌视别的蜂王。它不能容忍蜂群内有其他蜂王存在，如果 2 只以上的蜂王相遇，则互相咬杀，直到剩下一只蜂王（Darchen and Lensky，1963；Lensky and Darchen，1963）。所以，除了蜂群自然交替外，一个蜂群中只有一只蜂王（Ribbands，1953）。

在养蜂生产上，适时培养强群是提高蜂产品产量和质量的关键。虽然蜂王日产卵量在产卵高峰期可达 2 000 粒左右，但是蜂群中仅有的一只蜂王产卵力有限，蜂王产卵量难免有时会成为蜂群群势发展和蜂产品（尤其是蜂王浆）生产效率提高的瓶颈。在蜂王浆生产过程中，从工蜂巢房往蜂王王台中移取幼虫是一个必备和影响工作效率的关键环节，蜂群中 1 日龄幼虫供应不足或者不能形成整齐连片幼虫巢脾将大大降低蜂王浆生产效率，更是实现蜂王浆机械化生产的关键阻滞之一。长期以来在养蜂实践中出现了很多为提高蜂群产卵力的尝试，而其中最直接行之有效的方法则是增加蜂群内产卵蜂王的数量。

出于在养蜂生产中利用价值的考虑，20 世纪 40 年代开始就有不少科研工作者和养蜂生产实践者对组建蜂王可自由活动的蜜蜂多王群进行了有益的尝试。例如，Kovtun（1950）将 1 年半以上的产卵蜂王剪去翅膀后，直接放入有蜜粉脾（空巢房装入温水）和临出房子脾的箱子中组建多王群（Kovtun，1950）。Melnik（1951）通过观察一群简单组建的多王群的表现，提出组建多王群不需要像 Kovtun（1949）提出的一样剪去翅膀，而且他认为多王群的主要用途不应是增产蜂蜜，而应是用于储备蜂王（Melnik，1951）。Darchen 和 Lensky（1963）研究后发现，处女王比交尾王打斗激烈，剪去螯针和上颚有助于使蜂王共存，所用蜂王必须处于相近生理状态（Darchen and Lensky，1963；Lensky and Darchen，1963）。在国内，杨澍（1982）介绍了将饥饿半小时后的多只老蜂王一起扣到蜜脾上组建多王群的方法（杨澍，1982）；杨多福（1991）简要介绍了使用多王群的情况（杨多福，1991）；王汉生（2009）介绍了自己蜂场在高寒地区（黑龙江）通过合并弱群组建多王群繁殖的情况（王汉生，2009）。我们在总结前人研究成果的基础上，对多王群的组建技术进行了多年试验和探索，对多王群蜂王的产卵力进行了观察。

二、材料与方法

（一）意蜂多王群的组建

通过生物诱导与环境诱导相结合的技术方法组建多王群。概括地说，通过生物诱导来解决蜂王与蜂王之间的"敌对"关系；通过环境诱导来解决蜂王与工蜂之间的"群界"关系。

1. 生物诱导

所谓生物诱导就是通过人为的手段削弱或改变蜂王打斗行为能力。具体措施如下：

（1）大群产卵：蜂王介绍成功后，让其在大群里产卵 6 个月以上，一般在上一年 5 月、6 月培育的蜂王，到第二年 4—6 月组建多王群比较容易。此时的蜂王"母性"较好，"咬斗"习性相对减弱。

（2）剪去部分上颚：先将蜂王捉住，用拇指、食指和中指轻轻捏住蜂王的胸背部，口器向上，再用小剪刀或指甲钳剪掉蜂王两侧上颚的 1/3～1/2。剪上颚时应十分小心，注意不能伤及喙和触角。剪掉部分上颚后，放回原来蜂群内饲养几天，以待伤口愈合组建多王群；或直接放入幼蜂群中组建多王群。

2. 环境诱导

多王群蜂王间的相互关系以及蜂王和工蜂间的相互关系与蜂箱内外环境关系密

切。选择并创造良好的箱内外环境，也是组建多王群至关重要的条件。所谓环境诱导，就是选择或创造有利于打破蜂群群界的蜂箱内外环境。具体措施如下：

（1）蜂箱外环境：选择蜜粉源充足、气候温和的季节，如在江南地区以上半年的4—6月和下半年的9月、10月比较适宜。因为这段时间的蜂群处于强盛阶段，同时外界的蜜粉源丰富，花香味成为蜂巢内的主导群味，使来自不同蜂王之间的信息素易于融合。

（2）蜂箱内环境：工蜂是蜂箱内环境的主角，不同日龄的工蜂对蜂王信息素的敏感性有显著差异，通常幼龄工蜂防卫能力脆弱，对蜂王信息素的敏感性差，容易同时接受多只蜂王的信息素。组建多王群的蜂箱内环境诱导需从集中幼蜂开始。从原群中提出即将出房的2张封盖脾和1张蜜粉脾带蜂集中放在空蜂箱内，并抖入2框蜂，敞开巢门让外勤蜂返回原巢。待箱内只剩幼蜂，即可把经过生物诱导处理过的蜂王放到一起，组建多王群。

（二）人工组建意蜂多王群的成功率和多王群的稳定性

1. 多王群组建成功率和饲养稳定性观察

为了解这一方法在养蜂生产上的可行性，我们在2005—2008年间对浙江平湖地区18家蜂场组建和利用多王群的情况进行了跟踪调查。每家蜂场根据需要每年组织1~3群多王群，每群使用蜂王4~7只。组建后的次日记录蜂王是否被接受。组建后的多王群按照常规方法（见本章第二节）进行管理和应用，并持续6个月每天记录蜂群内蜂王的数量。由于蜂场在每年10月底小转地至茶花场地期间的干扰和茶花花期间严重的盗蜂使得多王群损失严重，部分多王群因此停止记录数据。

2. 多王群越冬稳定性观察

每年秋天换王期间另外组建一批多王群（$n=34$），连同茶花场转地期间未受失王影响的46群多王群在平湖的气候条件（最低气温-4~-3℃）下越冬。越冬期间，每群多王群有4~6框工蜂和足够的蜂蜜，按照以上方法进行管理。越冬期为12月初至次年1月初。越冬前后，记录每群多王群的蜂王数。

（三）意蜂多王群蜂王的产卵力

1. 单只蜂王的产卵力

准备12群群势相同的意大利蜂，其中，6群为对照组，每群有1只未经处理的产卵王。另6群为试验组，每群有1只经生物诱导处理的产卵王。所有12群蜂的蜂王均为10月龄左右的姐妹蜂王。用塑料隔王笼将所有的蜂王限制在1张脾上产卵，所有的蜂王和巢脾均标上各自不同的显目标记。另准备群势相同的继箱群36群。

试验第1 d，所有的12只蜂王介绍到各自的蜂群中，经24 h适应，被工蜂所接受。第 2 d，将带有标记的空脾和蜂王放入塑料隔王笼内，放入各自的蜂群中，让蜂王产卵。第 3 d，即放入空脾后的 24 h，提出巢脾，放入第二张带标记的空脾，同时将提出的第一张产了卵的巢脾放入准备好的继箱群进行哺育，5 d 后统计出脾内的幼虫数量，以幼虫数量代表蜂王的产卵力。依次类推，进行后 2 d 的试验。

2. 多王群多只蜂王的产卵力

准备 15 群群势相同的意大利蜂群，随机分为 3 组，每组 5 群。在第 1 组的 5 群蜂中，各插入 2 张空脾，并放入 1 只经生物诱导处理的蜂王；在第 2 组的 5 群蜂中，各插入 2 张空脾，并放入 3 只经生物诱导处理的蜂王；在第 3 组的 5 群蜂中，各插入 2 张空脾，并放入 5 只经生物诱导处理的蜂王。用两张隔王栅将蜂王限制在两张空脾上产卵。第 2 d，即插入空脾后的 24 h，提出这 2 张巢脾，检查蜂王是否都存活，并插入另 2 张空脾，同时将提出的 2 张产了卵的巢脾放入事先准备好的群势相同的继箱群进行哺育，5 d 后统计出巢脾内的幼虫数量，以幼虫数量代表蜂王的产卵力。依次类推，进行后 2 d 的试验。

3. 数据统计处理

使用 EXCEL 计算蜂王平均产卵力（平均值±标准差）和进行 t 检验。

三、结果与分析

（一）多王群组建结果

采用生物诱导与环境诱导相结合的技术方法，成功组建了 4~11 只蜂王长期在同一产卵区自由活动、正常产卵的同巢多王群。多王群内的多只蜂王和平共处，相安无事。它们在整个巢房内自由活动，并无各自特定的活动区域和产卵区域（图 2-1）。

图 2-1　6 只蜂王同在巢脾一侧

Fig. 2-1　Six queens on one side of a comb

（二）多王群组建成功率和饲养稳定性

2005—2008 年间的 3—4 月，根据这一方法共在这 18 家蜂场中组建了 128 群多王群。结果显示，该方法组建多王群具有较高的成功率。组建的 128 群多王群中，有 100 群的蜂王在组建过程中全部被接受（78.1%），23 群中有不同数量的蜂王损失（18.0%，不包括仅剩一只的情况），5 群中仅剩一只蜂王存活（3.9%）（表 2-1）。成功组建的 123 群多王群中，116 群两个月内未失王，97 群在 6 个月内未失王（表 2-1）。

表 2-1　多王群组建成功率和饲养稳定性

Tab. 2-1　Formation success rate and Sustainability of multiple queen colonies

年份	组建的蜂群数	组建结果	群数（%）	2 个月内未失王的蜂群数	6 个月内未失王的蜂群数
2005	20	所有蜂王被接受	15（75.0）		
		1~5 只蜂王未被接受 *	4（20.0）	19	16
		仅有 1 只蜂王被接受	1（5.0）		
2006	38	所有蜂王被接受	30（78.9）		
		1~5 只蜂王未被接受 *	7（18.4）	34	30
		仅有 1 只蜂王被接受	1（2.6）		
2007	39	所有蜂王被接受	32（82.1）		
		1~5 只蜂王未被接受 *	6（15.4）	37	31
		仅有 1 只蜂王被接受	1（2.5）		
2008	31	所有蜂王被接受	23（74.2）		
		1~5 只蜂王未被接受 *	6（19.4）	26	20
		仅有 1 只蜂王被接受	2（6.5）		
总共	128	多王群	123（96.1）	116	97

"＊" 指不包括仅剩 1 只蜂王存活的情况

（三）多王群越冬稳定性

2005—2008 年间共跟踪记录了 95 群多王群的越冬情况，其中 2005 年 14 群，2006 年 31 群，2007 年 35 群，2008 年 15 群。95 群越冬多王群中，53 群整个越冬过程中没有失王，有 28 群损失 1~2 只蜂王，7 群损失 3~5 只蜂王（不包括仅剩 1 只蜂王的情况），另有 7 群（7.4%）越冬后仅剩 1 只蜂王（表 2-2）。

表 2-2 多王群越冬稳定性

Tab. 2-2 Results of overwintering of multiple queen colonies

年份	越冬多王群数	结果	多王群数（%）
2005	14	没有失王	7 (50.0)
		失 1~2 只蜂王	5 (35.7)
		失 3~5 只蜂王 *	2 (14.3)
		仅剩 1 只蜂王	0 (0)
2006	31	没有失王	21 (67.7)
		失 1~2 只蜂王	6 (19.4)
		失 3~5 只蜂王 *	3 (9.7)
		仅剩 1 只蜂王	1 (3.2)
2007	35	没有失王	20 (57.1)
		失 1~2 只蜂王	11 (31.4)
		失 3~5 只蜂王 *	2 (5.7)
		仅剩 1 只蜂王	2 (5.7)
2008	15	没有失王	5 (33.3)
		失 1~2 只蜂王	6 (40)
		失 3~5 只蜂王 *	0
		仅剩 1 只蜂王	4 (26.7)
总共	95	没有失王	53 (55.8)
		失 1~2 只蜂王	28 (29.5)
		失 3~5 只蜂王 *	7 (7.4)
		仅剩 1 只蜂王	7 (7.4)

"＊"指不包括仅剩一只蜂王存活的情况

（四）单只蜂王的产卵力

12 只蜂王的产卵力统计结果见表 2-3。结果表明，经生物诱导处理的蜂王平均产卵力（幼虫数量）为 979.39 ± 86.71，而未经处理的蜂王平均产卵力为 898.61 ± 45.26，t 检验表明两者差异不显著（$P > 0.05$）。说明生物诱导处理不影响蜂王的产卵力。

表 2-3　单只蜂王的产卵力

Tab. 2-3　Egg production rate of the single queen measured by the number of larvae

群 号 Colony code	幼虫数量 Number of larvae			$\bar{x} \pm SD$	备 注 Note
	第 1 d 1st day	第 2 d 2nd day	第 3 d 3rd day		
9	857	993	952		
31	785	888	844		
35	960	1025	967	979.39±86.71	处理蜂王 Treated queens
49	1051	1063	1185		
61	952	951	1056		
71	1033	957	1083		
20	788	853	925		
43	718	971	815		
66	833	943	943	898.61±45.26	未处理蜂王 Untreated queens
67	935	1082	849		
69	778	1014	948		
80	806	957	1017		

（五）多王群多只蜂王的产卵力

多王群多只蜂王的产卵力统计结果见表 2-4。结果表明，3 王群和 5 王群蜂王的平均产卵力（幼虫数量）分别为 1756.93±45.21 和 2892.93±83.93，分别是单只蜂王平均产卵力（788.07±25.00）的 222.94% 和 367.09%。

表 2-4　多王群多只蜂王的产卵力

Tab. 2-4　Egg production rate of the multi-queen colonies measured by the number of larvae

群 号 Colony code	蜂王数 Number of queens	幼虫数量 Number of larvae			$\bar{x} \pm SD$
		第 1 d 1st day	第 2 d 2nd day	第 3 d 3rd day	
A1	1	736	779	802	
A2	1	758	812	794	
A3	1	823	811	781	788.07±25.00
A4	1	802	792	755	
A5	1	816	791	769	

（续表）

群 号 Colony code	蜂王数 Number of queens	幼虫数量 Number of larvae			$\bar{x} \pm SD$
		第 1 d 1st day	第 2 d 2nd day	第 3 d 3rd day	
B1	3	1767	1690	1658	
B2	3	1782	1765	1823	
B3	3	1808	1745	1752	1756.93±45.21
B4	3	1811	1767	1753	
B5	3	1781	1705	1747	
C1	5	2885	2983	2811	
C2	5	3009	2946	2990	
C3	5	2814	2879	2772	2892.93±83.93
C4	5	2925	2853	2947	
C5	5	2997	2789	2794	

四、小 结

在养蜂生产中，提高蜂群繁殖速度，培养和维持强群，是提高蜂群生产力和养蜂经济效益的前提。单位时间内蜂王产卵数量的增加，有利于加快蜂群的繁殖速度，有利于维持强群，有利于培养适龄采集蜂，有利于提高蜂产品产量。单位时间内蜂王的产卵数量一方面与每只蜂王的产卵能力有关；另一方面与蜂群的王蜂指数有关，因此，多王群的组建，尤其是多王同巢越冬的成功是提高蜂群生产效率和促进蜜蜂生物学研究的一项突破。

本研究中，我们通过跟踪记录 2005—2008 年间 18 家蜂场组建和使用多王群的情况，进一步了解了生物诱导结合环境诱导组建多王群的方法在养蜂生产上的可行性。结果表明，该方法组建多王群具有较高的成功率，蜂王全部被接受的概率可达 78.1%。经生物诱导后的多王群介绍入幼蜂群，被接受的概率可达 89.8%，接近在无王群中介绍入单只蜂王的接受概率（95%~100%）。绝大多数多王群能在两个月内不失王，大部分能在 6 个月内不失王。一半以上的多王群能在不失王的情况下越冬，仅有少部分在越冬过程中由多王状态回归到单王状态。

在蜂王产卵能力相同的情况下，蜂群中蜂王越多则单位时间内蜂王的产卵数量就越大。我们的研究结果表明，3 王群和 5 王群的蜂王平均每天的产卵量分别是单只蜂王平均每天产卵量的 222.94% 和 367.09%，显然，饲养多王群是提高蜂群王蜂指数最有效的途径。此外，在蜂王浆生产过程中，移虫是难度最大的环节。多王群能提供足够的虫龄一致的适龄幼虫（子脾）方便移虫，有效提高蜂王浆的生产效率和蜂王浆产量及质量。因此，多王群的组建无论是对蜜蜂生物学的理论研究，还是对在养蜂生产中的应用均具有重大意义。

第二节　多王群的饲养管理技术及应用价值

根据浙江省平湖市种蜂场多年的实践，多王群在加快蜂群繁殖速度、方便移虫、维持强群、提高蜂蜜、王浆、蜂蛹产量和质量，提高蜂群抗病力等方面具有较高的应用价值。本节我们总结了多王群的饲养管理技术和应用价值，意在更好地利用多王群为养蜂生产，尤其是蜂王浆高效生产服务。

一、多王群饲养管理技术

意蜂多王群的饲养管理与单王群、双王群的饲养管理有相同点，也有不同点，养蜂员只要掌握基本要点，就能灵活地根据季节、气候、蜜粉源与蜂群内部情况等的变化，及时采取科学有效的管理措施，以充分挖掘和发挥多王群的优势。

（一）多王群组建初期的管理

意蜂多王群组建初期，蜂群群势比较弱小，蜂王因"生物诱导"处理和多只蜂王之间相互"磨合"，受到刺激，处于应急状态，蜂王腹部会迅速收缩变小，产卵下降甚至停产。蜂王恢复至正常产卵约需1周时间。在蜂王恢复产卵阶段，多王群饲养管理的主要任务是千方百计地扶持多王群及时达到蜂脾相称的中等群势，为多王同时产卵创造条件。

在这一阶段的管理中，可采用从大群中抽出中间小部出房、外围大部临出的子脾加给多王群，以满足多只蜂王同时产卵的需要。群势的大小以5~6框足蜂为宜。这种补足幼蜂的措施有双重好处：一方面新蜂刚出房的巢脾，能刺激蜂王恢复正常产卵；另一方面多王产下的卵有足够的工蜂哺育。

（二）多王群组建后的管理

多王群蜂群结构特殊，对蜂箱内外环境敏感，日常管理上要求勤查勤看；需保证花粉饲料充足，糖浆适量，恰到好处；及时清理王台，防止分蜂；注意保温，防止盗蜂等。

另外，多王群的日常管理还应该特别注意蜜蜂的偏集现象。多王群在蜂场内的摆放位置应尽量靠后。蜂场应根据小区域气候的特点，因地制宜设置防风屏障和便于蜜蜂辨认的标记物以防蜜蜂偏集。如果多王群内偏入一定数量的蜜蜂，会打乱已建立的蜂王与蜂王、蜂王与工蜂的相互关系，引起围王、工蜂斗杀，造成多王群前功尽弃。所以，多王群宁可偏出，绝不能偏入蜜蜂。

多王群具有产卵快、产卵量大、产卵集中等优势，宜作为大群生产的副群饲养。在多王群蜂王正常产卵后，应充分发挥多王群的优势，为蜂群繁殖、维持强群和获得高产服务。

（三）多王群的越冬管理技术

与单王群一样，多王群安全越冬需要具备以下 4 方面的基本条件：① 以适龄越冬蜂为主体组成的强群；② 越冬饲料充足，质量优良；③ 蜂群健康无病；④ 越冬环境适宜。意蜂多王群越冬应特别注意以下事项。

（1）越冬开始前，多王群管理工作应由利用多王产卵并抽取虫卵为蜂场生产服务为主，转到多王群自身繁殖为主。如果多王群群势弱，蜂脾不相称时，要从大群中抽取临出封盖子脾补蜂，达到蜂脾相称，有新的越冬蜂过冬。

（2）多王群越冬饲料必须充足，进驻过冬场地时要检查一次，若饲料不足，视情况补充 1~2 张封盖蜜脾，以免因饲料短缺而饿死；在检查的同时注意适当扩大蜂路，迫使蜜蜂结团，蜂王停止产卵，减少工蜂活动和饲料消耗。

（3）多王群越冬不可关王，应保持蜂王自然养成的越冬习惯，否则会产生失王等严重后果。

二、多王群的应用价值

（一）多王群作为副群饲养的应用方式

由于多王群的多王体系对群内外的环境敏感，在养蜂生产中维持多王群需要额外的照顾，结合多年的生产实践摸索，我们认为多王群不适合作为生产群进行大量饲养。

但是，多王群无可质疑地具有繁殖快的特点，而且群体内具有较高的遗传多样性。研究表明，群内的遗传多样性有利于提高群体的抗病力（Baer and Schmidhempel，1999；Palmer and Oldroyd，2003；Hughes and Boomsma，2004；Hughes and Boomsma，2006）、分工协作的效率（Fuchs and Schade，1994；Jones *et al.*，2004）和生产力（Fuchs and Schade，1994）。基于多王群产卵力高的特点，结合遗传多样性的优点，在特定条件下饲养多王群可充分发挥多王群的优势。虽然多王群不适合作为生产群大量饲养，但我们认为结合蜂场的生产目的和各个阶段的生产需要，将多王群作为副群饲养的生产方式在国内外的养蜂生产上都具有较高的应用价值。具体的应用方法如下。

1. 多王群为单王群提供卵脾补群

通过控制多王同脾产卵，多王群产卵快且集中。在必要时，多王群可为单王群提供卵脾补群。根据我国的养蜂生产实际，春繁时可利用多王群为单王群提供卵脾来提高春繁速度。

在我国长江流域及江南地区，油菜是每年的第一个大宗蜜粉源，在有些地区，油菜甚至是一年内唯一大宗蜜粉源，油菜花期的产量对这些蜂场一年的收入至关重要。一般油菜开花较早，四川、湖南、江西、浙江等地油菜2—3月开花，蜂群12月底至1月初开始春繁。在不到2个月的时间里要使蜂群从1足框蜂发展壮大成一个强群准备生产油菜蜜，这使得春繁期间蜂群的饲养管理变得非常重要，此时单王的产卵力往往成为蜂群发展的限制因素（特别是对于一些产卵力较差的蜂王）。饲养多王群作为副群，在不需发展壮大成生产群的前提下，可以为其他单王群在必要时提供充足的卵脾甚至是幼虫脾或封盖子脾，促进其春繁的速度。另外，这一补群的方法还可用于平时在必要时维持单王群的强群。每个蜂场饲养多少多王群作为副群，则依蜂场内所需补群的单王群数和蜂王产卵力而定。

补群的具体做法：从多王群中抽取卵脾，补给需卵脾的蜂群，同时给多王群加进一张空脾供多王产卵。多王群箱内只有五六张脾，可供产卵的巢房相当紧张，一般加入空脾后，几个蜂王会自然集中到一张脾上产卵。

我们的研究结果表明，利用多王群为生产群补群可提高蜂蜜产量12.2%（表2-5），可提高蜂王浆产量6.5%（表2-6）。

表2-5 应用多王群为生产群补群增产蜂蜜的效果 （单位：千克）

Tab. 2-5 Incease of honey yield of colonies by providing additional brood from multiple queen coloneis （unit：kg）

取蜜时间	4月7日	4月9日	4月11日	4月13日	4月15日	4月17日	4月19日	4月21日	4月23日	4月25日	$\bar{x} \pm s$
试验组	30.5	29.5	42.0	39.0	35.0	38.5	42.0	43.5	45.5	39.5	38.5±5.3
对照组	28.0	25.5	38.5	34.5	31.5	33.0	37.5	39.0	40.5	35.0	34.3±4.9

表 2-6　应用多王群为生产群补群增产蜂王浆的效果　　　（单位：克）

Tab. 2-6　Incease of royal jelly yield of colonies by providing additional brood from
multiple queen coloneis　　　　　　　（unit：g）

组　别		4月7日	4月10日	4月13日	4月16日	4月19日	4月22日	4月25日	平均值	$\bar{x} \pm s$
实验组	1	125	190	205	195	200	205	195	187.9	
	2	130	210	215	205	215	220	205	200.0	
	3	120	180	185	190	200	185	185	177.9	183.9±27.0
	4	125	200	210	205	195	190	190	187.9	
	5	140	180	210	200	175	175	165	177.9	
	6	120	180	175	190	190	180	170	172.1	
对照组	1	120	200	210	200	195	185	175	183.6	
	2	140	175	180	185	175	165	150	167.1	
	3	140	160	195	205	185	185	170	177.1	172.6±22.9
	4	125	160	170	180	175	175	160	163.6	
	5	120	190	180	185	175	170	160	168.6	
	6	120	175	195	190	185	170	160	175.7	

2. 多王群作为生产蜂王浆的虫源群

蜂王浆是大宗蜂产品之一，我国每年生产 4 000 t 左右蜂王浆，占世界蜂王浆总产量的 90% 以上。蜂蜜的生产期局限于大宗蜜源开花期间，而蜂王浆的生产受蜜粉源条件影响较小，在我国江南地区每年的生产期可达 6~7 个月。从这个角度考虑，生产蜂王浆对于某些蜂场的效益来讲比生产蜂蜜更加重要。

生产蜂王浆的第一步便是移虫——将 1~2 日龄的工蜂幼虫转移到浆杯中。由于虫龄小、数量大，移虫是生产蜂王浆时工作量最大的环节，且需一定的技术。为提供用于移虫的幼虫，通常从大群中挑选合适的幼虫脾或者专门组织产卵旺盛的单王群负责提供幼虫脾 (Chen et al., 2002)。这一常规做法的缺点是，幼虫脾上合适的幼虫较少，因此，需要多张幼虫脾，或者需要在同一张脾上寻找合适日龄的幼虫。而多王群具有产卵快且集中的特点，利用多王群作为生产蜂王浆的虫源群，可以大大提高移虫效率，降低工作强度。

将多王群作为虫源群的具体做法是：把分别为 1 日龄、2 日龄、3 日龄 3 框卵脾和 1 日龄幼虫脾作为孵化区，用隔王栅分隔在靠蜂箱壁一侧；而另一侧用 1 张空脾作为产卵区。每天从孵化区抽出一张 1 日龄幼虫用以生产王浆，同时将产卵区内的 1 日龄卵脾放入孵化区孵化，在产卵区放入一张空脾供蜂王继续产卵。移虫后的卵脾放到产卵区（脾）边补产 12 h 卵，再放入大群孵化。根据多王群群势的需要，适时从大群中抽出即将出房的封盖子脾补充给多王群，以保持一定的群势。

3. 多王群辅助生产笼蜂

购买笼蜂（有约 1 kg 的工蜂和一只交尾王）是欧美蜂场补充蜂群的主要方式。由于特定的养殖方式和旺盛的授粉需求，欧美国家持续保持着繁荣的笼蜂市场。在美国，每年春天需要从南部运往北部大量的笼蜂弥补越冬过程中损失的蜂群，为开花作物授粉。2005 年后，为应对杏树花期授粉昆虫严重短缺的现象，美国政府甚至取消了蜜蜂进口的禁令。此后每年需要从澳大利亚进口大量的笼蜂。而在笼蜂生产过程中，需要在短期内培育大量的年幼工蜂和交尾王。在这个阶段中，蜂王产卵力显然成了最主要的制约因素，而多王群则因为其旺盛的产卵力而能发挥显著的效用。

（二）多王群在基础理论研究领域的价值

正如蜜蜂授粉价值远远超过其产品价值一样，多王群在理论研究上的价值要远远超过其在生产中的价值。

单王群蜜蜂群内生殖权力由仅有的一只蜂王垄断，群内的其余个体都是这只蜂王的后代（少数情况下是姐妹或兄妹）。由于蜂王的一雌多雄交配机制，群内存在多个同母异父的亚家族（或称亚家庭）（Palmer and Oldroyd，2000）。多王群的组建首先使得蜜蜂群体内生殖权力的分配发生了显著的变化，由原来的一只蜂王垄断生殖权力转向了多只蜂王共享生殖权力的局面。同时生殖权力的共享进而改变了群内的遗传结构，群内除存在很多同母异父的亚家族外，还存在多个异母异父的家族。群内个体间的遗传关系，由家族内亚家族间的关系拓展到了家族间的关系。

群体内社会分工，尤其是生殖权力的分配是真社会性昆虫的典型特征（Crespi and Yanega，1995）。蜂群社会性结构的改变对于蜜蜂生物学研究来讲是一个创举。对蜜蜂多王群进行研究，了解多王群内蜂王与蜂王、蜂王与工蜂、工蜂与工蜂等个体间关系，揭示多王群自身的一些生物学特性，能够利用多王群作为模型和特殊的研究途径，拓宽蜜蜂生物学的研究范围，加深对蜂王间的生殖冲突的解决机制、劳动分工时不同家族工蜂间的分工协作、亲属识别等领域的理解，有助于研究社会性结构进化等问题。同时，通过研究蜂王个数这一单因素的改变对于蜂群在个体或群体水平上的影响，也将加深对蜜蜂生物学的认识。

三、小　结

本节总结了意大利蜂多王群组建初期、组建后和越冬管理技术，实现了多王群的周年饲养管理和生产应用，并对其应用领域进行了概括。

应用多王群为生产群补群可增产蜂蜜 12.2%，增产蜂王浆 6.5%；多王群能实现短时间内在同一巢脾上产下整齐、一致的卵，孵化后为机械化移虫的实现创造了便利条件，将大幅度提高生产效率；同时多王群和王浆机械化生产实现了蜂王浆质量安全的规范化，将大幅提高蜂王浆质量。这些研究结果说明多王群技术在养蜂生产中具有很高的应用价值。

第三节　意大利蜂多王群的形成机理初探

本节围绕着蜂王的打斗和共处行为、蜂王的信息素特征进行研究，以深入了解多王群的生物学特性，初步探明多王群形成机理和蜂王互作机制，为在生产上应用多王群并改进多王群的饲养管理方法提供理论支持。

一、概　述

打斗和信息交流是绝大多数动物（包括蜜蜂）解决生殖争端的典型方式（Archer，1988）。在很多动物的争斗中，当通过视觉、听觉或化学途径得到的信息与打斗能力相关时，争斗双方常通过这些途径直接或间接地判断对手的实力（Parker，1974；Wise and Jaeger，1998；Burmeister et al.，2002；Labra，2006）。这些评估使得个体能够根据自身和对手的实力判断争斗的风险和成功率，从而衡量是否参与到某一争斗中，或者在某一争斗中是否坚持或退出争斗（Smith，1974）。例如蜥蜴（Liolaemus monticola）遭遇对手时，在打斗开始前能从对手的化学信号中获得对手的信息，并通过对对手打斗能力的评估判断是否参与打斗（Labra，2006）；而蟋蟀蛙（Acris crepitans）则通过声音来传递与自身打斗实力相关的信息（Burmeister et al.，2002）。

在一些物种中有关生殖权力的争斗对于失败者往往是致命的（Enquist and Leimar，1990），其中蜜蜂即是典型（Gilley，2001）。一般情况下一个蜂群的生殖权力由仅有的一只蜂王垄断，当多只蜂王同时出现于同一蜂群中时，它们往往相互打斗至仅有一只蜂王存活（Gilley，2001；Gilley and Tarpy，2005）。打斗中，蜂王相互攀爬，抓咬，螫刺对方（Gilley，2001）。螫针是蜂王打斗中致命的武器，而螫刺前通过上颚咬和前足抓对方寻找螫刺的受力点是螫刺成功的关键。

在生物诱导和环境诱导相结合组建蜜蜂多王群的技术方法中，蜂王上颚的部分切除是其中的一个关键环节。因此，我们通过行为学观察研究了蜂王上颚切除在组建多王群过程中的作用，进而研究上颚切除对于蜂王打斗策略选择和信息交流的影响。

二、材料与方法

(一) 样品准备和行为学观察

1. 打斗行为观察

(1) 蜂群组建：选择 12 月龄的姐妹蜂王 27 只，其中 15 只剪去 1/3~1/2 上颚。组建 3 组观察群：第一组为处理组，每群同时介绍入 3 只剪去一侧部分上颚的蜂王 (以下称处理王)；第二组为未处理组，每群同时介绍入 3 只未经任何处理的蜂王 (以下称健全王)；第三组为混合组，每群同时介绍入一只健全王和两只处理王；每组 3 个重复，共 9 个观察群。

(2) 行为学观察：在观察箱两侧面玻璃画上 6 cm×6 cm 的方格子，共 8×8 格，以在观察时定位蜂王位置。观察记录按以下方法进行：①蜂王介绍入蜂群后每日上午 9 时至下午 5 时内不间断观察，每小时连续记录 10 min 数据，每分钟记录一次，数据包括：时间、蜂王标识、蜂王位置、蜂王行为 (分静止、走动、查看巢房、产卵) 及其周围侍喂蜂的数量；②群内出现蜂王打斗时，立即开始记录数据 [同①]，并记录主动引发打斗的蜂王身份和打斗结果；③从蜂王介绍入蜂群后开始，连续观察 5 d。

2. 信息素研究样品准备和行为学观察

准备蜂王同龄的 9 群单王群和 12 群 3 王群。从蜂群中取出蜂王后，切下蜂王头部浸提于 200 μL DCM 中。其中，2004 年取 3 个单王群，3 个 3 王群；2005 年取 3 个单王群，3 个 3 王群；2007 年取 3 个单王群，8 个 3 王群。

另组建 6 群 3 王群用于研究蜂王对于工蜂的吸引力 (跟随蜂数量)。其中有 3 群中各有一只蜂王在组建过程中死亡，成为两王群。每天上午 9 时至下午 5 时每隔 15 min 记录一次各蜂王周围的跟随蜂数量，其中第一群至第三群共观察 3 d，第四群至第六群观察 4 d。

(二) 信息素气相色谱分析

1. 配置标准溶液

内标液：称取约 1 mg 辛酸和 1 mg 十四烷 (C14) 溶于 4 mL 二氯甲烷备用。

外标液：称取各约 1 mg 标准物 HOB，HVA，9-ODA，9-HDA，10-HDA，10-HDAA 溶于 4 mL 二氯甲烷。

2. 样品前处理

取头部浸提液体积的一半，氮气吹干后，用 10 μL 内标液溶解，加入 10 μL BSTFA [Bis (trimethylsilyl) trifluoroacetamide，双 (三甲基硅烷基) 三氟乙酰胺，Sigma] 进行硅烷化。衍生反应进行至少 5 h 后，取 1 μL 用于气相色谱分析。另外取

7 μL 外标液加 7 μL BSTFA 和 7 μL BSTFA 内标液进行反应，取 1 μL 进行色谱分析以作标准对照。

3. 气相色谱条件

安捷伦 6890 气相色谱仪，配备分流不分流进样口、自动进样器、FID 检测器和 HP1 毛细管柱（25 m×0.32 mm，0.32 μm）。以氦气为载气，流速 1 mL/min，柱温箱温度程序为：60℃维持 1 min，50℃/min 加热到 110℃，3℃/min 加热到 220℃，220℃维持 10 min。

（三）数据处理和统计分析

（1）取健全蜂王在第一次打斗前的相邻次数为期望值，通过卡方检验比较处理蜂王打斗前实际观察到的相邻次数（如未出现打斗，则用总的相邻次数）和期望值之间的差异；采用卡方检验比较不同处理组间蜂王介绍入蜂群至打斗开始的延迟时间的差异性；采用非参数检验 Mann-Whitney U test 比较打斗中存活的蜂王和同巢共存的处理蜂王间的活动能力（分静止、走动、查看巢房、产卵）。

（2）F 检验比较组间方差。Mann-Whitney U Test 比较单王群蜂王和多王群蜂王间各组分含量及总量的差异。除对各物质的绝对含量进行分析外，参考之前研究采用以下比例进行进一步分析：

R1 = 10-HDAA/9-HDA；

R2 = 9-ODA/9-HDA；

R3 = （9-ODA+9-HDA）/（9-ODA+9-HDA+10-HDAA+10-HDA）；

R4 = （HOB+9-ODA+HVA+9-HDA）/（HOB+9-ODA+HVA+9-HDA+10-HDAA+10-HDA）。

使用以上 4 个比值比较多王群群内蜂王间的差异（卡方检验）。

跟随蜂数量以所有观察记录的总数进行比较，假设各蜂王的跟随蜂总量相等，进行卡方检验。

三、结果与分析

（一）蜂王相邻次数与打斗频率

处理组中的蜂王 5 d 内两两蜂王间共相邻 496 次，但均没有出现打斗现象，同群各蜂王在观察期间都能和平共处（表 2-7）。未处理组蜂王两两间共相邻 30 次，发生了 10 次打斗，其中 4 次打斗都直接造成了打斗中一方死亡，（437.3±1001.0）min（mean±SD）后实验群仅剩下一只蜂王存活（表 2-8、表 2-9）。混合组中共观察到 216 次打斗，而且在 3 个重复中，打斗激烈程度随时间推移而降低，5 d 的观察时间内未出现蜂王死亡。在混合组的这些蜂群中，每群内的前2场打斗都有健全王的参与，且其中4场（每群2场，共6场）由健全王引发（另外两场不能判断是哪只蜂王引发打斗）。而且在处理王被健全王攻击后，处理王对健全王和另一只处理王也都表现出了攻击性。

卡方检验比较处理组蜂王5 d内观察到的相邻次数和未处理组健全蜂王第一次打斗前的相邻次数，结果显示两者具有极显著差异（期望值 VS 观察值，df = 1，$P <$ 0.001），说明处理王间未发生打斗并不是因为蜂王间不相邻。

表 2-7　处理组蜂王两两间相邻次数和打斗次数

Tab. 2-7　Times of proximityand fights between queens in the colonies of treatment group

	1号群			2号群			3号群		
	未标记王和金王	未标记王和蓝王	金王和蓝王	红王和蓝王	红王和黄王	蓝王和黄王	白王和绿王	白王和红王	绿王和红王
第 1 d	4 (0)	11 (0)	5 (0)	0 (0)	0 (0)	12 (0)	9 (0)	0 (0)	38 (0)
第 2 d	0 (0)	12 (0)	0 (0)	36 (0)	46 (0)	22 (0)	27 (0)	30 (0)	24 (0)
第 3 d	0 (0)	19 (0)	0 (0)	0 (0)	0 (0)	16 (0)	0 (0)	0 (0)	65 (0)
第 4 d	0 (0)	0 (0)	0 (0)	5 (0)	4 (0)	2 (0)	0 (0)	0 (0)	36 (0)
第 5 d	0 (0)	0 (0)	0 (0)	14 (0)	17 (0)	0 (0)	0 (0)	42 (0)	0 (0)
总　计	4 (0)	42 (0)	5 (0)	55 (0)	67 (0)	52 (0)	36 (0)	72 (0)	163 (0)
mean±SD				55.1±47.1 (0)					

注：括号外数字表示两只蜂王处于相邻或相同区域的次数，括号内数字表示两只蜂王间打斗的次数

表 2-8　未处理组蜂王两两相邻次数和打斗次数

Tab. 2-8　Times of proximity and fights between queens in the colonies of control group

	4号群			5号群			6号群		
	橘王和白王	橘王和红王	白王和红王	绿王和黄王	绿王和红王	黄王和红王	白王和绿王	白王和红王	绿王和红王
第 1 d	3 (1)	0	1 (1)	7 (1)	1 (0)	8 (4)	5 (1)	0	5 (2)
第 2 d	橘王被杀	—	白王被杀	绿王被杀	—	黄王被杀	白王被杀	—	绿王被杀
第 3 d	—								
第 4 d	—								
第 5 d	—								
mean±SD				4.3±2.8 (1.4±1.3) *					

注：括号外数字表示两只蜂王处于相邻或相同区域的次数，括号内数字表示两只蜂王间打斗的次数。* 相邻次数和打斗次数统计时均不考虑两只蜂王从未相邻的情况，即不考虑4号群橘王和红王与6号群白王和红王

表 2-9 处理组蜂王相邻次数与未处理组蜂王打斗前相邻次数比较

Tab. 2-9 Comparison of the times of proximity before fighting of queens between the treatment group and control group

蜂群	处理组			未处理组		
	1	2	3	4	5	6
蜂王 1 vs 2	4	55	36	1	1	1
蜂王 2 vs 3	42	67	72	1	2	2
蜂王 1 vs 3	5	52	163	—	—	—
mean±SD		55.1±47.1			1.3±0.5	

（二）蜂王介绍入后至打斗开始的延迟时间

处理组中未见蜂王打斗；未处理组中，各对蜂王在介绍入蜂群（26.1±43.0）min（mean±SD）后都参与了打斗（表 2-10），其中 7 只蜂王在第一次相邻后就参与了打斗。在每群介绍入两只处理王和一只健全王的混合组中，蜂王在介绍入蜂群后（46.0±44.4）min 开始打斗，与健全王相比显著推迟（期望值 VS 观察值 x^2 检验，$x^2=167.2$，$df=1$，$P<0.001$；表 2-10）。

比较处理组和未处理组蜂王间的活动频率、产卵和查看巢房频率，则都没有显著差异（Mann-Whitney U test：$U_{walking}=7.5$，$P_{walking}=0.50$；$U_{stationary}=10.0$，$P_{stationary}=0.91$；$U_{oviposition/cell\ inspection}=9.5$，$P_{oviposition/cell\ inspection}=0.82$；图 2-2）。整个实验过程中，没有观察到工蜂围王行为。

表 2-10 蜂王介绍入观察群至打斗开始前的延迟时间 （单位：分钟）

Tab. 2-10 Delay in minutes between introduction of the queens into the observation hives and the start of the fights （unit：min）

蜂群	处理组			未处理组			混合组		
	1	2	3	4	5	6	7	8	9
蜂王 1 vs 2	—	—	—	1	6	18	20	77	14
蜂王 2 vs 3	—	—	—	6	12	113	24	132	18
mean±SD		—			26.1±43.0			46.0±44.4	

注："—"表示没有发生蜂王打斗。同一群内第二对蜂王介绍入观察群至打斗开始前的延迟时间未包括该群内第一对蜂王的打斗持续时间

（三）多王群蜂王与单王群蜂王上颚腺信息素比较

单王群蜂王和多王群蜂王上颚腺分泌物 6 种组分含量及总量见表 2-11。由表可知，两类蜂王相比，除 10-HDA 含量外，多王群蜂王的其他 5 种成分的含量都要高于

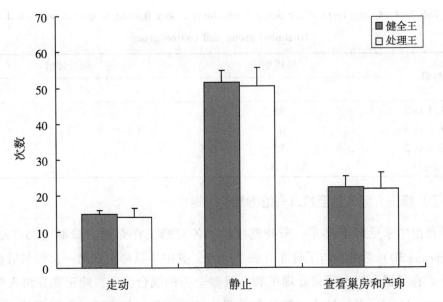

图2-2 未处理组存活蜂王（$n=3$）和处理组共存蜂王（$n=9$）活动能力比较（mean±SD）

Fig. 2-2 Levels of activity of intact queens that survived a contest（$n=3$）and of ablated queens（$n=9$）that cohabited peacefully in three colony.（mean±SD）

注：蜂王活动分为走动、静止、查看巢房和产卵，分析时查看巢房和产卵行为一起考虑。非参数检验 Mann-Whitney U test 显示两组间3个指标均无显著差异

单王群蜂王。但是两组蜂王各组分含量的方差都较大，对两组数据进行方差分析（F检验）表明，在 HOB，HVA，10-HDAA 含量上，多王群蜂王的组内变异显著高于单王群蜂王。

表2-11 单王群蜂王与多王群蜂王上颚腺分泌物6种成分含量及总量 （单位：微克）

Tab. 2-11 Absolute amount of mandibular gland pheromone components of monogynous and polygynous queens （unit：μg）

		HOB	9-ODA	HVA	9-HDA	10-HDAA	10-HDA	total
单王群	mean	23.33	337.74	3.17	92.58	5.59	20.05	482.46
$n=9$	SD	14.48	111.83	2.35	51.81	3.08	18.24	167.57
多王群	mean	32.64	464.11	6.68	110.23	10.99	17.96	642.61
$n=12*3$	SD	31.52	188.89	15.91	73.47	17.20	14.51	284.53
F test		*	n	**	n	**	n	n

"*"表示显著差异（$P<0.05$）；"**"表示极显著差异（$P<0.01$）；"n"表示无显著差异

对两组数据进行显著性检验（Mann-Whitney U Test，图2-3），结果表明多王群蜂王的9-ODA含量显著高于单王群蜂王（$P = 0.024$），在另5种成分的含量上，两者则没有显著差异。而在6种物质的总量上，虽然多王群蜂王明显高于单王群蜂王，但两者差异并不显著（$P = 0.067$）。

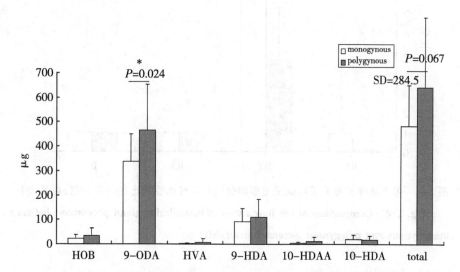

图2-3　单王群蜂王与多王群蜂王上颚腺分泌物6种成分含量及总量比较（平均值±标准差）

Fig. 2-3　**Comparison of absolute amount of six individual compounds and their total amount of mandibular gland pheromone between monogynous and polygynous queens（mean±SD）**

针对R1，R2，R3，R4的比较也没有发现两组间的显著差异（图2-4）。在R1和R2上，多王群蜂王的平均值要高于单王群蜂王的平均值，但由于组内差异很大，两者间也没有表现出显著差异。两组间R3和R4的平均值很接近，组内和组间差异都很小（单王群：R3 = 0.929±0.05，R4 = 0.947±0.037；多王群 R3 = 0.945±0.035，R4 = 0.957±0.029）。

（四）多王群内蜂王间上颚腺信息素比较

鉴于各成分绝对含量的个体间差异较大，以及成分间的比例更能反应蜜蜂级型间的差异性的事实，本部分使用R1、R2、R3、R4 4个比值进行同群内个体间的比较。

以3王间某一比值的平均值为期望值，各蜂王的比值为观测值进行卡方检验。结果表明，12群3王群中的所有比较都没有显著差异。

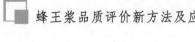

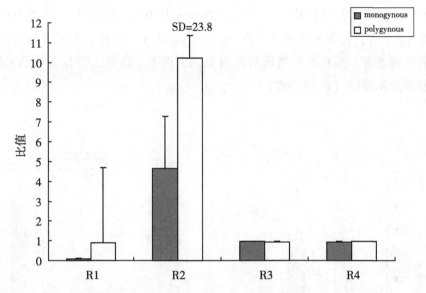

图 2-4 单王群蜂王与多王群蜂王上颚腺分泌物 4 种比值的比较（平均值±标准差）

Fig. 2-4 Comparison of the four ratios of mandibular gland pheromone between monogynous and polygynous queens（mean±SD）

（五）各蜂王跟随蜂数量比较

6 群观察群的各蜂王的跟随蜂数量见图 2-5。卡方检验表明，6 群多王群内的各蜂王间跟随蜂数量都没有显著差异。

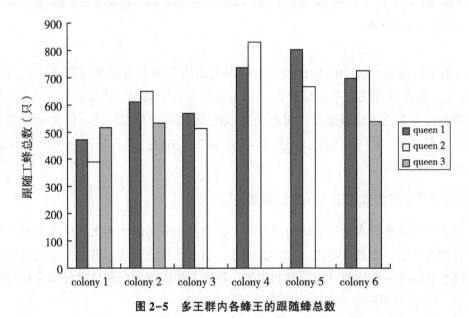

图 2-5 多王群内各蜂王的跟随蜂总数

Fig. 2-5 Amounts of retinue workers of individual queens in multiple queen colonies

四、小　结

养蜂生产实践表明，切除蜂王部分上颚是组建蜜蜂多王群的有效手段，蜂王上颚部分切除后，更少地参与到蜂王间致死的打斗中。而根据蜂王的活动行为数据可知上颚部分切除的处理蜂王具有与健全蜂王相同的活动水平，说明处理蜂王未参与到打斗中并不是因为上颚切除导致蜂王整体活动能力下降进而导致蜂王打斗能力下降造成的。另外，处理蜂王相互间更频繁的相邻，说明未打斗也不是因为空间的隔离。混合组和处理组中从蜂王介绍入蜂群后至打斗开始的时间较未处理组的延迟，显示处理王的打斗欲望较低。然而处理王被攻击后对对手显示出攻击性，说明上颚切除并未影响蜂王间的识别和打斗能力的释放，但影响到蜂王是否参与打斗的决策。

当然，对于处理王间的共存行为也可能有另外的解释，即处理王通过某种途径获得了对手打斗能力的信息，从而相互评估。但是，本实验使用的蜂王是同龄姐妹王，具有相似的内外部条件，上颚部分切除后的蜂王间也应该具有相似的打斗能力，如果相互间能通过相互评估获知对方的实力，那么处理组中的蜂王就会选择参与打斗。而这些蜂王并非如此，因此，蜂王个体间不存在实力的相互评估。

本研究结果表明，在蜂王自身实力受到削弱后，原本致命的打斗可以避免。而对于打斗能力较弱的蜂王，在对对手能力一无所知的情况下，不参与打斗是最好的生存法则。通过本研究，我们提出了蜂王可进行自我评估的观点。这一自我评估机制也为自然界中偶尔发现的二次分蜂群中有多只蜂王（Gilley and Tarpy，2005）和两个弱群合并成多王群的现象（Hepburn and Radloff，1998）提供了解释——弱王在未知对手实力的情况下对自身实力进行评估，为了生存而选择规避打斗。

蜂王上颚腺信息素具有抑制工蜂育王、延迟分蜂、抑制工蜂保幼激素合成和吸引雄蜂等作用（Winston and Slessor，1998）。9-ODA 是蜂王上颚腺的主要成分。在抑制工蜂卵巢发育方面，蜂王物质——9-ODA 在很早就被认为是调节工蜂卵巢发育的主要信息素（Butler and Fairey，1963）。9-ODA 具有抑制工蜂的蜂王化信息素发育的作用，无王的工蜂（A. m. capensis）在配对试验中，会相互竞争产生更多的 9-ODA（Moritz et al.，2000），而且工蜂的卵巢发育程度与 9-ODA 含量显著相关（Hepburn，1992），卵巢发育且产卵的工蜂比卵巢发育但未产卵的工蜂含有更多的 9-ODA（Simon et al.，2005）。而蜂王从出房开始，其上颚腺分泌物中 9-ODA 的含量和比例随着性成熟和交尾而逐步增加（Crewe and Velthuis，1980；Crewe，1982）。显然，9-ODA 含量与蜜蜂个体的生殖状态密切相关。

虽然多王群蜂王和单王群蜂王上颚腺信息素中 9-ODA 含量在个体间的差异都比较大（两组间方差没有差异），但是多王群蜂王 9-ODA 含量仍然显著高于单王群蜂王 9-ODA 含量。而且除 9-ODA 外，HOB、HVA、9-HDA、10-HDAA 及 6 种成分的总量的平均值也有所提高。这一结果表明，多王群蜂王在共处时存在以生成 9-ODA 为主的信息素竞争。然而，针对 3 王群内 3 王间信息素的比较，却没有找到各蜂王间信息素存在差异的证据。各蜂王间跟随蜂数量没有显著差异的结果也表明各蜂王间可能没有等级差异。

当然，本研究也不能完全排除多王群蜂王间存在等级差异的可能性。因为至少存在以下几种可能性：其一，这一等级差异只是在我们所取的 12 群 3 王群中不存在，而随着样本数的增加和蜂王数量的增加，仍不排除在少数多王群内存在等级差异的可能性；其二，可能这一等级差异只是在我们取样的时间内不存在（组建后一个月左右），而随着多王群维持时间的延长，仍可能会出现等级差异，甚至仅在淘汰某些蜂王的过程中出现；其三，可能随着同群蜂王数的增加，蜂王间相互竞争加剧，导致等级差异的出现。

参考文献

王汉生. 2009. 高寒地区多王群的组建方法 [J]. 中国蜂业, 60 (9), 25.

杨多福. 1991. 多王群不增产 [J]. 蜜蜂杂志, 12 (6), 14-15.

杨澍. 1982. 多王同巢的组织和利用 [J]. 中国养蜂, 33 (2), 5-6.

Archer J. 1988. The behavioural biology of aggression, Cambridge University press, Cambridge.

Baer B., Schmid-hempel P. 1999. Experimental variation in polyandry affects parasite loads and fitness in a bumble-bee [J]. Nature, 397, 151-154.

Burmeister S S, Ophir A G, Ryan M J, et al.. 2002. Information transfer during cricket frog contests [J]. Animal behavior, 64 (5), 715-725.

Butler C G., Fairey E M T. 1963. The role of the queen in preventing oogenesis in workerhoney bees [J]. Journal of Apicultural Research, 2, 14-18.

Chen S L, Su S K, Lin X Z. 2002. An introduction to high-yielding royal jelly production methods in China [J]. Bee Wold, 83 (2), 69-77.

Crespi B J, Yanega D. 1995. The definition of eusociality [J]. Behavioral Ecology, 6, 109-115.

Crewe R M. 1982. Compositionan variability: The key to social signals produced by the honeybee mandibular glands, 318-325, in M. D. Breed, G. D. Michener and H. E. Evans [M]. The Biology of Social Insects. Westview Press, London.

Crewe R M, Velthuis H H W. 1980. False queens: A consequence of mandibular gland signals in worker honeybees [J]. Naturwissenschaften, 67 (9).

Darchen R, Lensky J. 1963. Some problems raised by the creation of polygyous societies of honeybees

［J］. Insectes Society, 10 (4), 337-357.

Enquist M, Leimar O. 1990. The evolution of fatal fighting ［J］. Animal behavior, 39, 1-9.

Fuchs S, Schade V. 1994. Lower performance in honeybee colonies of uniform paternity ［J］. Apidologie, 25, 155-168.

Gilley D C. 2001. The behavior of honey bees (*Apis mellifera ligustica*) during queen duels ［J］. Ethology, 107 (7), 601-622.

Gilley D C, Tarpy D R. 2005. Three mechanisms of queen elimination in swarming honey bee colonies ［J］. Apidologie, 36, 461-474.

Hepburn H R. 1992. Pheromonal and ovarial development covary in Cape worker honeybees, *Apis mellifera capensis*, Naturwissenschaften, 79, 523-524.

Hepburn R, Radloff S E. 1998. Honeybees of Africa, Springer Verlag, Berlin, Germany.

Hughes W O H, Boomsma J J. 2004. Genetic diversity and disease resistance inleaf-cutting ant societies ［J］. Evolution, 58 (6), 1251-1260.

Hughes W O H, Boomsma J J. 2006. Does genetic diversity hinder parasite evolution in social insect colonies ［J］. Journal of Evolution Biology, 19 (1), 132-143.

Jones J C, Myerscough M R, Graham S, *et al.*. 2004. Honey Bee nest thermoregulation: Diversity promotes stability ［J］. Science, 305, 402-404.

Kovtun F N. 1950. Multiple-queen colonies ［J］. Pchelovodstovo, (2), 112.

Labra A. 2006. Chemoreception and the Assessment of Fighting Abilities in the Lizard *Liolaemus monticola* ［J］. Ethology, 112 (10), 993-999.

Lensky J, Darchen R. 1963. Étude préliminaire des facteurs favorisant la creation de sociétés polygynes d'*Apis mellifica* ［J］. Ann Abeille, 6, 69-73.

Melnik M I. 1951. Managing multiple-queen colonies ［J］. Pschelovodstvo, (9), 36-37.

Moritz R, Simon U E, Crewe R M. 2000. Pheromonal contest between honeybee workers (*Apis mellifera capensis*) ［J］. Naturwissenschaften, 87, 395-397.

Palmer K A, Oldroyd B P. 2000. Evolution of multiple mating in the genus *Apis* ［J］. Apidologie, 31, 235-248.

Palmer K A, Oldroyd B P. 2003. Evidence for intra-colonial genetic variance in resistance to American foulbrood of honey bees (*Apis mellifera*): further support for the parasite/pathogen hypothesis for the evolution of polyandry ［J］. Naturwissenschaften, 90, 265-268.

Parker G A. 1974. Assessment strategy and the evolution of fighting behaviour ［J］. Journal of Theoretical Biology, 47, 223-243.

Ribbands C R. 1953. The Behaviour and Social Life of Honeybees, Bee Research Association Limited, 530 SalisburyHouse, London.

Simon U E, Moritz R, Crewe R M. 2005. Reproductive dominance among honeybee workers in experimental groups of *Apis mellifera capensis* ［J］. Apidologie, 36, 1-7.

Smith J M. 1974. The theory of games and the evolution of animal conflicts [J]. Journal of Theoretical Biology, 47 (1), 209-221.

Winston M L, Slessor K N. 1998. Honey bee primer pheromones and colony organization: gaps in our knowledge [J]. Apidologie, 29, 81-95.

Wise S E, Jaeger R G. 1998. The influence of tail autotomy on agonistic behaviour in a territorial salamander [J]. Animal behavior, 55 (6), 1707-1716.

第三章　生产方式对蜂王浆品质的影响

第一节　不同采浆时间对蜂王浆理化指标的影响

本节分析了移虫后不同时间（24 h、48 h 和 72 h）采收蜂王浆对其常规理化指标的影响。结果表明，24 h 采收的蜂王浆水分含量显著低于 48 h 和 72 h 采收的蜂王浆。以 100 g 王浆干重计，不同时间采收的蜂王浆的粗蛋白、糖含量均没有明显差别，但 10-HDA 含量与采浆时间呈正相关，与王浆酸值呈良好的线性关系。

一、概　述

蜂王浆化学组成复杂，富含蛋白质、碳水化合物、脂类等化合物，具有多方面的营养保健作用，在保健食品、医药、化妆品等领域具有很高的应用价值（Ramadan & Al-Ghamdi，2012；Emanuele *et al.*，2003；Ramanathan *et al.*，2018）。但不同蜜源期、不同蜂种、不同采浆时间对蜂王浆理化组分之间是否有差异却鲜有报道。本试验从现行蜂王浆国家标准（GB 9697—2008）所规定的理化指标着手，分析了移虫后不同时间（24 h、48 h 和 72 h）所采收的蜂王浆的理化指标，以探讨不同日龄幼虫所食蜂王浆是否存在差别，为更好地采收和利用蜂王浆奠定基础。

二、材料与方法

（一）材料

蜂王浆于荆条花期采自中国农业科学院蜜蜂研究所蜂场，分别在移虫后 24 h、48 h 和 72 h 采收。采集蜂种为本地意蜂。

（二）分析方法

1. 水分、灰分、蛋白质、总糖、酸度测定

水分含量的测定：按 GB/T 5009.3 方法，采用 75℃减压干燥法。

灰分的测定：按 GB/T 5009.4 方法，800℃高温灼烧氧化法。

蛋白质的测定：按 GB/T 5009.5 方法，凯氏定氮法。

总糖的测定：按 GB 9697 9697.5.1.5 方法。

酸度的测定：按 GB 9697 9697.5.1.7 方法。

2. 10-HDA 测定

参照 GB 9697—2008 方法，采用高压液相色谱分析方法，以对羟基苯甲酸甲酯为内标物，略有改动。

3. 葡萄糖、果糖和蔗糖的测定

准确称取 5.0 g 蜂王浆到 25 mL 容量瓶中，加入约 15 mL 去离子水∶乙醇溶液（V∶V=3∶1），超声溶解后，加入 15 g/100 mL 亚铁氰化钾溶液 2 mL，混匀后再加入 30 g/100 mL 乙酸锌溶液 2 mL，混匀后静置，取上清过 0.45 μm 滤膜后，样液用液相色谱仪分析。

三、结果与讨论

（一）对蜂王浆水分、灰分、蛋白质含量的影响

移虫后不同时间所采收的蜂王浆的水分、灰分、蛋白质含量见表 3-1。

表 3-1 不同取浆时间对蜂王浆部分理化指标的影响

Tab. 3-1 Effect of different harvest time on some physical and chemical indicators of Royal Jelly

	24 h		48 h		72 h	
	湿重比（%）	干重比（%）	湿重比（%）	干重比（%）	湿重比（%）	干重比（%）
水　分	54.68±1.21		63.35±0.98		65.18±2.14	
灰　分	1.74 ±0.23	3.83±0.35	1.17±0.15	3.18±0.26	1.15±0.18	3.31±0.24
蛋白质	15.59±0.54	34.40±0.94	11.74±0.42	32.03±1.01	11.54±0.64	33.14±1.12

从表 3-1 可以看出，24 h 所采收的蜂王浆的水分含量平均为 54.68%，显著低于 48 h 和 72 h 所采收的王浆，可能是由于 24 h 时巢房中的王浆较少，相对而言表面积较大，造成了水分的散失速度较快。而灰分和蛋白质含量的变化趋势正好与水分相反。

为了验证 24 h 采收的蜂王浆灰分和蛋白质含量较高是否因水分含量差异造成，我们计算了 3 个时间段所采收的王浆灰分和蛋白质含量占王浆干重的比例（表 3-1），结果表明，24 h 王浆的灰分和蛋白质的干重比（分别为 3.83% 和 34.40%），仍明显高于 48 h 和 72 h 的王浆，说明 24 h 王浆的蛋白质和灰分含量较高是由王浆本身的差异造成的，并不完全是王浆水分挥发的原因。

（二）对蜂王浆中糖组分含量的影响

移虫后不同时间所采收的蜂王浆的总糖、葡萄糖、果糖和蔗糖含量见表3-2。

表3-2　不同取浆时间对蜂王浆中糖的影响
Tab. 3-2　Effect of different harvest time on sugars of Royal Jelly

	24 h		48 h		72 h	
	湿重比（%）	干重比（%）	湿重比（%）	干重比（%）	湿重比（%）	干重比（%）
总　糖	13.82±1.03	30.49±2.13	11.54±0.96	31.49±1.75	11.36±1.12	32.62±2.08
葡萄糖	4.84±0.26	10.68±0.62	3.77±0.16	10.28±0.39	3.76±0.31	10.74±0.84
果　糖	5.09±0.35	11.22±0.61	4.10±0.28	10.83±0.57	3.89±0.25	11.18±0.52
蔗　糖	3.64±0.41	8.02±0.76	3.14±0.21	8.30±0.32	2.92±0.36	8.40±0.61

由表3-2看出，移虫后不同时间所采收的蜂王浆的总糖和蔗糖干重比分别呈随采收时间延长而上升趋势，但总体变化不大；而葡萄糖和果糖含量差别不大，但48 h所采收的蜂王浆含量反而略低。

（三）对蜂王浆酸度和10-HDA的影响

移虫后不同时间所采收的蜂王浆酸度和10-HDA含量见表3-3。

表3-3　不同取浆时间对蜂王浆酸度和10-HDA含量的影响
Tab. 3-3　Effect of different harvest time on acid and 10-HDA of Royal Jelly

	24 h		48 h		72 h	
	湿重比（%）	干重比（%）	湿重比（%）	干重比（%）	湿重比（%）	干重比（%）
酸度（mL/100g）	39.47±2.25	87.09±3.59	34.19±1.89	93.29±2.96	33.27±1.78	95.55±2.67
10-HDA（%）	1.34±0.19	2.96±0.36	1.46±0.24	3.98±0.46	1.41±0.13	4.05±0.36

由表3-3看出，蜂王浆酸值的变化规律也呈现出与蛋白质等指标相同的变化规律。而10-HDA的变化情况与其他理化指标不同，无论以鲜王浆还是以王浆干重计算，都呈现出含量随着时间延长而增加的趋势，尤其对王浆干重而言，24 h王浆10-HDA含量为2.96%，显著低于48 h和72 h的3.98%和4.05%。

（四）蜂王浆10-HDA含量与其酸值的关系（以王浆干重计）

以王浆干重计，测定蜂王浆的10-HDA含量及其酸值。以酸值为横坐标，10-

HDA 含量为纵坐标，计算其回归方程，见图 3-1。

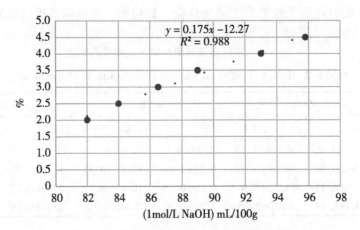

图 3-1　蜂王浆 10-HDA 含量及其酸值关系

Fig. 3-1　Relationship between the content of 10-HDA in royal jelly and its acid value

由图 3-1 可见，若以王浆干重计，蜂王浆 10-HDA 含量及其酸值之间存在着良好的线性关系，其回归方程为 $y = 0.175x - 12.27$，$R^2 = 0.988$，说明蜂王浆 10-HDA 是其最主要的有机酸，且含量占蜂王浆酸性组分的绝大多数。

四、小　结

以王浆干重计，除了 10-HDA，不同时间所采集的蜂王浆（亦即不同日龄幼虫所食蜂王浆）的大部分理化指标含量均相似。但以鲜王浆计，24 h 所采收的蜂王浆较高的各项指标均高于 48 h 和 72 h，这在很大程度上是由于 24 h 时，蜂王浆表面积相对较大，因水分损失造成含量相对较高。但对 48 h 和 72 h 的王浆而言，各项指标均非常接近，因此，就目前的蜂王浆质量标准，没有发现 48 h 的王浆质量好于 72 h 的证据。

本试验发现，24 h 所采收的蜂王浆的 10-HDA 含量要显著低于 48 h 和 72 h 的王浆，因此，为什么会有这种现象和 10-HDA 究竟能在幼虫生长发育中发挥多大的作用是两个值得进一步探讨的课题。

第二节　蛋白质营养水平对蜂王浆产量和成分的影响

本节研究了饲喂蜂群不同配比的茶花粉和黄豆粉饲料对其所产蜂王浆产量及组分

的影响。结果表明，蛋白质营养水平对蜂群蜂王浆产量、蜂王浆中的粗蛋白、粗脂肪、10-HDA 等含量均具有显著的影响。

一、概　述

蜜蜂为了维持正常的生长、发育和繁殖必须不断地从外界获取蛋白质饲料，以保证生命活动的物质基础，而蜂花粉是蜜蜂主要的蛋白质营养来源。蛋白质为蜜蜂腺体发育和分泌含氮分泌物提供原料（Li *et al.*，2018），蜂群内蛋白质营养供应不足或质量不佳，会对养蜂生产造成重大影响。因此，在养蜂生产中必须根据外界蜜粉源条件，适时添加饲料。由于蜂花粉价格相对较高，黄豆粉常作为人工蛋白质饲料的原料，一定配比的花粉和黄豆粉是我国目前养蜂生产中主要的蛋白质饲料。

蜂王浆是一种蜜蜂腺体分泌物，具有多种生物学活性。其化学成分复杂，含有水分、蛋白质、碳水化合物、脂类、维生素、矿物元素以及未知物质等（Pasupuleti *et al.*，2017），并随产浆蜜蜂品种、蜜粉源种类、生产季节、气候条件、蜂群群势、哺育蜂日龄等多种因素变化（Shen *et al.*，2015）。蜂王浆中的多种生物活性成分大部分来源于蜜蜂食物中的蛋白质，如果蜂群缺乏蛋白质饲料，必定影响蜂王浆的质量和产量（王贻节，1991；陈盛禄，2001）。

本节利用不同配比的茶花粉和黄豆粉饲料饲喂蜂群，通过不同蛋白质营养水平生产的蜂王浆的成分比较，探索蜂王浆成分与蛋白质营养水平的关系及变化规律，为优质蜂王浆的生产提供理论依据。

二、材料与方法

（一）材　料

试验蜂群由平湖市种蜂场提供。于外界基本无蜜粉源时，选择 50 群群势相当、蜂王年龄一致的蜂群，随机分成 5 组，分别饲喂 5 种饲料：饲料 1（100％茶花粉），饲料 2（75％茶花粉+25％黄豆粉），饲料 3（50％茶花粉+50％黄豆粉），饲料 4（25％茶花粉+75％黄豆粉），饲料 5（100％黄豆粉）。将 5 种饲料分别制成饼状，放置在框梁上，每 3 d 饲喂一次。蜂王浆每 3 d 生产一批，测定产量。

（二）主要试剂和仪器

（1）标准分子质量蛋白质，宝生生物工程有限公司生产。

（2）考马斯亮蓝 R250，Biosharp。

（3）10-HDA 标准品，中国农业科学院蜜蜂研究所提供。

（4）内标物对羟基苯甲酸甲酯，上海化学试剂采购供应五联化工厂生产。

（5）KQ-500 型超声波清洗器，昆山市超声仪器有限公司；BS124S 型电子天平，北京赛多利斯仪器系统有限公司；Agilent 1200 高效液相色谱仪，美国安捷伦公司；色谱柱 C_{18}（150.0 mm×4.6 mm），美国安捷伦公司；DYCZ-24 电泳槽，北京六一仪器厂；DYY-10C 型电泳仪，北京六一仪器厂；瑞士 FOSS2300 全自动凯氏定氮仪；瑞士 FOSS2050 全自动索氏脂肪分析仪；日立 L-8800 全自动氨基酸分析仪；6890/5973 气质连用仪，美国安捷伦公司。

（三）分析方法

1. 粗蛋白的测定用凯氏定氮法

2. 粗脂肪的测定用索氏抽提法

3. 脂肪酸的测定用气相色谱法

4. 氨基酸的测定用液相色谱法

5. 水溶性蛋白用 SDS- PAGE 电泳法

准确称取 0.3 g 蜂王浆样品于 1.5 mL 离心管中，加入 1 mL 双蒸水剧烈振荡，12 000 r/min，4℃离心 10 min，取上清液进行电泳。

6. 10-HDA 含量测定用高效液相色谱法

（1）标准曲线及校正因子值的测定：精密吸取 1 mg/mL 的 10-HDA 标准品溶液 0.5 mL、1 mL、2 mL、3 mL、4 mL、5 mL 至 10 mL 容量瓶中，精密加入 0.65 mg/mL 内标溶液 2 mL，并用无水乙醇稀释至刻度。分别吸取 2 μL 进样。色谱条件为：流动相 [0.02%磷酸（V/V）：甲醇] =50：50；流速：1 mL/min；测定波长 210 nm；柱温 30℃。

分析时间为每个样品 10 min。以浓度与峰面积比值计算，作标准曲线，其回归方程为：$y=6.8851x+ 0.0032$，$R^2=0.9998$，$n=6$，10-HDA 在 0.05～0.50 mg/mL 范围内线性关系良好，求出校正因子 F 值。

（2）样品测定：将待测蜂王浆样品解冻至室温并用玻璃棒搅匀，精确称取 0.5000 g，加入 0.02%磷酸 1 mL、双蒸水 2 mL、0.65 mg/mL 内标溶液 10.00 mL 及无水乙醇 30 mL，超声波浴中超声溶解 30 min，待样品完全溶解移至 50 mL 容量瓶中，并用无水乙醇稀释至刻度，摇匀，再超声溶解 15 min 取出，3 000 r/min 离心 10 min。取上清过 0.45 μm 滤膜后，样液用液相色谱仪分析，计算峰面积比，按内标法计算含量。

三、结果与讨论

（一）蛋白质营养水平对蜂王浆产量的影响

不同蛋白质营养水平对蜂王浆产量的影响结果见表 3-4。由表 3-4 可见，不同配比的茶花粉和黄豆粉饲料所产蜂王浆的产量存在差异，但是与蛋白质营养水平关系不明显。

表3-4 蛋白质营养水平对蜂王浆产量的影响（平均值±标准差）

Tab. 3-4 Effect of protein nutrient levels on royal jelly yield（mean ± standard deviation）

饲料编组	平均产量（g）	差异显著性
1	831.83±70.01	aA
2	859.58±55.33	aA
3	872.58±60.31	aA
4	771.50±102.64	abAB
5	744.17±99.91	bB

注：同列不同大、小写字母分别表示 a=0.01、A=0.05 水平显著。下同

（二）蛋白质营养水平对蜂王浆粗蛋白含量的影响

不同蛋白质营养水平对蜂王浆中粗蛋白含量的影响见表3-5。由表3-5可见，在不同配比的茶花粉和黄豆粉的营养条件下，饲料1组（100%茶花粉）与饲料2组（75%花粉+25%黄豆粉）相比，粗蛋白含量差异不显著；与饲料5组（100%黄豆粉）相比，粗蛋白含量差异极显著。

表3-5 蛋白质营养水平对粗蛋白含量的影响（平均值±标准差）

Tab. 3-5 Effect of protein nutrient levels on royal jelly crude protein（mean ± standard deviation）

饲料编组	粗蛋白（%）	差异显著性
1	15.51±0.46	aA
2	15.14±0.52	abAB
3	14.88±0.64	bB
4	14.60±0.73	bB
5	14.57±0.69	bB

（三）蛋白质营养水平对蜂王浆粗脂肪含量的影响

不同蛋白质营养水平对粗脂肪含量影响测定结果见表3-6。由表3-6可见，在不同配比的茶花粉和黄豆粉的营养条件下，饲料1组（100%茶花粉）与饲料2组（75%花粉+25%黄豆粉）相比，粗蛋白含量差异不显著；与饲料5组（100%黄豆粉）相比，粗蛋白含量差异极显著。

表 3-6 蛋白质营养水平对粗脂肪含量的影响（平均值±标准差）

Tab. 3-6 Effect of protein nutrient levels on royal jelly crude fats（mean ± standard deviation）

饲料编组	粗脂肪（%）	差异显著性
1	3.13±0.24	cB
2	3.24±0.16	cAB
3	3.44±0.35	bA
4	3.48±0.28	bA
5	3.70±0.26	aA

（四）蛋白质营养水平对蜂王浆脂肪酸含量的影响

不同蛋白质营养水平对脂肪酸相对含量测定结果见表 3-7。在不同配比的茶花粉和黄豆粉的营养条件下，蜂王浆中所含的多不饱和脂肪酸种类相同，其中 C17：0、C18：0、C18：1、C18：2、C20：1、C20：4 差异不显著。其他脂肪酸虽然存在差异，但与蛋白质营养水平关系不明显。

表 3-7 蛋白质营养水平对脂肪酸相对含量的影响（%，平均值±标准差）

Tab. 3-7 Effect of protein nutrient levels on royal jelly relative fatty acid

（mean ± standard deviation）

脂肪酸种类	饲料 1	饲料 2	饲料 3	饲料 4	饲料 5
C14：0	0.80±0.03a	0.73±0.04ab	0.62±0.03c	0.63±0.05c	0.72±0.06b
C15：0	0.86±0.03a	0.74±0.02b	0.62±0.03c	0.58±0.02c	0.63±0.04c
C15：1	1.55±0.06a	1.42±0.05b	1.35±0.06b	1.38±0.07b	1.46±0.03ab
C16：0	18.07±0.22a	17.48±0.24b	16.96±0.22c	16.15±0.15d	17.00±0.34c
C16：1	8.17±0.16a	7.86±0.11ab	7.62±0.32ab	7.55±0.42b	7.88±0.38ab
C17：0	1.31±0.06	1.24±0.09	1.29±0.06	1.34±0.07	1.39±0.07
C17：1	0.72±0.04a	0.69±0.03a	0.68±0.04ab	0.62±0.03b	0.60±0.06b
C18：0	3.67±0.25	3.77±0.11	3.89±0.13	3.80±0.07	3.82±0.08
C18：1	35.58±0.55	35.59±0.13	35.88±0.27	36.06±0.14	35.77±0.44
C18：2	8.92±0.35	9.09±0.12	9.09±0.05	9.29±0.19	9.11±0.18
C18：3	1.24±0.02b	1.28±0.03b	1.35±0.02a	1.37±0.04a	1.38±0.03a
C20：1	0.29±0.05	0.34±0.03	0.31±0.05	0.35±0.04	0.35±0.01
C20：2	0.73±0.10c	0.83±0.02b	0.90±0.01ab	0.98±0.04a	0.92±0.03a
C20：3	1.26±0.22b	1.43±0.02ab	1.40±0.06ab	1.53±0.03a	1.28±0.13ab
C20：4	1.82±0.56	2.14±0.08	2.22±0.07	2.18±0.08	2.06±0.05
C20：5	10.01±0.24c	10.11±0.13c	10.55±0.18b	10.92±0.06a	10.40±0.30bc
C22：5	1.28±0.04b	1.32±0.04b	1.31±0.06b	1.41±0.03a	1.42±0.04a
C22：6	3.71±0.07b	3.93±0.10a	3.90±0.02a	3.96±0.09a	3.80±0.13ab

（五）蛋白质营养水平对蜂王浆氨基酸含量的影响

不同蛋白质营养水平对氨基酸含量测定结果见表3-8。在不同配比的茶花粉和黄豆粉的营养条件下，蜂王浆中所含的氨基酸种类相同。各种氨基酸虽然存在差异，但与蛋白质营养水平关系不明显。

表3-8 蛋白质营养水平对氨基酸含量的影响（g/100g，平均值±标准差）

Tab. 3-8 Effect of protein nutrient levels on royal jelly relative amino acids

（mean ± standard deviation）

氨基酸种类	饲料1	饲料2	饲料3	饲料4	饲料5
天门冬氨酸	1.10±0.01	1.26±0.10	1.16±0.12	1.26±0.05	1.09±0.12
苏氨酸	0.11±0.01	0.11±0.01	0.12±0.01	0.15±0.03	0.12±0.02
丝氨酸	0.24±0.03	0.25±0.02	0.25±0.04	0.25±0.01	0.22±0.02
谷氨酸	0.87±0.04	0.98±0.03	1.01±0.10	1.09±0.13	0.95±0.07
甘氨酸	0.34±0.06b	0.42±0.02a	0.40±0.03ab	0.30±0.07b	0.32±0.02b
丙氨酸	0.45±0.11	0.50±0.04	0.51±0.05	0.44±0.06	0.41±0.04
胱氨酸	0.65±0.01	0.70±0.01	0.69±0.02	0.66±0.04	0.58±0.12
缬氨酸	1.02±0.03b	1.08±0.02b	1.05±0.08b	1.30±0.14a	1.13±0.11b
蛋氨酸	0.21±0.01a	0.22±0.06a	0.24±0.05a	0.21±0.06a	0.13±0.04b
异亮氨酸	0.23±0.01	0.23±0.01	0.31±0.07	0.28±0.02	0.25±0.06
亮氨酸	1.07±0.05b	1.03±0.06b	1.13±0.11ab	1.23±0.10a	1.21±0.08a
酪氨酸	0.51±0.07b	0.48±0.04b	0.53±0.04b	0.64±0.03a	0.48±0.02b
苯丙氨酸	1.07±0.05b	1.06±0.06b	1.95±0.08b	1.19±0.06a	1.10±0.03ab
组氨酸	0.37±0.02ab	0.43±0.01a	0.41±0.02ab	0.36±0.01ab	0.34±0.10b
赖氨酸	0.48±0.02a	0.51±0.01a	0.33±0.03bc	0.39±0.07b	0.27±0.01c
精氨酸	2.08±1.08	2.79±0.05	2.83±0.10	2.92±0.05	2.68±0.25
脯氨酸	1.70±0.03	1.86±0.04	1.68±0.09	1.75±0.06	1.82±0.16
氨基酸总量	13.24	13.91	13.69	14.07	13.07

（六）蛋白质营养水平对蜂王浆10-HDA含量的影响

表3-9 蛋白质营养水平对10-HDA含量的影响（平均值±标准差）

Tab. 3-9 Effect of protein nutrient levels on royal jelly 10-HDA（mean ± standard deviation）

饲料编组	10-HAD含量（%）	差异显著性
1	1.44±0.12	a
2	1.40±0.09	a
3	1.35±0.12	ab
4	1.34±0.10	b
5	1.27±0.10	b

由表3-9可知，饲料1组（100%茶花粉）与饲料2组（75%花粉+25%黄豆粉）相比，10-HDA含量差异不显著，与饲料4组（25%花粉+75%黄豆粉）、5组（100%黄豆粉）相比，10-HDA含量差异显著。

四、小　结

一定配比的黄豆粉和花粉是目前我国养蜂生产中主要的蛋白质饲料。由于花粉价格相对较高，不少养蜂者利用豆粕或其他花粉代用品制成粉脾取代花粉对蜂群进行长时间的饲喂。生产实践证明，蛋白质饲料的质量对蜂群的消长和蜂王浆质量有很大的影响（Haydak，1970）。但迄今为止，人们对不同配比的花粉和豆粉饲料对蜂王浆成分影响的研究甚少，缺乏理论依据。本试验利用不同配比的茶花粉和黄豆粉制作的花粉饼饲料饲喂意大利蜂群，测定蜂王浆成分，探讨蜂王浆成分与不同蛋白质营养水平的关系及变化规律，具有较高的理论和实际应用价值。蜂王浆中的多种生物活性成分大部分来源于其食物中的蛋白质，因此，王浆的质量和活性成分受食料条件的影响非常明显。10-HDA、粗蛋白、粗脂肪等物质的含量能够衡量蜂王浆的品质。实验结果表明：与饲喂100%的蜂花粉相比，饲喂饲料2（75%茶花粉+25%黄豆粉）对10-HDA、粗蛋白、粗脂肪、脂肪酸的含量影响不大，因此采用此配比的花粉饲料，既可降低养蜂成本，又不影响蜂王浆品质。而饲喂饲料5（100%黄豆粉）对蜂王浆品质影响较大。因此，建议在养蜂生产中使用蜂花粉含量较高（75%以上）的饲料饲喂蜂群。

第三节　3种蜂王浆蛋白质的营养评价

本节采用国际上通用的营养价值评价方法，全面评价了中蜂王浆、意蜂王浆和卡蜂王浆蛋白质的营养价值。3种王浆的必需氨基酸含量分别占其氨基酸总量的42.88%、40.98%和42.72%，含硫氨基酸为第一限制氨基酸。蛋白质的化学评分（CS）、氨基酸评分（AAS）、必需氨基酸指数（EAAI）、生物价（BV）、营养指数（NI）和氨基酸比值系数分（SRCAA）计算结果表明，3种蜂王浆都是良好的蛋白源，但中蜂王浆蛋白质的营养价值高于意蜂王浆和卡蜂王浆，明显与常规品质评价指标10-HDA的含量高低顺序不同。

一、概　述

我国是世界上最大的蜂王浆生产和出口国，产量占世界总产量的90%以上，蜂王浆具有广阔的应用前景，但目前的蜂王浆质量标准还无法客观地对蜂王浆营养进行评价。

蜂王浆富含蛋白质，其含量占蜂王浆干重的 36.0%~55.0%，其生理功能在很大程度上是通过蛋白质来体现的（Pasupuleti *et al.*，1995；2017）。因此，通过蜂王浆蛋白的营养评价能在一定程度上反映蜂王浆的品质好坏。本文采用国际上通用的蛋白质营养评价方法，对我国养蜂生产上常用的本地意蜂、卡尼鄂拉蜂、中华蜜蜂所产王浆蛋白质的营养价值进行了比较和分析，为蜂王浆的品质评价和有效开发提供了可靠的数据。

二、材料与方法

（一）供试样品

分别利用中华蜜蜂（*Apis cerana* Fabricius，Chinese bees）、意大利蜜蜂（*Apis mellifera ligustica* Spinola，Italian bees）和卡尼鄂拉蜂（*Apis mellifera Carnica* Pollman，Carnica bees）生产中蜂王浆、意蜂王浆和卡蜂王浆。蜂王浆生产后立即于−18℃保存。生产地点为北京，生产时间为荆条花期。

（二）蜂王浆相关组分测定

1. 蛋白质测定

采用凯氏定氮法测定 3 种王浆的蛋白质含量（GB 9697—2008）。

2. 10-HDA 的测定

采用高效液相色谱仪（P680，DIONEX 公司）测定 3 种蜂王浆 10-HDA 含量（GB 9697-2008）。

3. 氨基酸组成和含量测定

准确称取 0.5 g 蜂王浆于 Pyrex 具盖耐热管中，精确到 0.01 g。依次加入 3 mL 超纯水和 3 mL 12 mol/L HCl，借助于涡旋振荡器充分混匀。缓慢冲入氮气将耐热管中空气排出后拧紧管盖，密封，置于烘箱中，在 110℃保持 24 h 进行水解。水解完成后将加热管从烘箱中取出，冷却至室温，水解产物经过滤纸过滤后用 6 mol/L NaOH 中和至 pH 值为 4.8~5.2，用超纯水定容至 50.0 mL，然后取出 2.0 mL 提取液，再次用超纯水定容至 10.0 mL，即为分析用样液。分析样液在衍生前，用 0.22 μm 滤膜（Milipore，MA，USA）过滤。

以 6-氨基喹啉基-N-羟基琥珀酰亚氨基甲酸酯（AQC）为柱前衍生试剂，采用高效液相色谱仪（P680，DIONEX 公司）测定 3 种蜂王浆蛋白质的氨基酸组成和含量。

（三）营养价值评价

1. 化学评分（Chemical score，CS）

采用 FAO（1970）的方法。

$$CS = 100 \times \frac{(Ax)(Ee)}{(Ae)(Ex)}$$

其中，Ax 为待测蛋白质中某一必需氨基酸的含量；Ae 为待测蛋白质中必需氨基酸的总含量；Ex 为标准鸡蛋白中相应必需氨基酸的含量；Ee 为标准鸡蛋白中必需氨基酸的总含量。

2. 氨基酸评分（Amino acids core，AAS）

采用 Bano（1982）的方法。

$$AAS = 100 \times \frac{Ax}{As}$$

其中，Ax 为试验蛋白质某一必需氨基酸含量；As 为 WFO/FAO 评分模式氨基酸含量。

3. 必需氨基酸指数（Essential amino acid，EAI）

按照采用 Bano（1982）的方法。

$$EAAI = n\sqrt{\frac{Lysp}{Lyss} \times \frac{Valp}{Vals} \times \cdots \frac{Leup}{Leus}} \times 100$$

其中，p 为蜂王浆蛋白；s 为标准蛋白（鸡蛋）；n 为比较的氨基酸数。

4. 生物价（BV）

采用 Bano（1982）的方法。BV=1.09×EAAI-11.7。

5. 营养指数（Nutritional index，NI）

按照 Bano（1982）的方法。NI=（EAAI）（pp）/100

其中，pp 为蛋白质含量百分率。

6. 氨基酸比值系数（Ratio coefficient of amino acid，RCCA）和氨基酸比值系数分（Scorc of RCAA，SRCAA）

按照朱圣陶（1988）的方法。

$$氨基酸比值 = \frac{Ax\left(\dfrac{mg}{g}\right)}{As\left(\dfrac{mg}{g}\right)}，其中，Ax 为蜂王浆中氨基酸含量；$$

$$RCAA = \frac{氨基酸比值}{氨基酸比值之约数}；$$

SRCAA=100-CV×100；CV：RCAA 的变异系数。

三、结果与讨论

（一）3 种蜂王浆蛋白质、10-HDA 含量和蛋白质的氨基酸组成分析

中蜂王浆的 10-HDA 平均含量为 0.97% ± 0.23%，显著低于意蜂王浆和卡蜂王浆 1.62% ± 0.19%和 1.84% ± 0.09%，而 3 种蜂王浆的粗蛋白含量分别占其干重的 48.02% ± 3.04%、41.71% ± 3.68%和 44.70% ± 2.98%，按照现有的蜂王浆质量评价体系，卡蜂王浆和意蜂王浆的质量优于中蜂王浆。

中蜂王浆、意蜂王浆和卡蜂王浆的必需氨基酸含量分别占其氨基酸总量的 42.88%、40.98%和 42.72%，它们的必需氨基酸总量均高于 FAO/WHO 模式，且卡蜂王浆明显高于中蜂王浆和意蜂王浆；其中赖氨酸（Lys）、苯丙氨酸和酪氨酸（Phe +Tyr）含量显著高于 FAO/WHO 模式，但含硫氨基酸（蛋氨酸+胱氨酸，Met+ Cys）正好相反。3 种王浆的氨基酸组成见表 3-10、表 3-11。

表 3-10　3 种蜂王浆蛋白质的非必需氨基酸组成　（单位：毫克/克）

Tab. 3-10　Compositions of nonessential amino acid in proteins of three kinds of royal jelly

（unit：mg/g）

非必需氨基酸	中蜂王浆	意蜂王浆	卡蜂王浆
丙氨酸 Alanine	32.18±3.09	33.00±2.96	33.61±1.68
精氨酸 Arginine	49.72±3.98	53.15±5.98	45.49±5.38
天冬氨酸 Aspartic acid	168.41±14.57	186.08±20.01	191.10±14.95
谷氨酸 Glutamic acid	97.40±10.16	112.91±11.58	111.68±9.67
甘氨酸 Glycine	24.13±2.64	31.29±1.69	24.19±2.93
组氨酸 Histidine	17.57±1.93	26.30±1.96	16.72±0.99
脯氨酸 Proline	29.15±1.59	38.26±2.48	44.09±2.36
丝氨酸 Serine	56.56±4.90	61.28±6.03	67.99±5.49
酪氨酸 Tyrosine	34.50±2.42	34.97±3.21	37.85±2.79
半胱氨酸 Cysteine	2.59±0.23	0.99±0.13	0.91±0.16
总量 Total	512.22±39.89	578.23±43.47	573.63±35.91

表 3-11　3 种蜂王浆蛋白质的必需氨基酸组成　（单位：毫克/克）

Tab. 3-11　Compositions of essential amino acid in proteins of three kinds of royal jelly

（unit：mg/g）

必需氨基酸	中蜂王浆	意蜂王浆	卡蜂王浆	鸡蛋	FAO/WHO 模式
异亮氨酸 Isoleucine	40.65±3.24	43.69±3.65	45.87±2.58	54	40

(续表)

必需氨基酸	中蜂王浆	意蜂王浆	卡蜂王浆	鸡蛋	FAO/WHO 模式
亮氨酸 Leucine	68.82±5.78	74.74±7.90	81.60±6.37	86	70
赖氨酸 Lysine	68.19±6.47	71.51±5.63	76.88±8.25	70	55
蛋氨酸+半胱氨酸 Methionine+Cysteine	19.60±2.05	12.47±1.35	9.19±0.99	57	35
苯丙氨酸+酪氨酸 Phenylalanine+Tyrosine	75.16±7.35	80.73±6.75	89.87±7.29	93	60
苏氨酸 Threonine	38.28±2.98	41.50±4.69	39.06±3.07	47	40
缬氨酸 Valine	45.93±5.34	51.85±4.37	56.42±4.59	66	50
总量 Total	356.63±30.58	376.49±41.85	398.89±38.49	473	350
占氨基酸总量的百分比(%) Percentage of total amino acid content	42.88±3.89	40.98±3.65	42.72±4.34		

(二) 3种蜂王浆蛋白质的氨基酸评分和化学评分

中蜂王浆、意蜂王浆和卡蜂王浆蛋白质的氨基酸评分和化学评分分别见表3-12、表3-13。3种蜂王浆的第一限制氨基酸均为含硫氨基酸——蛋氨酸和胱氨酸，其氨基酸评分和化学评分由高到低顺序均为中蜂王浆、意蜂王浆和卡蜂王浆。

表 3-12　3 个蜂王浆蛋白质的氨基酸评分

Tab. 3-12　Amino acid scores of three kinds of royal jelly

氨基酸 Amino acids	中蜂王浆 RJ of Chinese bees	意蜂王浆 RJ of Italian bees	卡蜂王浆 RJ ofCarnica bees
异亮氨酸 Isoleucine	101.62	109.23	114.67
亮氨酸 Leucine	98.32	106.77	116.57
赖氨酸 Lysine	123.98	130.03	139.79
蛋氨酸+半胱氨酸 Methionine+Cysteine	55.99	35.62	26.27
苯丙氨酸+酪氨酸 Phenylalanine+Tyrosine	125.27	134.54	149.79
苏氨酸 Threonine	95.69	103.75	97.64
缬氨酸 Valine	91.89	103.7	112.83
蛋白质氨基酸评分 Amino acid scores	55.99	35.62	26.27

表 3-13 3 个蜂种所产王浆蛋白质的化学评分

Tab. 3-13 Chemical scores of three kinds of royal jelly

氨基酸 Amino acids	中蜂王浆 RJ of Chinese bees	意蜂王浆 RJ of Italian bees	卡蜂王浆 RJ ofCarnica bees
异亮氨酸 Isoleucine	99.84	101.65	100.73
亮氨酸 Leucine	106.14	109.18	112.51
赖氨酸 Lysine	129.20	128.34	130.23
蛋氨酸+半胱氨酸 Methionine + Cysteine	45.61	27.49	19.12
苯丙氨酸+酪氨酸 Phenylalanine + Tyrosine	107.19	109.06	114.59
苏氨酸 Threonine	108.02	110.93	98.55
缬氨酸 Valine	92.30	98.70	101.37
蛋白质氨基酸评分 Amino acid scores	45.61	27.49	19.12

（三）3 种蜂王浆蛋白质的必需氨基酸指数、生物价和营养指数

表 3-14 表明，3 种蜂王浆的必需氨基酸指数和生物价相差不大，但卡蜂略高；中蜂王浆的营养指数为 34.16，高于意蜂王浆和卡蜂王浆的 29.78 和 32.08。

表 3-14 3 种蜂王浆蛋白质的必需氨基酸指数、生物价、营养指数

Tab. 3-14 Necessary amino acid index, biology value and nutrition index of three kinds of royal jelly

	必需氨基酸指数 Necessary amino acid index, EAAI	生物价 Biology value, BV	营养指数 Nutrition index, NI
中蜂王浆 RJ of Chinese bees	71.16	65.87	34.16
意蜂王浆 RJ of Italian bees	71.4	66.13	29.78
卡蜂王浆 RJ of Carnica bees	71.76	66.52	32.08

（四）3 种蜂王浆蛋白质的氨基酸比值系数和氨基酸比值系数分

由表 3-15 可知，中蜂王浆蛋白质的氨基酸比值系数分为 74.66，分别高于意蜂王浆和卡蜂王浆的 65.43 和 59.36。由表 3-15 也可以看出，3 种王浆的含硫氨基酸（蛋氨酸和胱氨酸）为限制氨基酸，其余氨基酸均超过或接近 FAO/WHO 评分模式中同种氨基酸的含量；其中含硫氨基酸为第一限制氨基酸，苏氨酸为第二限制氨基酸。

表 3-15　3 个蜂种所产王浆蛋白质的氨基酸比值系数和氨基酸比值系数分

Tab. 3-15　Amino acid ratio index and amino acid ratio score of three kinds of royal jelly

氨基酸 Amino acids	中蜂王浆 RJ of Chinese bees	意蜂王浆 RJ of Italian bees	卡蜂王浆 RJ ofCarnica bees
异亮氨酸 Isoleucine	1.03	1.06	1.06
亮氨酸 Leucine	0.99	1.03	1.08
赖氨酸 Lysine	1.25	1.26	1.29
蛋氨酸+半胱氨酸 Methionine + Cysteine	0.57	0.34	0.24
苯丙氨酸+酪氨酸 Phenylalanine + Tyrosine	1.27	1.30	1.38
苏氨酸 Threonine	0.97	1.00	0.90
缬氨酸 Valine	1.03	1.06	1.06
蛋白质氨基酸评分 Amino acid scores	74.66	65.43	59.36

（五）3 个蜂种所产王浆蛋白质的营养评价总结

在 6 个指标中，中蜂王浆蛋白质排第一的有 4 个，分别为化学评分、氨基酸评分、营养指数和氨基酸比值系数分；卡蜂王浆排第一的有两个指标，分别为必需氨基酸指数和生物价。

我们将各项指标排列 1~3 位的蜂王浆蛋白质各项评价指标分别设置评价分为 3、2 和 1，计算 3 种蜂王浆的总评价分。统计结果表明，中蜂、意蜂和卡蜂所产蜂王浆蛋白质的总评价分分别为 14、11 和 11。

表 3-16　3 个蜂种所产王浆蛋白质的营养评价

Tab. 3-16　Nutritional evaluation of proteins of three kinds of royal jelly

	化学评分 Chemical scores	氨基酸评分 Amino acid scores	必需氨基酸指数 Necessary amino acid index	生物价 Biology value	营养指数 Nutrition index	氨基酸比值系数分 Amino acid ratio score
中蜂王浆 RJ of Chinese bees	45.61	55.99	71.16	65.87	34.16	74.66
意蜂王浆 RJ of Italian bees	27.49	35.62	71.4	66.13	29.78	65.43
卡蜂王浆 RJ of Carnica bees	19.12	26.27	71.76	66.52	32.08	59.36

四、小　结

中蜂王浆、意蜂王浆和卡蜂王浆蛋白质含量均较高，必需氨基酸分别占总氨基酸含量的 42.87%、40.99% 和 42.72%，远高于 FAO/WHO 模式的 35%。

3 个蜂种所产王浆蛋白质的化学评分、氨基酸评分、必需氨基酸指数、生物价、营养指数和氨基酸比值系数分 6 项指标的综合评价表明，中蜂王浆营养价值高于意蜂王浆和卡蜂王浆。这与目前我国蜂王浆的主要品质指标 10-HDA 含量进行的品质评价结果存在着较大差异。按照 10-HDA 含量评价，卡蜂王浆和意蜂王浆的 10-HDA 显著高于中蜂王浆。因此，依据 10-HDA 含量判断蜂王浆品质优劣的评价体系的合理性值得探讨。

3 种蜂王浆的第一限制性氨基酸均为含硫氨基酸（蛋氨酸和胱氨酸），在以蜂王浆作为原料生产食品和保健品时应加以考虑。

参考文献

陈盛禄. 2002. 中国蜜蜂学 ［M］. 北京：中国农业出版社，728-729.

王贻节. 1991. 蜜蜂产品学 ［M］. 北京：中国农业出版社，96-101.

朱圣陶，吴坤. 1988. 蛋白质营养价值评价—氨基酸比值系数法 ［J］. 营养学报，10（2），187-190.

Bano Y. 1982. Effects of aldrin on scrum and liver constituents of freshwater catfish Clarias batrachus L ［J］. Proceedings：Animal Sciences, 91（1）：27-32.

Chen C，Chen S. 1995. Changes in protein components and storage stability of Royal Jelly under various conditions ［J］. Food Chemistry, 54：195-200.

Emanuele B，Maria F C，Anna G S，et al.. 2003. Determination and changes of free amino acids in royal jelly during storage ［J］. Apidologie, 34：129-137.

Haydak M H.. 1970. Honey bee nutrition ［J］. Annual review of entomology, 15（1）：143-156.

Li，Q. Q.，Wang，K.，Marcucci，M. C.，et al.. 2018. Nutrient-rich bee pollen：A treasure trove of active natural metabolites. Journal of Functional Foods, 49，472-484.

Pasupuleti，V. R.，Sammugam，L.，Ramesh，N.，et al.. 2017. Honey，propolis，and royal jelly：a comprehensive review of their biological actions and health benefits ［J］. Oxidative medicine and cellular longevity, 17（1）：1-18.

RamadanM F，Al-Ghamdi A.. 2012. Bioactive compounds and health-promoting properties of royal jelly：A review ［J］. Journal of Functional Foods, 4：39-52.

Ramanathan A N K G，Nair A J，Sugunan V S.. 2018. A review on Royal Jelly proteins and peptides ［J］. Journal of Functional Foods, 44：255-264.

Shen L，Wang Y，Zhai L，et al.. 2015. Determination of royal jelly freshness by ELISA with a highly specific anti-apalbumin 1，major royal jelly protein 1 antibody ［J］. Journal of Zhejiang University-Science B, 16（2）：155-166.

第四章　蜂王浆中糖和氨基酸测定新技术及应用

第一节　离子色谱法测定蜂王浆中葡萄糖、果糖、蔗糖和麦芽糖

本节研究并建立了蜂王浆中葡萄糖、果糖、蔗糖和麦芽糖的离子色谱分析方法。样品用热水溶解、乙腈沉降蛋白、使用两个固相萃取小柱去除色素与脂肪等干扰成分后，以 CarboPac PA10 分析柱为色谱柱，氢氧化钠和乙酸钠溶液为流动相进行离子色谱分离。葡萄糖、果糖、蔗糖和麦芽糖的检出限分别为 0.12 mg/L、0.14 mg/L、0.21 mg/L 和 0.33 mg/L。样品的添加回收率为 95.0%～103.5%，精密度为 6.7%～10.2%。利用本方法对 20 个蜂王浆样品进行了分析，葡萄糖含量在 6.2%～8.3%，果糖在 7.0%～8.7%，蔗糖在 0.38%～3.6%，麦芽糖在 0.27%～0.83%。该方法简单、灵敏度高，可作为标准方法对蜂王浆中葡萄糖、果糖、蔗糖和麦芽糖进行分析，有助于对蜂王浆糖分组成进行质量控制。

一、概　述

蜂王浆是我国重要的出口创汇农产品，作为高活性的天然保健产品，蜂王浆一直以来深受人们的喜爱（陈盛禄，2002）。蜂王浆营养成分非常复杂，含有脂肪、碳水化合物、蛋白质、氨基酸、维生素等，其中碳水化合物占蜂王浆总质量的10%左右。由于碳水化合物也是重要的活性成分，有必要对蜂王浆中的糖分进行定量分析。因此，建立蜂王浆中糖的检测方法是完善蜂王浆质量标准的一个重要组成部分，对于蜂王浆的质量控制研究有着重要意义。

离子色谱已广泛应用于蜂蜜、牛奶、饮料等食品中糖的定量分析（余娜等，2010；Cataldi *et al.*，2003；刘晓玲等，2010），但离子色谱用于蜂王浆中糖含量测定的报道很少。本研究通过建立新的前处理方法，优化离子色谱分析条件，形成了离子色谱分析蜂王浆中葡萄糖、果糖、蔗糖和麦芽糖含量的方法，并应用于实际样品的测定。

二、材料与方法

（一）样品与试剂

从市场采购的蜂王浆样品 20 个。经混匀后，冷冻保存。

葡萄糖、果糖、蔗糖、麦芽糖、标准品来自 Sigma 公司。水为去离子水。乙腈为色谱纯。氢氧化钠与乙酸钠均为超级纯，离子色谱专用。

（二）仪器与设备

戴安 ICS-3000 离子色谱仪，离心机，固相萃取柱（OnGuard Ⅱ RP 柱，1 cc，使用前用 5 mL 甲醇和 10 mL 水活化和 OnGuard Ⅱ H 柱，1 cc，使用前用 10 mL 水活化）、0.22 μm 微孔滤膜。

（三）糖标准溶液配制

分别称取适量的葡萄糖、果糖、蔗糖和麦芽糖，置于 100 mL 容量瓶中，加去离子水溶解定容至刻度，混匀，配制成 4 种糖的标准贮备溶液。

分别取适量的葡萄糖、果糖、蔗糖、麦芽糖标准贮备溶液，加去离子水稀释成适当浓度的标准工作溶液，用于线性测定和样品的分析。

（四）样品处理

称取均质后的样品 0.2 g，加入 4 mL 煮沸的超纯水摇匀后立即加入 5 mL 乙腈，振荡摇匀后，加纯水定容至 10 mL，室温静置 10 min 后，取出 5 mL 溶液，以 5 000 r/min 离心 10 min。取 2 mL 上清液（或 1 mL 王浆冻干粉上清液）以超纯水稀释到 100 mL 容量瓶，定容后摇匀（根据样品的浓度，稀释步骤可适当调整）。将该稀释液 10 mL 分别用 OnGuard Ⅱ RP 柱和 OnGuard Ⅱ H 柱（1 cc，用 10 mL 水活化）净化，弃去初始 6 mL 溶液后，收集剩余流出液，用 0.22 μm 微孔滤膜过滤后，待测。

（五）色谱条件

色谱柱 分析柱：CarboPac PA10，250 mm×4 mm；保护柱：CarboPac PA10+IonPac NG1，50 mm×4 mm；柱温：35℃；检测器：脉冲安培检测，Au 工作电极（糖标准四电位），Ag/AgCl 参比模式；流动相：NaOH/ NaOAc，梯度淋洗，梯度程序见下表 4-1。

流速：1.0 mL/min；进样体积：10 μL。以保留时间定性，峰面积定量。

表 4-1 梯度条件

Tab. 4-1 Gradient condition

Time (min)	A (DI water) (%)	B (200 mmol/L NaOH) (%)	C (100 mmol/L NaOH, 1 mol/L NaOAc) (%)
0	80	20	0
8	80	20	0
15	78	18	4
20	75	15	10
24	75	15	10
24.1	0	100	0
26	0	100	0
26.1	80	20	0
30	80	20	0

三、结果与讨论

（一）样品处理

果糖、葡萄糖、蔗糖和麦芽糖易溶于水，且温度越高，在水中溶解度越大，为了充分提取蜂王浆中的这4种糖，本试验采用煮沸的超纯水进行提取，在获得比较好的提取效果的同时，由于高温的作用，蜂王浆中的部分蛋白被沉淀下来，在一定程度上降低了干扰。

与蜂蜜基质不同，蜂王浆含有丰富的蛋白质、色素、脂类等物质。这些物质如果引入色谱分离体系会很快损坏色谱柱，污染色谱系统。因此在提取糖的同时，应该选择有效的方法将这些杂质分离。本文采用乙腈沉降样品中的蛋白质，发现这种方法可以有效沉淀蜂王浆中的蛋白。分别用 OnGuard Ⅱ RP 柱和 OnGuard Ⅱ H 固相萃取小柱对提取液进行净化，样品通过小柱时，由于糖的极性强，在柱上没有保留，而色素、脂类物质等相对于测定组分疏水性较强，保留在固相提取小柱上，这样经过固相萃取柱后可分离除去色素、脂类物质等杂质，有效降低了基质干扰。

（二）流动相的选择

通常情况下，离子色谱测定糖时，均以氢氧化钠溶液作为流动相，在实验中，我们发现，仅用氢氧化钠溶液分离时，麦芽糖出峰较晚，影响分析速度。通过快速提高氢氧化钠的浓度可以使麦芽糖出峰提前，但同时会导致麦芽糖峰型不对称，影响定性和定量分析。通过试验，在氢氧化钠加入一定量的乙酸钠后，可以有效加快麦芽糖的出峰时间，且不影响其他糖的分析，因此本试验采用氢氧化钠与乙酸钠溶液作为流动相，梯度洗脱，标样与样品中的 4 种糖的分离度较好，且分离时间在 30 min 以内。分离色谱见图 4-1。

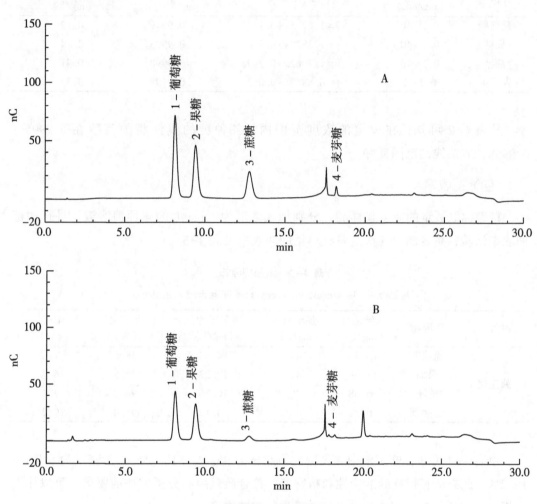

A. 标样；B. 王浆样品

图 4-1　4 种糖的离子色谱图

A. Standard；B. Sample

Fig. 4-1　Chromatogram of four sugars

（三）回归方程、相关系数及检测限

配制一系列浓度不同的糖标准溶液，在确定的最佳分析条件下对其进行分析，以组分的峰面积（y）对浓度（x）绘制标准曲线，计算线性关系、相关系数；按基线噪声 10 倍的浓度求得定量检出限，见表 4-2。

表 4-2　4 种糖的回归方程、线性范围及检测限

Tab. 4-2　The detection limits, liner range, regression equation of four sugars

分析物	浓度范围 （mg/mL）	线性方程	R^2	定量检测限 （mg/L）
葡萄糖	0.1~40	$y=1.8775x+0.1765$	0.9999	0.12
果糖	0.1~40	$y=1.3822x+0.376$	0.9995	0.14
蔗糖	0.1~40	$y=1.7062x+0.2495$	0.9998	0.21
麦芽糖	0.1~4	$y=0.8983x+0.053$	0.9998	0.33

从表 4-2 可知，在设定的浓度范围内，各种糖的线性相关系数在 0.9995~0.9999，方法线性范围良好。

（四）回收率

精确称取适量的蜂王浆样品，分别加入浓度为 4 mg/L 的 4 种糖溶液，进行加标回收率试验，重复测定 5 次。各种单糖的回收率见表 4-3。

表 4-3　添加回收率

Tab. 4-3　Results of recoveries of spiked samples

样品	待测物	原始浓度 （mg/L）	加标量 （mg/L）	测定平均值 （mg/L）	回收率 （%）	RSD （%）
蜂王浆	葡萄糖	10.74	4	14.68	98.5	7.6
	果糖	13.09	4	17.23	103.5	6.7
	蔗糖	6.68	4	10.55	96.8	7.2
	麦芽糖	0.32	4	4.12	95.0	10.2

由表 4-3 可知，蜂王浆中 4 种糖的回收率为 95.0%~103.5%，精密度为 6.7%~10.2%。此方法有很好的准确性和精密度，符合质量控制分析方法的要求，可以作为常规分析方法对蜂王浆中 4 种糖的含量进行准确测定。

（五）样品分析结果

采用本节建立的方法对来自市场上的蜂王浆样品进行分析，在分析的 20 个蜂王浆中葡萄糖含量在 6.2%~8.3%，果糖在 7.0%~8.7%，蔗糖在 0.38%~3.6%，麦芽糖在 0.27%~0.83%。

四、小　结

本节采用热水提取—固相萃净化离子色谱法测定蜂王浆中葡萄糖、果糖、蔗糖和麦芽糖。方法简单、准确、灵敏度高、精密度好。由于离子色谱仪逐渐在各个实验普及，方法可以作为标准的常规检测方法对蜂王浆中的 4 种糖进行有效分析，对产品质量进行控制。

应用方法分别对 20 个来自市场的蜂王浆样品分析，结果显示蜂王浆含有丰富的葡萄糖和果糖，蔗糖和麦芽糖含量较低。我国是蜂业大国，蜂王浆的品种众多，由于样本数量的不足，本节测定的结果还不能完全代表各种蜂王浆中果糖、葡萄糖、蔗糖和麦芽糖的含量范围。要准确分析我国蜂王浆中糖的种类和含量范围，以及产地、植物源和生产方式对蜂王浆中糖种类和含量的影响，还需要进一步深入研究。

第二节　蜂王浆中 26 种氨基酸的 UPLC 测定及其贮存过程中含量的变化

本节建立了一种分析蜂王浆中 26 种氨基酸的超高效液相色谱（UPLC）分析方法。该方法采用 6-氨基喹啉基-N-羟基琥珀酰亚氨基甲酸酯（AQC）柱前衍生，通过梯度洗脱，使用 ACCQ·Tag C_{18} 氨基酸分析柱在 8 min 以内同时分离并定量测定了蜂王浆中的 26 种氨基酸含量。在测试范围内，26 种氨基酸的浓度与相应的峰面积呈线性关系，相关系数（R^2）不小于 0.9978。方法定量（LOQ）和定性检出限（LOD）分别在 42.7~235.1 ng/mL 和 12.9~69.3 ng/mL，加标回收率为 90.1%~100.9%，相对标准偏差小于 2.8%。方法操作简单，耗时短，灵敏度高，是一种适合蜂王浆的氨基酸测定方法。

利用该方法定量测定了在不同温度下（-18℃、4℃ 和 25℃）经过不同时间（1 个月、3 个月、6 个月和 10 个月）贮存的蜂王浆的游离氨基酸和总氨基酸含量。结果表明，新鲜茶花蜂王浆的游离氨基酸和总氨基酸总量分别为 9.21 mg/g 和 111.27 mg/g；其中最主要的游离氨基酸为 Pro、Gln、Lys 和 Glu，而含量最高的总氨基酸分别为 Asp、Glu、Lys 和 Leu。尽管多数游离氨基酸和总氨基酸含量在蜂王浆的贮存过程中并没有发生显著变化，但总 Met 和游离 Gln 在贮存过程中含量持续下降而且差异明显，有可能作为评价蜂王浆品质和新鲜度的指标。

一、概　述

为了使本节内容更为清晰，首先就文中用到的几个容易混淆的概念作以下说明：①游离氨基酸总量（Free amino acids，FAAs），是指蜂王浆中各种游离氨基酸含量的总和；②总氨基酸含量（Total amino acid，TAA），是指蜂王浆中某种氨基酸的游离氨基酸含量和蛋白质水解过程中产生的该种氨基酸含量的总和；③总氨基酸总量（Total amino acids，TAAs），是指试验过程中测得的所有总氨基酸含量的累加值。

众所周知，蜂王浆是导致蜜蜂发生级型分化的关键物质，其生理营养功能已被许多研究所证实。目前，有关蜂王浆质量控制的研究主要集中在蜂王浆组成成分的分析和相关组分在贮存、加工过程中的变化等方面。已有许多科学家开展了有关新采收蜂王浆和市场流通领域的蜂王浆组成成分方面的研究（Crane，1990；Howe et al.，1985；Palma，1992；Stocker et al.，2005）。

蜂王浆中富含各种氨基酸和蛋白质（王贻节，1991；陈盛禄，2001），其营养价值与蛋白质组成之间存在着密不可分的联系。但有报道称，蜂王浆在贮存过程中蛋白质会发生逐渐降解（Okada et al.，1979；Chen & Chen，1995；Masaki et al.，2001），同时 Emanuele 等研究发现一些游离氨基酸会在贮存过程中发生变化（Emanuele et al.，2003）。这有可能是蜂王浆中的蛋白质（氨基酸）与单糖发生美拉德反应而引起其含量变化，美拉德反应也是造成蜂王浆贮存过程中发生褐变和营养损失的主要原因之一。因此，有必要对蜂王浆贮存过程中的蛋白质和氨基酸的变化规律展开研究。

研究发现，蛋白类食品的主要营养价值是由其氨基酸组成和含量决定的，而氨基酸分析是对蛋白质和肽类进行分析的重要途径之一（Matloubi et al.，2004）。所以，通过探讨蜂王浆贮存过程中游离氨基酸和总氨基酸含量的变化规律，有可能为评价蜂王浆品质和新鲜度找到一条有效途径。

目前，用于氨基酸分析的方法很多。除了使用氨基酸分析仪（吕守民等，1999；任红波，2001）外，还有气相色谱-质谱法（GC-MS）（Emanuele et al.，2003；Mohabbat & Drew，2008；Plassmeier et al.，2007），离子交换色谱法（European Norm 12742，1999；Jiaoyan et al.，2008），反相高效液相色谱法（Woo，2001；Versari et al.，2008；Buck & Ferger，2008）和毛细管电泳法（Ummadi & Weimer，2002；Warren，2008）等分析方法。然而，这些分析方法有些需要昂贵的仪器设备，有些耗时较长，还有一些选用普通的衍生试剂，衍生产物不稳定，定性与定量分析困难。

一种理想的氨基酸分析方法应该满足以下条件：分析时间较短；灵敏度较高；氨基酸含量与响应值之间具有良好的线性关系；与氨基酸反应的衍生剂能快速形成稳定的衍生产物且不形成干扰物质（Ana et al.，2006）。

本试验使用的超高效液相色谱（Ultra performance liquid chromatography，UPLC）分析方法是近年发展起来的一种快速色谱分离方法，由于使用 1.7 μm 小颗粒提高了分离能力，可以分离出更多的色谱峰，因此，极大地提高了分离效率，缩短了分析时间（Villiers et al.，2006；Stephen，2005；Olsovsks et al.，2007）。总体而言，UPLC 具有分离速度快、峰容量高、分离度高和敏感性强的特点（Guillarme et al.，2007；Novakova et al.，2006），目前已经被广泛应用于制药、毒理和生物化学研究方面

（Vaijanath *et al.*，2008；Yang *et al.*，2007；Englmann *et al.*，2007；Li *et al.*，2006；Stephen & Pierre，2006）。

由于大多数氨基酸缺乏天然的紫外或荧光吸收，进行柱前、在柱或柱后化学衍生化是提高该类化合物检测灵敏度的一个有效途径。其中，最常用的是柱前衍生法，它是在一定条件下利用某个特定试剂（标记试剂）在色谱柱前与化合物样品进行化学反应，使反应产生的衍生物利于色谱的分离或检测。常用的氨基酸柱前衍生试剂有邻苯二甲醛（OPA）（Dorresteijn *et al.*，1996），二甲氨基萘磺酰氯（dansyl-Cl）（闫淑莲等，2003），2，4-二硝基氟苯（FDNB）（Shen *et al.*，2002），异硫氰酸苯酯（PITC）（Komarova *et al.*，2004），异硫氰酸荧光素（FITC）（Li *et al.*，2003），氯甲酸酯类中的氯甲酸芴甲酯（FMOC-Cl）（Bauza *et al.*，1995）和咔唑-9-乙基氯甲酸酯（CEOC）（张琳等，2002）以及氨基苯甲酸酯类（Diaz *et al.*，1996），等等，但每种衍生试剂均有各自的优点和缺点。本试验使用的6-氨基喹啉基-*N*-羟基琥珀酰亚氨基甲酸酯（AQC）衍生特异性强，反应迅速，衍生产物在7日内稳定（李梅等，2007；Cohen *et al.*，1993），已经越来越多地被应用于各个行业，尤其是制药和生物化学分析方面（Stephen & Pierre，2006）。

本节的目的在于建立一种快速、同时定量测定蜂王浆中26种氨基酸的超高效液相色谱（UPLC）分析方法，并测定不同温度下（-18℃、4℃和25℃）经过不同时间（1个月、3个月、6个月和10个月）贮存的蜂王浆的游离氨基酸和总氨基酸含量。以期摸清蜂王浆贮存过程中氨基酸含量的变化规律，为蜂王浆新鲜度和品质评价找到一条可行之路。

二、材料与方法

（一）仪器

Waters Acquity UltraPerformance LC©色谱仪，紫外检测器，Waters Empower™ 2 软件系统，Acquity UPLC© AccQ·Tag Ultra 色谱柱（2.1 mm×100 mm，1.7 μm），Milli-Q 纯水系统（Millipore，Billerica，MA）。

（二）试剂与标样

衍生剂6-氨基喹啉基-*N*-羟基琥珀酰亚氨基甲酸酯（AQC）、AccQ·Tag Ultra 硼酸缓冲液和 AccQ·Tag Ultra 试剂均来自 Waters 公司。

26种氨基酸标准样品均购自 Sigma 公司，包括组氨酸（His），丝氨酸（Ser），精氨酸（Arg），甘氨酸（Gly），天门冬氨酸（Asp），谷氨酸（Glu），苏氨酸（Thr），丙氨酸（Ala），羟基赖氨酸（Hylys），脯氨酸（Pro），半胱氨酸（Cys），赖氨酸

（Lys），酪氨酸（Tyr），蛋氨酸（Met），缬氨酸（Val），异亮氨酸（Ile），亮氨酸（Leu），苯丙氨酸（Phe），牛磺酸（Tau），γ-氨基丁酸（GABA），氨基异丁酸（AABA），鸟氨酸（Orn），谷氨酰胺（Gln），天门冬酰胺（Asn），羟基脯氨酸（Hypro）和色氨酸（Trp）。

（三）氨基酸标准溶液的配制

分别用超纯水配制 26 种氨基酸的单标溶液，依比例稀释和混合各种单标，得到 26 种氨基酸的混合标准溶液，除 Cys 为 2.5 pmoles/μL 外，其他氨基酸在混标中的浓度均为 5 pmoles/μL。

（四）样品的处理

1. 样品的采集和分组

试验用蜂王浆样品是在茶花期取自浙江省的不同地区不同蜂场，生产蜂种为意大利蜂。

采集后的蜂王浆迅速放入冰盒保温，并于当天送回实验室。将各个蜂场的样品混合均匀后，分成 60 小份（每份约 10 g），密封保存，保证开封后只使用一次。其中 24 份用来作方法学和新采蜂王浆氨基酸含量试验，而另外 36 份分为 3 个小组，每个小组 12 份。将 3 个小组的蜂王浆分别贮存于-18℃、4℃和25℃，分别在贮存时间为 1 个月、3 个月、6 个月和 10 个月时取出进行试验，每组 3 个重复。

2. 游离氨基酸的提取

称取 1.0 g 蜂王浆于 50 mL 塑料离心管，精确到 0.01 g。加入 25 mL 90%乙醇溶液，涡旋振荡 2 min，超声提取 3 min 后，5 000 rpm 离心 10 min，取上清液。在沉淀物中重新加入 25 mL 90%乙醇溶液，重复以上步骤两次，合并上清液。在40℃利用旋转蒸发仪将液体蒸干，残渣用超纯水溶解，并定容至 50 mL，即为分析样液。分析样液在衍生前，用 0.22 μm 滤膜（Millipore，MA，USA）过滤。

3. 总氨基酸的提取

准确称取 0.5 g 蜂王浆于 Pyrex© 具盖耐热管中，精确到 0.01 g。依次加入 3 mL 超纯水和 3 mL 12 mol/L HCl，借助于涡旋振荡器充分混匀。缓慢冲入氮气将耐热管中空气排出后拧紧管盖，密封，置于烘箱中，在110℃保持 24 h 进行水解。水解完成后将加热管从烘箱中取出，冷却至室温，水解产物经过滤纸过滤后用 6 mol/L NaOH 中和至 pH 值为 4.8~5.2，用超纯水定容至 50 mL，然后取出 2.0 mL 提取液，再次用超纯水定容至 10.0 mL，即为分析用样液。分析样液在衍生前，用 0.22 μm 滤膜（Millipore，MA，USA）过滤。

4. 衍生

（1）衍生剂配制：吸取 1 mL 乙腈到衍生剂瓶中，加盖密封，涡旋振荡 10 s，置于 55℃烘箱中加热 10 min，直至衍生剂粉末全部溶解。

（2）衍生过程：移取 10 μL 样液于衍生管中，加入 70 μL AccQ·Tag 硼酸盐缓冲液，涡旋混合均匀后，移取 20 μL 衍生剂，边涡旋边加入衍生管中，持续 5 s。将衍生管在室温下放置 1 min 后，置于 55℃烘箱中加热 10 min。随后衍生好的样品就可以直接用 Acquity UPLC 系统进行分析。所有样品重复测定 3 次。

5. UPLC 条件

色谱柱：Acquity UPLC© AccQ·Tag Ultra 色谱柱（2.1 mm×100 mm，1.7 μm）

流速：0.70 mL/min

柱温：55 ℃

进样量：1.0 μL

检测波长：260 nm

流动相分别为 AccQ·Tag Ultra 洗脱液 A：水（5∶95）和 AccQ·Tag Ultra 洗脱液 B。洗脱程序见表 4-4。

表 4-4　UPLC 氨基酸分析梯度洗脱程序

Tab. 4-4　The UPLC Amino Acid Analysis Solution gradient separation conditions

Time（min）	A（%）	B（%）	Curve
0.0	99.9	0.1	—
0.54	99.9	0.1	6
5.74	90.9	9.1	7
7.74	78.8	21.2	6
8.04	40.4	59.6	6
8.64	40.4	59.6	6
8.73	99.9	0.1	6
9.5	99.9	0.1	—

溶液 A＝AccQ·Tag Ultra 洗脱液 A：水（5∶95）

溶液 B＝AccQ·Tag Ultra 洗脱液 B

6. 线性回归方程和检出限

准备 26 种氨基酸的贮备液，稀释至设定的浓度进行分析，建立标准曲线。每个混合标准溶液进样 3 次，依据峰面积和实际进样量进行线性回归分析，获得线性回归方程、相关系数和检出限。其中定量检出限（LOQ）和定性检出限（LOD）的计算分别基于信噪比（S/N）10 和 3。

7. 回收率和精密度

在一定量蜂王浆中（游离氨基酸，1.0 g；总氨基酸，0.5 g）添加已知浓度的氨基酸标准液，使添加的氨基酸在最后进样液中的理论浓度为 2.5 pmoles/μL。试验重复 3 次。

日内和日间变异系数是用来评价方法精密度的指标。配制浓度为 5 pmoles/μL 的氨基酸标准混合溶液（Cys 为 2.5 pmoles/μL），在 1 d 内重复测定 6 次，确定方法的日内变异系数；对同一个样品连续 6 d 进样，确定日间变异系数。

三、结果与讨论

（一）UPLC 分析方法

1. 游离氨基酸提取方法的优化

蜂王浆组分非常复杂，富含蛋白质及脂类物质。为了提高蜂王浆中游离氨基酸的回收率，减少基质干扰，在提取过程中必须尽量去除蛋白质等干扰物质。常用的沉淀蜂王浆蛋白的试剂有无水乙醇溶液、乙酸锌和亚铁氰化钾溶液，三氯醋酸溶液（TCA）以及部分弱酸溶液等。另外，Emanuele 和 Bertacco 曾分别报道，利用乙醇（95%）和 HCl 1N（75∶25，v/v）混合溶液沉淀蛋白质后，蜂王浆和奶酪的游离氨基酸提取获得了较高的回收率，且基质干扰较少（Emanuele *et al.*，2003；Bertacco *et al.*，1992）。

考虑到不同氨基酸之间的极性差别很大，提取溶液在能够沉淀蛋白质的同时，还应该能使所有的游离氨基酸均获得尽量高的回收率。因此，选择不同浓度的乙醇/水溶液（70%、80%、90%、95%乙醇），不同浓度的 HCL 溶液（0.05 N、0.10 N、0.15 N、0.2 N），乙醇（95%）和 HCl 1N 混合溶液（65∶35，75∶25，85∶15，v/v）以及纯水进行游离氨基酸提取试验。结果发现，用 80%和 90%的乙醇/水溶液提取，在能够沉淀蜂王浆大部分蛋白质的同时，添加回收率最高。但由于提取完成后还必须将液体蒸干才能进行下一步试验，而 90%的乙醇/水溶液更容易蒸干，因此，最终选择 90%的乙醇/水溶液作为本试验中蜂王浆游离氨基酸的提取溶液。

2. 线性关系、检出限、回收率和精密度

利用常规的高效液相色谱分析方法分离氨基酸时，为了将 17~23 种氨基酸充分分离和准确定量，至少需要 35 min（Ana *et al.*，2006），而 UPLC 不仅具有超高的分离度和灵敏度（Novakova *et al.*，2006），其分离速度也远远优于常规液相色谱分析方法（Lucie *et al.*，2006）。从图 4-2 看出，利用 UPLC 可以将 26 种氨基酸完全分离，各氨基酸间最小分离度为 1.73（表 4-5），满足药典规定（>1.5）的要求。整个分离时间仅为 8min，相当于常规液相色谱分离时间的 1/4（图 4-2）。

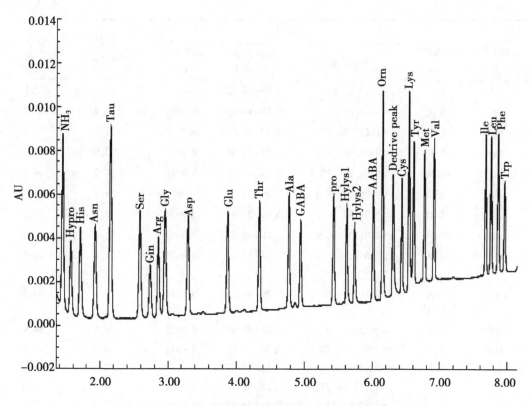

图 4-2　26 种氨基酸标准样品的 UPLC 色谱图

Fig. 4-2　UPLC Chromatogram of 26 amino acids

利用 UPLC 分析方法获得的 26 种氨基酸的线性方程、相关系数、线性范围以及检出限见表 4-5。从表 4-5 看出，在测试范围内，26 种氨基酸的浓度及相应的峰面积之间有良好的相关性，相关系数（R^2）不小于 0.9978。定性检出限和定量检出限分别在 12.9～69.3 ng/mL 和 42.7～235.1 ng/mL。

表 4-5　方法的回归方程和定量、定性检出限

Tab. 4-5　Calibration data and LOQ, LOD of 26 amino acids in royal jelly

氨基酸	分离度[a]	线性回归			LOD（ng/mL）	LOQ（ng/mL）
		回归方程	线性范围（μg/mL）	相关系数（R^2）		
Hypro	—	$y = 6945.8x - 70.6$	0.23～33.91	0.9978	44.2	150.1
His	2.46	$y = 9238.4x + 40.3$	0.27～41.12	0.9998	43.6	144.7
Asn	3.69	$y = 9759.5x - 35.6$	0.23～34.21	0.9988	34.7	119.0
Tau	3.87	$y = 19805.4x + 217.5$	0.25～37.57	0.9994	18.4	58.9
Ser	7.26	$y = 11245.9x + 97.5$	0.17～26.11	0.9995	23.0	76.9

续表

氨基酸	分离度[a]	线性回归			LOD (ng/mL)	LOQ (ng/mL)
		回归方程	线性范围 (μg/mL)	相关系数 (R^2)		
Gln	2.57	$y = 5347.1x + 99.4$	0.26~38.42	0.9992	69.3	235.1
Arg	2.09	$y = 7904.9x + 63.5$	0.31~46.83	0.9995	55.4	181.7
Gly	1.73	$y = 11247.6x - 80.1$	0.11~7.11	0.9989	15.1	51.4
Asp	5.85	$y = 9673.5x - 19.9$	0.23~34.51	0.9997	32.9	105.6
Glu	10.69	$y = 9264.7x - 120.5$	0.26~38.1	0.9991	36.2	119.3
Thr	9.11	$y = 9386.7x + 27.6$	0.20~30.31	0.9989	26.2	84.7
Ala	8.87	$y = 9753.8x - 20.6$	0.14~21.31	0.9979	17.6	57.9
GABA	3.58	$y = 7091.6x + 61.9$	0.21~30.93	0.9990	33.6	111.0
Pro	10.39	$y = 8906.4x - 98.7$	0.19~29.12	0.9988	24.9	84.7
Hylys	4.48 and 2.91[b]	$y = 9316.3x + 102.8$	0.29~42.66	0.9981	20.9	65.5
AABA	6.39	$y = 8643.2x + 39.7$	0.21~30.94	0.9982	26.5	84.9
Orn	3.20	$y = 14656.6x - 70.5$	0.26~39.66	0.9992	18.1	62.3
Cys	7.11	$y = 7269.8x + 97.4$	0.11~15.45	0.9982	12.9	42.7
Lys	2.81	$y = 12715.3x + 112.4$	0.26~38.43	0.9994	18.8	59.0
Tyr	1.85	$y = 8889.9x - 31.8$	0.33~48.92	0.9997	33.7	59.9
Met	4.41	$y = 9006.3x - 22.6$	0.26~39.31	0.9989	28.5	96.4
Val	3.63	$y = 9620.7x + 23.9$	0.20~29.72	0.9985	20.0	65.7
Ile	19.55	$y = 9325.6x - 78.7$	0.23~33.93	0.9996	22.9	77.2
Leu	2.13	$y = 9240.6x - 34.7$	0.23~33.93	0.9992	23.5	79.9
Phe	2.75	$y = 9556.2x + 102.3$	0.29~44.12	0.9979	30.2	102.0
Trp	2.45	$y = 6251.8x - 79.2$	0.37~55.82	0.9997	58.6	199.8

注：a. 组分之间的分离度用 Waters Empower™ 2 软件计算获得；

　　b. Pro 和 Hylys1 之间的分离度为 4.48，而 Hylys1 和 Hylys2 的分离度为 2.91

　　方法的加标回收率和日内、日间变异系数列于表 4-6。从表 4-6 看出，该方法精确性较高，26 种氨基酸的加标回收率在 90.1%~100.9%，相对标准偏差（RSD）小于 2.8%。说明 UPLC 是适合蜂王浆中 26 种氨基酸分析的一种快速、灵敏的定量分析方法。这为随后的蜂王浆不同贮存条件下氨基酸变化的研究奠定了基础。另外，由于 UPLC 分离速度很快，分析时间短，加上流动相流速也较低，分析同样的样品所消耗的有机溶剂就要远少于常规分析方法，这也在一定程度上减少了分析费用，降低了污染环境的风险性（Swartz，2005）。

表 4-6　方法回收率和重现性

Tab. 4-6　Repeatability and recovery of 26 amino acids in royal jelly

	Recovery（%）（for TAAs）		Recovery（%）（for FAAs）		Inter-day（n=6）		Intra-day（n=6）	
	Mean	R. S. D.（%）	Mean	R. S. D.（%）	Accuracy（%）	R. S. D.（%）	Accuracy（%）	R. S. D.（%）
Hypro	92.9	0.9	96.6	1.5	99.7	0.6	97.8	0.7
His	96.7	1.2	98.6	0.9	101.1	0.2	96.7	0.3
Asn	91.6	2.5	93.4	1.3	98.7	1.1	101.2	1.5
Tau	93.6	2.1	99.7	0.6	100.4	1.8	98.4	1.3
Ser	95.8	0.7	90.1	1.8	102.1	0.5	93.7	0.9
Gln	ND	ND	90.7	0.6	96.3	1.2	99.5	2.1
Arg	100.1	1.4	97.6	1.7	99.7	2.4	98.2	2.8
Gly	92.7	0.6	100.6	2.4	100.5	1.1	98.6	1.9
Asp	98.1	0.9	93.7	1.8	100.9	1.4	102.4	2.1
Glu	95.7	1.8	95.3	1.4	94.0	2.6	98.6	1.4
Thr	99.7	0.7	92.1	0.9	101.4	0.7	98.6	0.9
Ala	95.6	0.3	90.4	1.7	95.1	0.9	101.4	1.5
GABA	91.2	2.1	96.8	0.7	100.3	2.3	102.7	2.4
Pro	92.7	0.7	93.1	1.3	95.8	1.0	102.4	1.2
Hylys	90.7	1.5	95.8	1.4	99.2	1.7	95.4	0.9
AABA	93.4	0.9	96.7	2.0	98.3	1.4	97.2	1.3
Orn	95.1	0.7	98.7	1.2	98.6	1.4	100.9	1.7
Cys	98.6	1.1	99.3	0.4	100.4	2.5	96.9	0.4
Lys	100.9	0.6	92.7	1.1	99.5	0.4	98.7	0.7
Tyr	97.6	0.7	96.3	0.9	103.4	2.7	99.9	2.3
Met	92.8	0.2	100.1	0.6	91.8	1.1	97.7	2.1
Val	96.4	1.9	94.7	1.4	102.4	0.8	96.7	1.0
Ile	99.8	1.6	96.8	2.1	99.7	1.4	101.4	2.3
Leu	95.1	0.7	94.5	0.9	98.6	0.9	96.9	0.8
Phe	92.6	0.4	99.7	1.6	103.4	2.7	100.4	1.5
Trp	ND	ND	92.1	0.6	99.9	0.7	102.1	1.2

ND：未检出

本节所使用的氨基酸衍生剂为 6-氨基喹啉基-N-羟基琥珀酰亚氨基甲酸酯（AQC），这种衍生剂的主要优点为它能在室温下快速、高效地与一级和二级氨基酸都形成稳定的氨基酸衍生产物，紫外检测灵敏度高（图 4-3），而多余的衍生剂能与水反应，并形成一种不会在色谱分离时与衍生后的氨基酸形成干扰的产物。该法不仅具有能与离子交换色谱法相媲美的精密度、准确度，而且还不受样品基质、大量电解质、维生素和微量元素的干扰（瞿其曙等，2006）。正是基于 AQC 具有的上述优点和 UPLC 耗时很短，可以同时利用本方法进行大批量的氨基酸含量的快速分析研究。

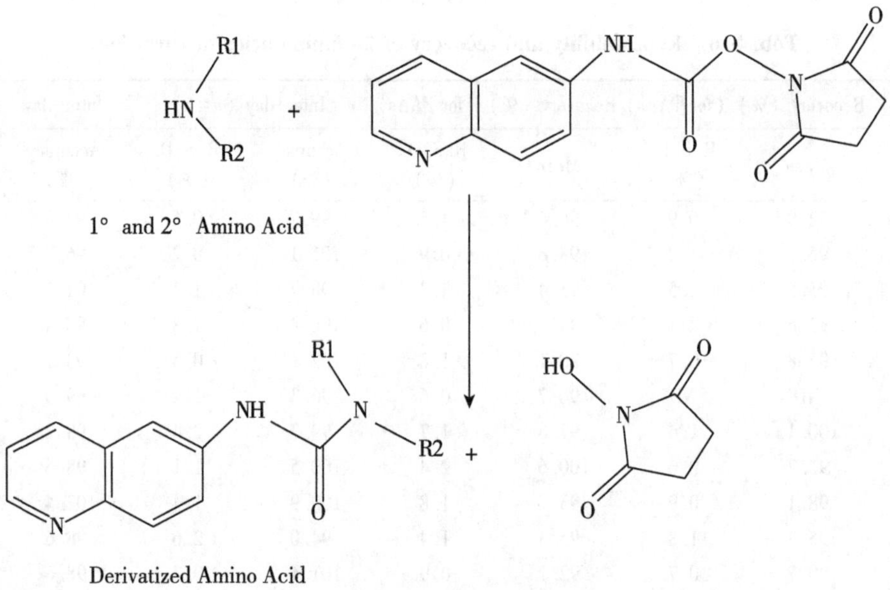

图 4-3　氨基酸与 AQC 的反应

Fig. 4-3　Reaction of 6-aminoquinolyl-N-hydroxysuccinimidyl carbamate with amino acids

以往的研究发现，由于方法的局限性，部分氨基酸不能有效分离。如在使用氨基酸自动分析仪时，由于 Asn 和 Gln 与 Ser 和 Thr 一起洗脱，很难对其定量分析（Davies et al., 1982）；而在其他报道中也有将两种或两种氨基酸共同定量分析的，如 Asp + Asn 和 Glu + Gln（Conte et al., 1998）、Asn + Ser（Hermosin et al., 2003）、Thr + Ala 和 Trp + Orn（Cometto et al., 2003）；在用气相色谱分析氨基酸时，由于 His 不能完全酰基化而不能分析（MacKenzie et al., 1974），而 Glu 和 Gln 形成了一个峰（Pirini et al., 1992）。本节建立起来的蜂王浆中氨基酸分析的 UPLC 方法克服了所有这些缺点，使 26 种氨基酸充分分离，使其能够准确地单独定量分析。

（二）蜂王浆游离氨基酸的组成及其在贮存过程中的含量变化

利用本节建立起来的 UPLC 方法，分析了不同贮存条件下的蜂王浆的游离氨基酸组成和含量。图 4-4 列出了在不同温度下贮存 6 个月时的蜂王浆游离氨基酸 UPLC 色谱图。

分析发现蜂王浆中含有 24 种游离氨基酸，其中包括 6 种非蛋白氨基酸，但没有发现 Met 和 AABA，说明这两种氨基酸在蜂王浆中不存在或含量甚微（低于检出限）。

从图 4-4 中看出，除了 24 种游离氨基酸外，还有许多未经确认的峰，也就是说，蜂王浆中还包括了除 26 种氨基酸之外的其他氨基酸或者包括一些含有能与 AQC 反应的氨基基团的其他化合物。

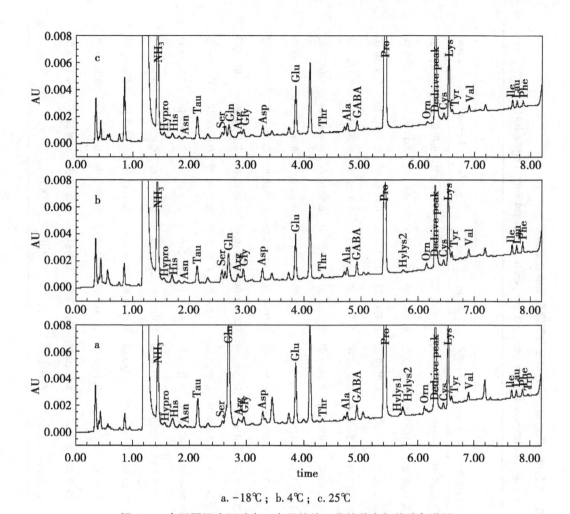

a. -18℃；b. 4℃；c. 25℃

图4-4 在不同温度下贮存6个月的蜂王浆的游离氨基酸色谱图

Fig. 4-4 Chromatograms of free amino acids in royal jelly
stored at different temperatures after 6 months

在新鲜蜂王浆中，Pro 是最主要的游离氨基酸，其平均含量达到 5.19 mg/g，超过了游离氨基酸总量的一半，结论与以往的研究结果相符（Emanuele *et al.*，2003）。含量列第 2～4 位的游离氨基酸分别为 Gln（1.34 mg/g）、Lys（0.83 mg/g）和 Glu（0.46 mg/g）。

本节还对蜂王浆中 6 种非蛋白氨基酸：Hypro、Tau、GABA、Hylys、AABA 和 Orn的含量进行了测定。结果发现，在蜂王浆中 Tau、GABA 和 Hylys 也非常丰富。在新鲜蜂王浆中，它们的含量分别为 0.27 mg/g、0.14 mg/g 和 0.12 mg/g。

测定了在不同温度下、经历不同时间贮存后的蜂王浆中各种游离氨基酸含量，列于表4-7。结果显示，当蜂王浆贮存于-18℃和4℃时，随着贮存时间的延长，各

表4-7 在不同温度下经过不同时间贮存的蜂王浆游离氨基酸含量测定

Tab. 4-7 FAA content changes during storage at different storage time and temperature in royal jelly (mg/g RJ)

FAA	-18℃				4℃				25℃			
	1 month	3 months	6 months	10 months	1 month	3 months	6 months	10 months	1 month	3 months	6 months	10 months
Hypro	0.04±0.01	0.03±0.02	0.01±0.00	0.03±0.01	0.02±0.01	0.03±0.01	0.02±0.00	0.02±0.02	0.03±0.01	0.01±0.01	0.03±0.02	0.02±0.01
His	0.11±0.06	0.12±0.03	0.14±0.08	0.10±0.02	0.14±0.06	0.16±0.09	0.09±0.06	0.13±0.09	0.13±0.04	0.16±0.07	0.14±0.10	0.10±0.06
Asn	0.02±0.02	0.03±0.01	0.01±0.00	0.03±0.01	0.02±0.00	0.03±0.02	0.01±0.01	0.03±0.01	0.02±0.01	0.03±0.00	0.03±0.02	0.01±0.00
Tau	0.25±0.11	0.27±0.06	0.25±0.03	0.28±0.14	0.28±0.16	0.24±0.10	0.26±0.03	0.27±0.09	0.25±0.07	0.23±0.03	0.20±0.07	0.15±0.12
Ser	0.05±0.03	0.07±0.01	0.05±0.02	0.07±0.01	0.03±0.02	0.06±0.04	0.07±0.02	0.06±0.02	0.05±0.04	0.03±0.04	0.06±0.04	0.04±0.02
Gln	1.32±0.31	1.36±0.26	1.28±0.16	1.20±0.24	1.23±0.24	1.17±0.16	1.10±0.14	1.02±0.21	1.08±0.39	0.64±0.21	0.06±0.04	0.02±0.02
Arg	0.06±0.03	0.04±0.02	0.07±0.03	0.05±0.03	0.05±0.01	0.08±0.04	0.06±0.01	0.06±0.04	0.07±0.03	0.06±0.04	0.09±0.01	0.08±0.03
Gly	0.08±0.03	0.06±0.04	0.05±0.04	0.09±0.01	0.06±0.04	0.07±0.03	0.09±0.04	0.05±0.04	0.09±0.07	0.06±0.04	0.10±0.06	0.07±0.03
Asp	0.12±0.04	0.10±0.05	0.13±0.03	0.14±0.04	0.14±0.06	0.12±0.03	0.10±0.02	0.14±0.06	0.16±0.04	0.13±0.08	0.19±0.10	0.17±0.07
Glu	0.45±0.13	0.44±0.09	0.51±0.24	0.48±0.07	0.39±0.11	0.42±0.16	0.46±0.09	0.45±0.17	0.42±0.11	0.38±0.19	0.51±0.16	0.58±0.17
Thr	0.02±0.01	0.02±0.02	0.03±0.01	0.02±0.01	0.02±0.00	0.03±0.03	0.03±0.01	0.01±0.01	0.02±0.01	0.03±0.03	0.03±0.01	0.02±0.00
Ala	0.06±0.03	0.05±0.04	0.05±0.02	0.05±0.03	0.05±0.04	0.06±0.01	0.07±0.04	0.07±0.03	0.08±0.04	0.11±0.04	0.07±0.03	0.08±0.05
GABA	0.15±0.03	0.13±0.06	0.14±0.02	0.11±0.07	0.17±0.06	0.13±0.06	0.11±0.07	0.13±0.03	0.14±0.05	0.09±0.04	0.08±0.03	0.09±0.05
Pro	5.11±0.45	5.17±0.62	5.77±0.54	5.03±0.96	5.19±0.43	5.29±1.03	5.13±0.81	5.08±0.61	6.06±1.13	8.80±0.95	4.84±0.67	4.17±0.56
Hylys	0.13±0.06	0.11±0.05	0.09±0.07	0.09±0.06	0.10±0.05	0.10±0.07	0.05±0.00	ND	ND	ND	ND	ND

（续表）

FAA	-18℃				4℃				25℃			
	1 month	3 months	6 months	10 months	1 month	3 months	6 months	10 months	1 month	3 months	6 months	10 months
AABA	ND	ND	ND	ND	ND	ND	ND	ND	ND	ND	ND	ND
Orn	0.03±0.02	0.05±0.02	0.04±0.01	0.04±0.03	0.05±0.02	0.04±0.02	0.05±0.01	0.03±0.02	0.05±0.01	0.06±0.01	0.05±0.03	0.05±0.04
Cys	0.04±0.02	0.02±0.01	0.05±0.03	0.04±0.01	0.04±0.03	0.05±0.01	0.04±0.02	0.04±0.02	0.05±0.01	0.07±0.02	0.04±0.03	0.04±0.02
Lys	0.81±0.19	0.86±0.24	0.83±0.30	0.80±0.17	0.85±0.19	0.93±0.21	0.84±0.31	0.81±0.24	1.05±0.31	1.49±0.54	0.93±0.24	0.82±0.31
Tyr	0.02±0.02	0.02±0.01	0.02±0.02	0.02±0.00	0.02±0.02	0.03±0.01	0.02±0.02	0.02±0.01	0.02±0.00	0.05±0.01	0.02±0.01	0.01±0.00
Met	ND	ND	ND	ND	ND	ND	ND	ND	ND	ND	ND	ND
Val	0.06±0.04	0.07±0.03	0.06±0.01	0.08±0.04	0.05±0.03	0.07±0.04	0.07±0.02	0.06±0.04	0.07±0.05	0.10±0.06	0.08±0.03	0.06±0.02
Ile	0.05±0.02	0.04±0.03	0.05±0.04	0.05±0.01	0.07±0.02	0.09±0.04	0.05±0.01	0.07±0.05	0.08±0.01	0.07±0.03	0.08±0.05	0.09±0.01
Leu	0.05±0.03	0.05±0.01	0.06±0.03	0.05±0.04	0.05±0.02	0.06±0.03	0.05±0.02	0.07±0.02	0.06±0.04	0.09±0.03	0.07±0.02	0.06±0.03
Phe	0.05±0.03	0.06±0.04	0.06±0.02	0.06±0.05	0.05±0.01	0.06±0.04	0.04±0.02	0.04±0.02	0.07±0.04	0.06±0.03	0.06±0.04	0.05±0.02
Trp	0.01±0.01	ND	0.01±0.00	ND	0.01±0.01	ND	ND	ND	ND	ND	ND	ND
Total	9.09±0.79	9.17±0.97	9.06±0.65	8.91±0.76	9.08±1.01	9.32±0.78	8.81±0.94	8.72±0.64	10.05±1.21	12.76±1.21	7.76±0.98	6.78±0.96

注：图中数据以平均数±S. D描述，单位：毫克/克蜂王浆；$n=3$

ND：未检出

种游离氨基酸含量和游离氨基酸总量的变化均不明显（图4-5）。这主要是因为蜂王浆通常在低温保存加上本身具有弱酸性，氨基酸（或蛋白）与糖之间发生的美拉德反应速度较慢（Henrik *et al.*，1997），而美拉德反应是蜂王浆贮存过程中导致氨基酸降解的主要反应之一。

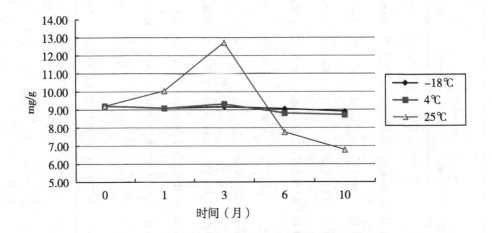

图4-5　蜂王浆贮存时间对游离氨基酸总量的影响

Fig. 4-5　Effect of storage periods on content of FAAs in royal jelly

然而，当蜂王浆贮存于较高温度（25℃）时，其游离氨基酸总量从1个月时的9.81 mg/g增加到3个月时的12.35 mg/g，随后又开始逐渐减少，到6个月和10个月时分别为7.92 mg/g和7.55 mg/g。其原因在于：蜂王浆贮存过程种各种游离氨基酸的降解和形成（来自蛋白质的分解）是同时发生的，当在较高温度贮存时，前期（前3个月）游离氨基酸的形成速度要快于降解速度，含量增加；而后期降解速度要高于形成速度，从而使游离氨基酸总量下降（图4-5）。

蜂王浆贮存过程中，尤其是在较高温度下，随着贮存时间的延长，各种游离氨基酸含量都发生了一定的变化，但变化趋势因氨基酸种类而异。大部分游离氨基酸因为其形成和降解速度基本一致，形成动态平衡而表现为含量几乎没有变化。然而，Gln的含量在贮存期间表现为持续明显的下降趋势，从1个月时的1.08 mg/g下降到10个月时的0.02 mg/g（图4-6）。这是因为Gln很不稳定，它在蜂王浆的酸性环境中能转化为Glu；同样，Hylys含量在蜂王浆贮存期间下降也明显，在25℃贮存1个月后的蜂王浆就很难检出，而在新鲜蜂王浆中的含量为0.14 mg/g；Tau也表现出相同的变化趋势，不过没有那么明显。

Pro和Lys的含量变化又表现为另一种趋势，它们的含量分别从1个月时的6.06 mg/g和1.05 mg/g，增加到3个月时的8.80 mg/g和1.49 mg/g；随后含量开始下降，在 10 个月时，Pro 和 Lys 的含量分别为 4.17 mg/g 和 0.82 mg/g，变化趋势为先升后降（图 4-6），这与以往的研究结果是一致的（Emanuele *et al.*，2003）。

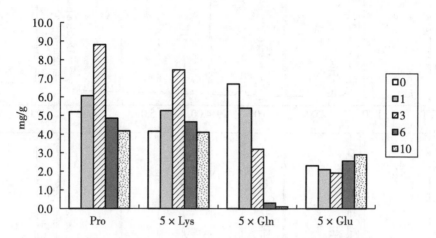

图 4-6 在 25℃下贮存不同时间的蜂王浆部分游离氨基酸含量变化情况

Fig. 4-6 Changes of contents of few FAAs in royal jelly at 25℃ during different storage periods

（三）蜂王浆总氨基酸的组成及其在贮存过程中的含量变化

利用本节的方法，共在蜂王浆中检出 17 种总氨基酸。其中 Asp 是新鲜蜂王浆中含量最高的总氨基酸，达到 21.04 mg/g。其后依次为 Glu（12.29 mg/g）、Lys（10.05 mg/g）和 Leu（9.53 mg/g）。新鲜蜂王浆中各种总氨基酸的含量累计为 111.27 mg/g。

图 4-7 列出的是蜂王浆在不同温度下贮存 6 个月时的总氨基酸 UPLC 的色谱图。

通常，在贮存过程中，蜂王浆中大部分总氨基酸含量并没有随着贮存温度和贮存时间的改变而发生显著的变化（表 4-8）。这可能是因为蜂王浆组成复杂，包含碳水化合物、蛋白质、脂类等，它的各种复杂成分之间存在相互保护功能，使蛋白质和多肽的降解速度大大减缓。

然而，随着贮存时间延长和温度升高，Gly 和 Glu 含量表现出了一定的增长趋势；相反，Lys、His 和 Met 则呈现下降的趋势。尤其是 Met 含量下降更为明显，在 25℃贮存 6 个月的蜂王浆中 Met 含量已经很少，而在贮存 10 个月的蜂王浆中未能检出，但它在新鲜蜂王浆中的含量并不低，达到 2.23 mg/g。图 4-8 列出蜂王浆贮存于 25℃时，上述 6 种氨基酸含量随着贮存时间的变化情况。

蜂王浆各种总氨基酸含量随着贮存时间和温度的变化规律是与它们的结构相关的。结构简单的氨基酸在贮存过程中经过脱氨基和脱羧基作用而降解，同时，复杂氨基酸可以通过降解而形成简单氨基酸（Wang *et al.*，1991）；结构中含有巯基（S-H）

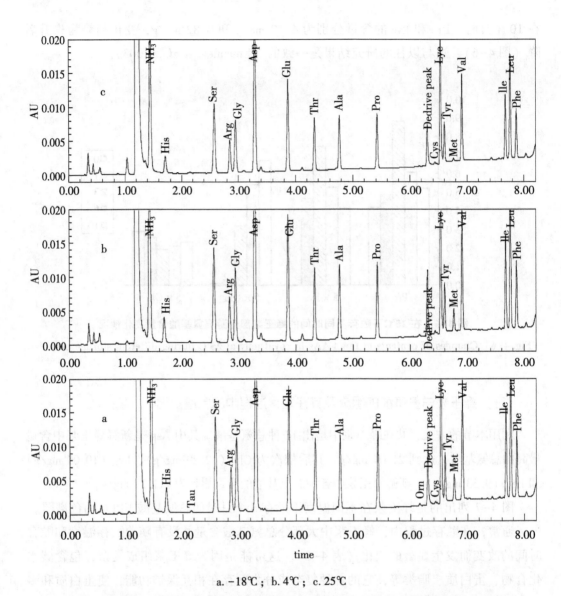

a. -18℃；b. 4℃；c. 25℃

图 4-7　氨基酸标准样品色谱图和在不同温度下贮存 6 个月的蜂王浆总氨基酸色谱图

Fig. 4-7　Chromatograms of total amino acids in royal jelly stored
at different temperature after 6 months

或二巯基（S-S）的氨基酸，比较容易发生含硫基团的氧化，而在芳香族氨基酸和杂环氨基酸中，芳香环容易羟基化（Matloubi *et al.*, 2004）。通常，含硫氨基酸和芳香族氨基酸是最敏感也是最可能被降解的氨基酸，这与本试验的结果是一致的。

表4-8　在不同温度下经过不同时间贮存的蜂王浆总氨基酸含量测定

Tab. 4-8　TAA content changes during storage at different storage time and temperature in royal jelly （mg/g RJ）

FAA	-18℃				4℃				25℃			
	1 month	3 months	6 months	10 months	1 month	3 months	6 months	10 months	1 month	3 months	6 months	10 months
His	2.99±0.21	3.12±0.16	3.08±0.31	3.05±0.29	3.07±0.16	3.03±0.39	2.89±0.24	2.78±0.31	2.95±0.13	2.81±0.41	2.69±0.13	2.57±0.06
Ser	6.26±1.23	6.25±0.56	6.18±0.64	6.34±1.30	6.22±0.64	6.17±0.79	6.25±0.34	6.19±0.23	6.20±0.31	6.27±0.12	6.35±0.43	6.21±0.13
Arg	6.89±0.46	7.05±0.97	7.02±0.46	6.95±1.01	7.18±0.21	7.10±0.34	7.06±0.47	6.89±0.13	7.08±0.24	7.02±0.31	6.98±0.46	7.04±0.64
Gly	3.09±0.13	3.15±0.21	3.16±0.24	3.12±0.16	3.16±0.12	3.12±0.32	3.19±0.21	3.23±0.12	3.18±0.34	3.24±0.31	3.27±0.09	3.26±0.12
Asp	20.89±1.23	21.24±0.68	21.57±0.96	20.46±1.23	21.48±2.36	20.98±2.01	20.57±1.69	20.59±1.23	21.08±0.36	20.45±0.49	20.57±0.69	20.34±1.03
Glu	12.21±1.35	12.36±0.69	12.32±0.49	12.27±0.98	12.18±0.64	12.23±0.69	12.29±0.56	12.32±0.40	12.45±0.94	12.54±0.64	12.57±0.76	12.64±0.13
Thr	5.29±0.39	5.36±0.17	5.31±1.23	5.32±0.46	5.36±0.32	5.29±0.66	5.27±0.31	5.19±0.16	5.24±0.34	5.32±0.22	5.27±0.16	5.21±0.31
Ala	3.72±0.16	3.65±0.91	3.69±0.36	3.74±0.64	3.66±0.28	3.71±0.36	3.74±0.13	3.78±0.09	3.69±0.26	3.79±0.34	3.86±0.12	3.74±0.26
Pro	5.26±0.34	5.34±0.26	5.39±0.16	5.32±0.16	5.38±0.47	5.37±0.41	5.29±0.34	5.27±0.21	5.31±0.19	5.26±0.64	5.24±0.21	5.17±0.36
Lys	10.02±0.96	10.15±1.07	9.99±0.65	9.86±0.72	9.90±1.01	9.85±0.96	9.76±0.64	9.74±0.35	9.95±1.03	9.67±0.61	9.52±0.36	9.14±0.61
Tyr	4.25±0.42	4.37±0.39	4.32±0.35	4.29±0.29	4.27±0.64	4.19±0.36	4.25±0.46	4.13±0.12	4.21±0.26	4.26±0.36	4.19±0.12	4.21±0.63
Met	2.15±0.34	2.09±0.73	2.10±0.21	2.04±0.13	2.08±0.46	1.85±0.23	1.77±0.16	1.60±0.23	1.89±0.23	1.56±0.32	0.64±0.12	ND
Val	6.67±0.48	6.69±0.17	6.79±0.76	6.61±0.67	6.70±0.91	6.74±0.64	6.58±0.23	6.63±0.46	6.67±0.23	6.75±0.26	6.63±0.36	6.51±0.41
Ile	5.97±1.09	5.78±0.67	5.94±0.23	5.81±1.36	5.91±0.26	5.74±0.31	5.80±0.27	5.81±0.31	6.08±0.10	5.83±0.36	5.76±0.12	5.91±0.37
Leu	9.62±2.07	9.45±1.01	9.50±1.07	9.36±0.42	9.39±1.06	9.43±0.69	9.47±0.71	9.35±0.23	9.31±0.45	9.42±0.64	9.39±0.26	9.46±0.41
Phe	5.39±0.37	5.48±0.36	5.52±0.84	5.27±0.36	5.36±0.53	5.24±0.64	5.32±0.46	5.21±0.51	5.36±0.49	5.24±0.13	5.41±0.29	5.17±0.49
Cys	0.25±0.11	0.26±0.03	0.27±0.13	0.24±0.03	0.27±0.21	0.25±0.03	0.23±0.11	0.22±0.04	0.21±0.10	0.25±0.09	0.28±0.13	0.20±0.04
total	110.89±12.31	111.79±9.68	112.15±11.30	109.92±8.76	111.57±5.64	110.29±1.36	109.73±11.24	108.93±5.34	111.04±11.04	109.75±9.62	108.57±10.25	106.80±6.74

注：图中数据以平均数±S. D 描述，单位：毫克/克蜂王浆；$n=3$

ND: 未检出

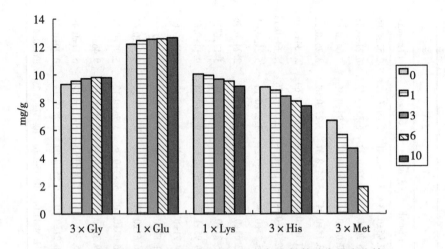

图 4-8　在 25℃下贮存不同时间的蜂王浆部分氨基酸含量变化情况

Fig. 4-8　Changes of contents of few TAAs in royal

jelly at 25℃ during different storage periods

四、小　结

本节介绍的 UPLC 分析方法是一种同时测定蜂王浆中 26 种氨基酸的快速、灵敏和准确的色谱分析方法，也可能是分析蜂产品中其他组分的一种有效方法。

研究结果表明，新鲜蜂王浆的游离氨基酸总量和总氨基酸的总量分别为 9.21 mg/g 和 111.27 mg/g。最主要的游离氨基酸分别为 Pro、Gln、Lys 和 Glu，而含量最高的总氨基酸分别为 Asp、Glu、Lys 和 Leu。

尽管研究结果表明氨基酸并不是蜂王浆贮存中的终产物，多数游离氨基酸和总氨基酸含量并不与蜂王浆的贮存过程存在明显的相关性，但总 Met 和游离 Gln 在贮存过程中含量持续下降而且差异明显，有可能作为评价蜂王浆品质和新鲜度的指标。

需要说明的是，本试验所选用的蜂王浆样品是由浙江省平湖市几家意蜂蜂场在茶花期生产。为了确认在其他花期或其他蜂种所采的蜂王浆中贮存过程中氨基酸是否也存在这样的变化规律，需要进行进一步研究。

参考文献

陈盛禄. 2002. 中国蜜蜂学 [M]. 北京：中国农业出版社，728-729.

瞿其曙，汤晓庆，胡效亚，等. 2006. 柱前衍生法在氨基酸分析测定中的应用 [J]. 化学进展，18（6）：789-793.

李梅，杨朝霞，解彬，等. 2007. AQC柱前衍生高效液相色谱法测定啤酒中21种游离氨基酸 [J]. 色谱，25（6）：939-941.

刘晓玲，李东刚，史娟，等. 2010. 离子色谱-脉冲安培检测器分析饮料中单糖和二糖 [J]. 光谱实验室，27（2）：441-445.

吕守民，方芳. 1999. 贝克曼6300氨基酸分析仪17种水解氨基酸分析程序的改进与应用 [J]. 氨基酸和生物资源，21（3）：47-48.

任红波. 2003. 氨基酸分析仪快速测定糙米中的 γ-氨基丁酸 [J]. 杂粮作物，23（4）：246-247.

王贻节. 1991. 蜜蜂产品学 [M]. 北京：中国农业出版社，96-101.

闫淑莲，赵光，刘永利. 2003. 反相高效液相色谱-丹酰氯柱前衍生法的氨基酸分析测定 [J]. 首都医科大学学报，24（3）：338-339.

张琳，尤进茂，单亦初，等. 2002. 氨基酸的咔唑-9-乙基氯甲酸酯柱前衍生高效液相色谱分析 [J]. 分析测试学报，21（5）：16-19.

余娜，周光明，朱娟. 2010. 离子色谱法检测蜂蜜和葡萄酒中的蔗糖、葡萄糖和果糖 [J]. 食品科学，31（16）：188-191.

Ana M G, Alfonso G B, Carlos C M, et al.. 2006. HPLC-fluorimetric method for analysis of amino acids in products of the hive (honey and bee-pollen) [J]. Food Chemistry, 95：148-156.

Bauza T, Blaise A, Daumas F, et al.. 1995. Determination of biogenic amines and their precursor amino acids in wines of the Vallée du Rhône by high-performance liquid chromatography with precolumn derivatization and fluorimetric detection [J]. Journal of Chromatography A, 707：373-379.

Bertacco G, Boschelle O, Lercker G. 1992. Gas chromatographic determination of free aminoacids in cheese [J]. Milchwissenschaft, 47：348-350.

Buck K, Ferger B. 2008. Intrastriatal inhibition of aromatic amino acid decarboxylase prevents L-DOPA-induced dyskinesia：A bilateral reverse in vivo microdialysis study in 6-hydroxydopamine lesioned rats [J]. Neurobiology of Disease, 29（2）：210-220.

Cataldi, Massimiliano A, Giuliana B, et al.. 2003. Determination of mono-and disaccharides in milk and milk products by high-performance anion-exchange chromatography with pulsed amperometric detection [J]. Analytica Chimica Acta, 485（1）：43-49.

Chen C, Chen S. 1995. Changes in protein components and storage stability of Royal Jelly under various conditions [J]. Food Chemistry, 54：195-200.

Cohen S A, Deantonis K M, Michaud D P, et al.. 1993. Techniques in protein chemistry Ⅳ [M]. San Diego, CA：Academic Press, 289.

Cometto P M, Faye P F, Di Paola Naranjo R, et al.. 2003. Comparison of free amino acids profile in honey from three Argentinian regions [J]. Journal of Agricultural and Food Chemistry, 51：5079-5087.

Conte L S, Miorini M, Giomo A, et al.. 1998. Evaluation of some fixed components for unifloral honey characterization [J]. Journal of Agricultural and Food Chemistry, 46: 1844-1849.

Crane E. 1990. Bees and beekeping - Science, practice and world resources [J]. Heinemann Newnes: Oxford, UK.

Davies A M C, Harris R G. 1982. Free amino acids analysis of honeys from England and Wales: application to the determination of the geographical origin [J]. Journal of Apicultural Research, 21: 168-173.

Diaz J, Lliberia J L, Comellas L, et al.. 1996. Amino acid and amino sugar determination by derivatization with 6-aminoquinolyl-N-hydroxysuccinimidyl carbamate followed by high-performance liquid chromatography and fluorescence detection [J]. Journal of Chromatography A, 719 (1): 171-179.

Dorresteijn R C, Berwald L G, Zomer G. 1996) Determination of amino acids using o-phthalaldehyde-2-mercaptoethanol derivatization effect of reaction conditions [J]. Journal of Chromatography A, 724: 159-167.

Emanuele B, Maria F C, Anna G S, et al.. 2003. Determination and changes of free amino acids in royal jelly during storage [J]. Apidologie, 34: 129-137.

Englmann M, Fekete A, Kuttler C. 2007. The hydrolysis of unsubstituted N-acylhomoserine lactones to their homoserine metabolites: Analytical approaches using ultra performance liquid chromatography [J]. Journal of Chromatography A, 1160 (1-2): 184-193.

European Norm 12742. 1992. Fruit and vegetable juices, Determination of the free amino acids content, liquid chromatographic method [M]. European Committee for Standardization (CEN), Bruxelles.

Guillarme D, Nguyen D T T, Rudaz S. 2007. Recent developments in liquid chromatography— Impact on qualitative and quantitative performance [J]. Journal of Chromatography A, 1149 (1): 20-29.

Henrik S, Nielsen B R, Skibsted L H. 1997. Effect of heat treatment, water activity and storage temperature on the oxidative stability of whole milk powder [J]. Internationa. Diary Journal, 7: 331-339.

Hermosin I, Chicon R M, Cabezudo M D. 2003. Free amino acid composition and botanical origin of honey [J]. Food Chemistry, 83: 263-268.

Howe S R, Dimick P S, Benton A W. 1985. Composition of freshly harvested and commercial royal jelly [J]. Journal of Apicultural Research, 24: 52-61.

Jiaoyan R, Mouming Z, John S, et al.. 2008. Purification and identification of antioxidant peptides from grass carp muscle hydrolysates by consecutive chromatography and electrospray ionization-mass spectrometry [J]. Food Chemistry, 108 (2): 727-736.

Komarova N V, Kamentsev J S, Solomonova A P, et al.. 2004. Determination of amino acids in fodders and raw materials using capillary zone electrophoresis [J]. Journal of Chromatography B, 800: 135-143.

Li H, Wang H, Chen J H, *et al.*. 2003. Determination of amino acid neurotransmitters in cerebral cortex of rats administered with baicalin prior to cerebral ischemia by capillary electrophoresis-laser-induced fluorescence detection [J]. Journal of Chromatography B, 788: 93-101.

Li X, Fekete A, Englmann M, *et al.*. 2006. Development and application of a method for the analysis of N-acylhomoserine lactones by solid-phase extraction and ultra high pressure liquid chromatography [J]. Journal of Chromatography A, 1134 (1-2): 186-193.

Lucie N, Ludmila M, Petr S. 2006. Advantages of application of UPLC in pharmaceutical analysis [J]. Talanta, 3 (1): 908-918.

MacKenzie S L, Tenaschuk D. 1994. Gas-liquid chromatography of N-heptafluorobutyryl isobutyl esters of amino acids [J]. Journal of Chromatography, 97: 19-24.

Masaki K, Toshiyuki F, Makoto F, *et al.*. 2001. Storage-dependent degradation of 57-kDa protein in royal jelly: a possible marker for freshness [J]. Bioscience, Biotechnology, and Biochemistry, 65 (2): 277-284.

Matloubi H, Aflaki F, Hadjiezadegan M. 2004. Effect of g-irradiation on amino acids content of baby food proteins [J]. Journal of Food Composition and Analysis, 17: 133-139.

Mohabbat T, Drew B. 2008. Simultaneous determination of 33 amino acids and dipeptides in spent cell culture media by gas chromatography-flame ionization detection following liquid and solid phase extraction [J]. Journal of Chromatography B, 862 (1-2): 86-92.

Novakova L, Matysova L, Solich P. 2006. Advantages of application of UPLC in pharmaceutical analysis [J]. Talanta, 68: 908-918.

Okada I, Sakai T, Matsuka M. 1997. Changes in the electrophoretic patterns of royal jelly proteins caused by heating and storage [J]. Chemistry Abstract, 91: Article 34385y.

Olsovsks J, Jelinkova M, Man P, *et al.*. 2007. High-throughput quantification of lincomycin traces in fermentation broth of genetically modified Streptomyces spp.: Comparison of ultra- performance liquid chromatography and high-performance liquid chromatography with UV detection [J]. Journal of Chromatography A, 1139 (2): 214-220.

Palma M S. 1992. Composition of freshly harvested Brazilian royal jelly: Identification of carbohydrates from the sugar fraction [J]. Journal of Apicultural Research, 31: 42-44.

Pirini A, Conte L S, Francioso O, *et al.*. 1992. Capillary gas chromatographic determination of free amino acids in honey as a means discrimination between different botanical sources [J]. Journal of High Resolution Chromatography, 15: 165-170.

Plassmeier J, Barsch A, Persicke M, *et al.*. 2007. Investigation of central carbon metabolism and the 2-methylcitrate cycle in Corynebacterium glutamicum by metabolic profiling using gas chromatography-mass spectrometry [J]. Journal of Biotechnology, 130 (4): 354-363.

Shama N, Wook Bai S, Chul Chung B. 2008. Quantitative Analysis of 17 Amino Acids in the Connective Tissue of Patients with Pelvic Organ Prolapse Using Capillary Electrophoresis - Tandem Mass

Spectrometry [J]. Journal of Chromatography B, 865 (1-2): 18-24.

Shen Z J, Sun Z M, Wu L, *et al.*. 2002. Rapid method for the determination of amino acids in serum by capillary electrophoresis [J]. Journal of Chromatography A, 979: 227-232.

Stephen A C W, Pierre T. 2006. Use of ultra-performance liquid chromatography in pharmaceutical development [J]. Journal of Chromatography A, 1119 (1-2): 140-146.

Stephen A C W. 2005. Peak capacity in gradient ultra performance liquid chromatography (UPLC) [J]. Journal of Pharmaceutical and Biomedical Analysis, 38 (2): 337-343.

Stocker A, Schramel P, Kettrup A, *et al.*. 2005. Trace and mineral elements in royal jelly and homeostatic effects [J]. Journal of Trace Elements in Medicine and Biology, 19 (2-3): 183-189.

Swartz M E. 2005. UPLCth: An introduction and review [J]. Journal of Liquid Chromatography & Related Technologies, 28: 1253-1263.

Ummadi M, Weimer B C. 2002. Use of capillary electrophoresis and laser-induced fluorescence for attomole detection of amino acids [J]. Journal of Chromatography A, 964: 243-253.

Vaijanath G D, Pravin P K, Pilla P R, *et al.*. 2008. Development and validation of UPLC method for determination of primaquine phosphate and its impurities [J]. Journal of Pharmaceutical and Biomedical Analysis, 46 (2): 236-242.

Versari A, Parpinello G P, Mattioli A U, *et al.*. 2008. Characterisation of Italian commercial apricot juices by high-performance liquid chromatography analysis and multivariate analysis [J]. Food Chemistry, 108 (1): 334-340.

Villiers A D, Lestremau F, Szucs S. 2006. Evaluation of ultra performance liquid chromatography: Part I. Possibilities and limitations [J]. Journal of Chromatography A, 1127 (1-2): 60-69.

Wang D, von Sonntag C. 1991. Radiation industrial oxidation of phenylalanine. In: Leonardi M, Raffi J, Belliardo J J (Eds.), Proceedings of the workshop on recent advances on detection of irradiated food, BCR Information, Chemical Analysis [J]. Report EUR 13331 En, Commission of the European Communities, Brussels, 212-217.

Warren C R. 2008. Rapid and sensitive quantification of amino acids in soil extracts by capillary electrophoresis with laser-induced fluorescence [J]. Soil Biology and Biochemistry, 40 (4): 916-923.

Woo K L. 2001. Determination of amino acids in foods by reversed-phase high-performance liquid chromatography in: Cooper C, Packer N, Williams K (Eds.). Amino Acid Analysis Protocols [M]. Humana Press, Totowa, NJ, 141.

Yang F Q, Guan J, Li S P. 2007. Fast simultaneous determination of 14 nucleosides and nucleobases in cultured Cordyceps using ultra-performance liquid chromatography [J]. Talanta, 173 (2): 269-273.

第五章　蜂王浆三磷酸腺苷及其关联物
分析新技术和应用

第一节　蜂王浆中腺苷的测定

本节建立了一种测定蜂王浆中腺苷的分析方法，即使用80%乙醇提取样品中的腺苷，并通过反相高效液相色谱（HPLC）分析。方法的平均回收率为91.6%～98.3%（$n=6$），标准偏差低于5.3%，方法检出限和定量限分别为0.017 $\mu g/mL$ 和0.048 $\mu g/mL$。该方法已成功应用于蜂王浆实际样品的测定，在测定的45个蜂王浆样品中，腺苷含量在5.9～2 057.4 mg/kg。

一、前　言

蜂王浆是蜂王生长发育的重要关联食物，参与蜂王的性别决定（Nagai 和 Inoue，2004），主要由水、蛋白质、糖、脂类和其他物质组成（Crane，1990；Palma，1992；Piana，1996a）。蜂王浆具有多种营养保健功能，一直以来深受人们喜爱，其功能因子的发掘已成为蜂产品质量与营养研究的热点之一。在最近研究中，科研人员在蜂王浆中发现并鉴定了单磷酸腺苷（AMP）和其衍生物单磷酸腺苷-N1-氧化物（Noriko et al.，2006）。腺苷是天然存在的嘌呤核苷，由三磷酸腺苷（ATP）分解形成，而ATP是细胞中运输系统和许多酶作用的主要能量来源。大部分ATP水解为二磷酸腺苷（ADP），其可以进一步去磷酸化为AMP。如果大量的ATP被水解，那么一些AMP可以通过与5′-核苷酸酶等相关酶作用，进一步去磷酸化形成腺苷（Enzo 和 Luciano，2001）。图5-1中显示了腺苷的形成途径。

腺苷是核酸和能量贮存分子的构建模块，也是多种酶的底物和细胞活性的细胞外调节剂（Alam et al.，1999）。内源性腺苷释放在各种器官系统中发挥着强大作用（Olah 和 Stiles，1992，1995），例如腺苷对兴奋细胞膜电位的超极化起主要作用，可对冠状动脉的血管平滑肌细胞和脑中神经元细胞产生抑制（Basheer et al.，2004）。

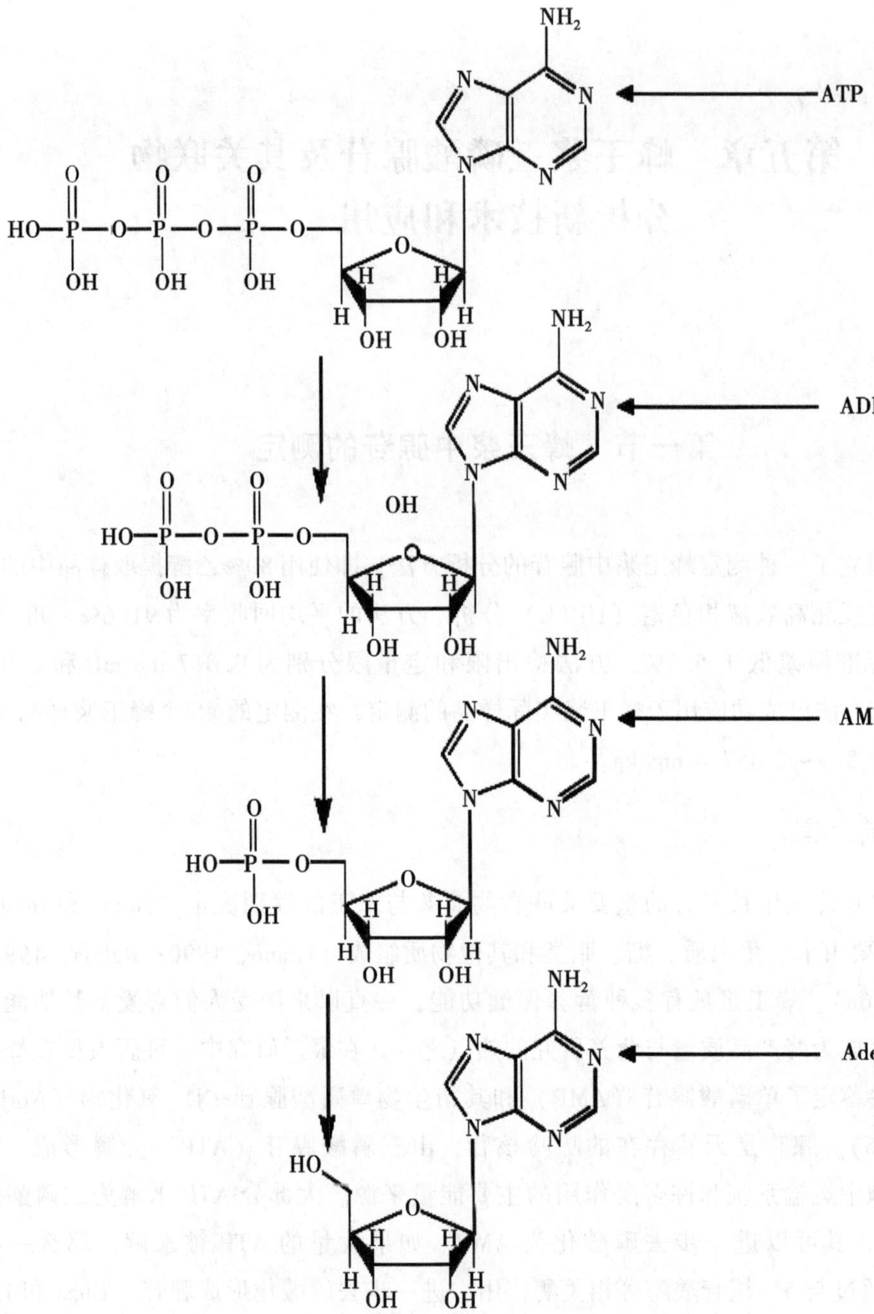

图 5-1 腺苷的形成途径

Fig. 5-1 Pathway to adenosine

作为内源性核苷，腺苷已在不同产品中被广泛研究，如腺苷是灵芝（*Ganoderma lucidum*）质量评估的重要指标（Gao et *al.*，2007；Gong et *al.*，2004）。然而，蜂王浆中腺苷的研究鲜有报道（Piana，1996b）。

从样品中提取腺苷最常用的方法是基于常规液萃取或用有机溶剂-高氯酸的混合物提取，然后用固相萃取小柱净化提取物并富集。Fan 等报道了使用液液萃取和固相萃取从天然和培养的冬虫夏草中提取腺苷的方法（Fan *et al.*，2006）。然而，我们发现这些方法并不适用于从蜂王浆中提取腺苷，因为蜂王浆比其他食品的基质更复杂。另外，这些提取方法具有一定的缺点，例如，提取时间长、需要消耗大量有毒溶剂、需要一个或多个涉及液-液分配或固相萃取的净化步骤。理想的提取方法应该是快速、简单、廉价、环保且可以实现自动化（Sanchez *et al.*，2007）。超声波是用于样品提取的最简单和最通用的方法，因为它能促进并加速一些提取步骤，例如，溶解、融合和浸出等，这种方法也一定程度解决了溶剂和时间的消耗问题（Lavillaa *et al.*，2008）。因此，在本研究中，我们利用乙醇和水的混合溶液，并通过超声辅助提取蜂王浆中的腺苷。

目前最常用的腺苷分离检测技术是毛细管电泳（CE）和高效液相色谱（HPLC）法，通常使用的检测器有紫外检测器（Gong *et al.*，2004；Kieszling *et al.*，2004；Tzeng *et al.*，2006）、二极管阵列、蒸发光散射（Yan *et al.*，2006）和质谱等（Brink *et al.*，2006；Cahours，*et al.*，2000；Fan *et al.*，2006；Gao *et al.*，2007）。而作为常规方法，HPLC 可以在许多实验室中配备，操作简单，可以灵敏地检测样品中的腺苷。本研究开展之前，还没有关于蜂王浆中腺苷分布的详细研究和适用于蜂王浆样品中腺苷测定的分析方法，因此，开发适用于测定蜂王浆中腺苷的方法十分必要，对于进一步研究蜂王浆的功能具有重要意义。

本节的目的是建立一种适用于蜂王浆中腺苷定量分析的方法，并研究不同蜂王浆样品中腺苷的分布和含量范围。

二、材料和方法

（一）材料和试剂

（1）蜂王浆样品。

①新鲜并有明确来源信息的样品：20 个，来自浙江省平湖养蜂场；②市场样品：25 个，购自北京市场。

分析之前，将所有样品在-18℃保存。

（2）腺苷标准品购自 Sigma（St. Louis，MO，USA）。

（3）甲醇（HPLC 级）。

（4）磷酸和无水乙醇（分析级）。

（5）实验用水为 Millipore Milli-Q Plus 系统（Millipore，Bedford，MA，USA）制备的去离子水。

（二）HPLC 分析

（1）Dionex HPLC 系统（Dionex，USA），包括 P680 泵，ASI-100 自动注射器，TCC-100 柱温箱和 170UV 紫外检测器，Chromeleon 色谱控制和数据分析软件。

（2）色谱柱：Symmetry C_{18}柱（250 mm×4.6 mm，5 μm，Waters）。

（3）柱温：30℃。

（4）流动相：0.4%磷酸水溶液（A）和甲醇（B）。

（5）梯度洗脱：0~25 min，90%A；25~35 min，20%A；35~40 min，90%A 和 40~65 min，90%A。

（6）流速：0.9 mL/min。

（7）进样体积：20 μL。

（8）检测波长：257 nm。

（三）样品提取

将冻存的样品在室温下解冻并平衡 1 h 后搅拌均匀。精确称量 2.0 g 蜂王浆样品到 50 mL 容量瓶中，然后加入 5 mL 超纯水和 40 mL 无水乙醇，用超声波处理器在室温下提取 15 min，放置自然降温至室温后，用超纯水定容至刻度。取适量的样品溶液经 0.45 μm 滤膜过滤后，HPLC 测定。

（四）标准曲线的制备

用外标法定量分析样品中的腺苷含量。将腺苷标准物质溶解在 80%乙醇中制备腺苷标准物的储备溶液（1 mg/mL）。通过稀释储备溶液得到标准工作溶液，其浓度分别为 0.1 μg/mL、1 μg/mL、5 μg/mL、10 μg/mL、100 μg/mL 和 200 μg/mL。贮备溶液和工作溶液均在 4℃下保存，有效期 1 个月。

三、结果与讨论

（一）样品提取方法的优化

文献报道了多种提取腺苷的方法，但是，经验证研究发现这些提取方法均不适用于蜂王浆样品中腺苷的提取。蜂王浆中含有大量的蛋白质（Crane，1990；Palma，1992；Piana，1996a，1996b），为了降低蛋白对分析结果和色谱系统的影响，应在分析前去除蜂王浆样品中的蛋白。已有研究发现乙醇可以有效沉淀蜂王浆中的蛋白质（Zhou et al.，2007）。在本研究中，我们用不同浓度的乙醇溶液进行提取，并比较了蜂王浆中腺苷的提取效率，结果表明，80%乙醇不仅能有效沉淀蛋白质，而且回收率也可满足检测方法的要求。

　　超声波提取是常见的样品辅助提取方法，本试验亦选择超声波辅助提取蜂王浆中的腺苷。通过使用 80% 乙醇经 5min、15min、30min、60min 和 120 min 提取来评估超声时间对提取效率的影响。结果如图 6-2 所示：将提取时间从 5 min 增加到 15 min，可明显提高腺苷的提取量；而当提取时间大于 15 min（30 min、60 min 和 120 min），则会造成腺苷的损失。根据上述结果，最终确定蜂王浆中腺苷的提取方法为 80% 乙醇、超声萃取 15 min。值得注意的是，在较高的温度下，腺苷会降解为腺嘌呤（Kieszling *et al.*，2004）。因此，应该避免长时间的高温提取导致样品中腺苷的降解。

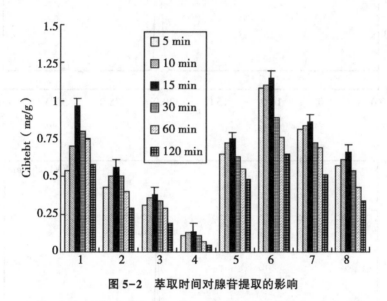

图 5-2　萃取时间对腺苷提取的影响

Fig. 5-2　Effect of time on the extraction of adenosine from RJ.

（二）液相色谱条件的优化

　　文献报道腺苷可以使用反相色谱柱来有效分离。在本研究中，通过向水相中添加不同的酸（甲酸、乙酸和磷酸）来优化流动相的组成，以评估它们对提高分离效率和峰拖尾的作用和影响。结果显示，甲醇与磷酸水溶液作为流动相可以提供满意的分离度和稳定的基线。为了提高分离选择性和效率，进一步研究了不同百分比的磷酸对分离效果的影响，最终选择由甲醇和 0.4% 磷酸水溶液组成的流动相来分离蜂王浆中的腺苷。腺苷标准品和实际样品的典型 HPLC-UV 色谱图如图 5-3 所示。腺苷参照物的紫外光谱显示其在 204 nm 和 257 nm 附近有最大吸光度值，但在约 257 nm 处基线稳定、噪声水平低。因此，选择 257 nm 作为最佳检测波长。

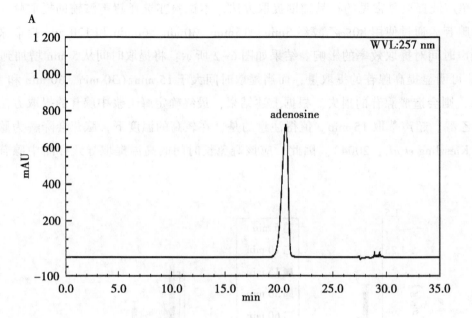

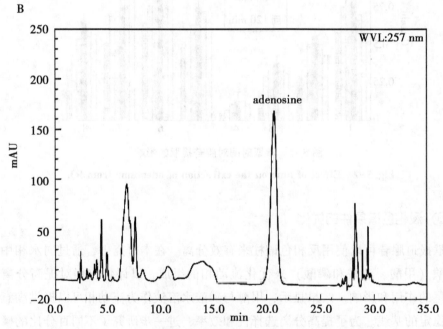

图 5-3　典型液相色谱分析图（A 标品，B 实际样品）

Fig. 5-3　Typical HPLC-UV chromatograms of（A）

adenosine standard and（B）actual samples.

（三）稳定性试验

由于腺苷可以降解为腺嘌呤（Kieszling *et al.*, 2004a），因此应进行稳定性试验。

在本研究中，我们评估了腺苷标准溶液和实际样品中腺苷的稳定性。腺苷标准溶液的稳定性通过在室温条件下，在同一天中的不同时间重复测定同一浓度（10 μg/mL）标准溶液来评价，并将测定的腺苷浓度与新制备的标准溶液中的腺苷浓度结果进行比较，分析结果表明腺苷浓度未发生显著变化（RSD<0.5%），表明腺苷标准溶液在室温下非常稳定（表5-1）。蜂王浆样品中腺苷的稳定性通过以下方法评估：选择含有已知腺苷浓度的样品，分别在室温下贮存 2 h、5 h、10 h 和 24 h 后，进行重复测定，并对结果进行比较，没有观察到样品中腺苷浓度的显著降低，表明样品在 24 h 内稳定。稳定性数据总结见表5-1。

表 5-1　稳定性检验数据

Tab. 5-1　Stability of adenosine standard solution and actual samples stored at room temperature for 2 h、5 h、10 h and 24 h

溶液类型 Solution type	实际浓度 Actual adenosine concentration（μg/mL）	测定浓度 Observed concentration（μg/mL）				平均值 Mean（μg/mL）	相对标准偏差 RSD（%）
		2h	5h	10h	24h		
Standard solution	10.00	9.89	9.92	9.91	9.94	9.93	0.42
Sample1	0.38	0.36	0.36	0.35	0.35	0.36	3.40
Sample2	1.69	1.62	1.63	1.64	1.61	1.64	1.90
Sample3	0.61	0.58	0.60	0.58	0.57	0.59	2.79
Sample4	3.92	3.92	3.86	3.81	3.79	3.86	1.57

（四）线性范围、检测限和定量限

使用6个浓度梯度的标准腺苷溶液（0.1 μg/mL、1 μg/mL、5 μg/mL、10 μg/mL、100 μg/mL 和 200 μg/mL）来计算方法的线性，每个浓度重复分析 3 次。腺苷的校准线性方程 $y=（3.0303\pm0.0042）x-（0.8318\pm0.0039）$，其中 y 和 x 分别是标准溶液的峰面积（mAU）和浓度（μg/mL）。线性方程显示在 0.1~200 μg/mL 范围内二者具有良好的线性，相关系数为 0.9997。基于信噪比 3 和 10，测定检测限（LOD）和定量限（LOQ）。LOD 和 LOQ 分别为 0.017 μg/mL 和 0.048 μg/mL。

（五）回收率

通过添加已知浓度腺苷溶液来计算样品的添加回收率。表 5-2 显示了样品中腺苷的回收率。腺苷的平均回收率为 91.6%~98.3%。日内和日间分析的变异系数为 2.4%~5.3%。这些结果表明该方法准确、可靠，可以作为蜂王浆腺苷测定的标准方法使用。

表 5-2　方法的回收率

Tab. 5-2　Recovery data, intra- and inter-day accuracy and precision values of the method

添加量 Spiked (mg/kg)		20	50	100	200
回收率 Recovery (%, Mean ±SD)	Intra-day[a]	93.6±4.4	95.3±2.3	98.3±3.3	97.9±2.4
	Inter-day[b]	91.6±5.3	96.4±3.5	97.2±2.9	96.7±3.1

a Within-day precision (repeatability) 6 replicates. b Day-to-day precision (repeatability) 6 replicates

（六）实际样品测定

利用建立的分析方法测定市场上的蜂王浆样品中腺苷含量。在所测定的 45 个样品中，腺苷含量范围为 5.9～2 057.4 mg/kg，结果见表 5-3。分析结果发现不同蜂王浆样品中腺苷含量存在很大差异，部分样品有高含量的腺苷。我们推测采集时间、贮存条件、蜜源和蜂种的不同导致了这种差异。

表 5-3　市场上蜂王浆样品中腺苷的检出量（mg/kg）

Tab. 5-3　Content (mg/kg) of adenosine in real RJ samples (n=3)

样品编号 Sample number	含量 Content (mg/kg) (mean±SD)	样品编号 Sample number	含量 Content (mg/kg) (mean±SD)	样品编号 Sample number	含量 Content (mg/kg) (mean±SD)
1	9.6±0.2	16	1 104.3±12.1	31	1 413±13.8
2	42.2±0.7	17	10.8±0.1	32	18.3±0.2
3	15.3±0.1	18	100.4±0.9	33	40.3±0.5
4	98.1±1.1	19	10.6±0.1	34	8.3±0.1
5	32.3±0.7	20	79.4±0.7	35	20.3±0.2
6	10.2±0.1	21	300.2±4.5	36	51.7±0.9
7	70.4±0.9	22	60.2±0.4	37	190.3±3.9
8	41.3±0.4	23	89.4±1.9	38	70.2±1.1
9	5.9±0.2	24	709.3±7.4	39	467.3±6.1
10	120.3±1.5	25	15.2±0.3	40	21.2±0.3
11	97.4±0.9	26	100.6±2.7	41	82.2±1.4
12	43.6±0.8	27	2 057.4±18.9	42	700.3±9.6
13	798.9±11.3	28	46.7±1.3	43	1 319.7±16.1
14	2050.6±25.9	29	500.2±10.2	44	7.8±0.1
15	49.4±1.1	30	24.7±0.7	45	92.1±1.2

四、小结

本研究建立了蜂王浆中腺苷测定的 HPLC 方法，该方法简单、灵敏、可靠。应用本方法对市场上蜂王浆产品进行了分析，检测结果发现一些蜂王浆样品中含有丰富的腺苷，不同的蜂王浆样品中腺苷含量存在显著差异。在未来的研究中，将进一步调查导致蜂王浆中腺苷含量差异的具体因素。

第二节 蜂王浆中磷酸腺苷、核苷和核碱基的鉴定及分布

蜂王浆中的核苷酸、核苷、核酸碱基在生物体的生理活动中发挥着重要作用。本节旨在建立一种能够同时测定蜂王浆中核苷酸、核苷和核酸碱基含量的高效液相色谱法，并利用这三类化合物实现对新鲜蜂王浆和商品蜂王浆品质的简便判定。方法的最低检出限和定量限分别为 12.2～99.61 g/L 和 40.8～289.41 g/L，回收率接近100.9%。新鲜蜂王浆和商品蜂王浆产品中，所研究化合物的平均含量分别为2 682.93 mg/kg 和 3 152.78 mg/kg，二者存在显著差异。所有样品中都含有腺嘌呤核糖核苷酸、腺苷和腺嘌呤，新鲜蜂王浆样本中有较高含量的三磷酸腺苷、二磷酸腺苷和腺嘌呤核糖核苷酸（ATP、ADP、AMP），而商品蜂王浆样品中含有次黄嘌呤、尿苷、鸟嘌呤核苷和胸苷，这些化合物可以作为蜂王浆新鲜度和质量评价的潜在指标。

一、概　述

核苷酸、核苷和核碱基是所有细胞的基本组分，可形成不同的核酸，它们具有许多生理活性，如抗惊厥、刺激体外和成人中枢神经系统的轴突生长，影响胃肠道的生长和分化，并维持免疫反应（Liu *et al.*，2011）。在食品中，单磷酸核苷酸是早期发育或受伤后特别重要的营养素，因此它们在新生儿喂养中起着更大的作用（Carver，2003；Schlimme *et al.*，2000）。此外，核苷和核碱基被选择作为药用真菌灵芝和冬虫夏草物种的质量控制指标（Cheung *et al.*，2001；Liu *et al.*，2011）。

蜂王浆（RJ）是工蜂（*Apis mellifera* L.）咽下腺和上颚腺分泌的，是蜜蜂幼虫食物的组成部分，在蜜蜂的发育和性别决定中起着重要作用（Moritz & Southwick，1992；Nagai & Inoue，2004），含有水分、蛋白质、脂质、碳水化合物和矿物质（Daniele & Casabianca，2012；Sabatini *et al.*，2009；Sesta，2006），也发现含有腺苷磷酸，如腺苷 5′-三磷酸（ATP）、腺苷 5′-二磷酸（ADP）、腺苷 5′-单磷酸（AMP）、肌苷 5′-单磷酸（IMP）和腺苷一磷酸盐 N1-氧化物等（Hattori *et al.*，2006；Xue *et al.*，2009；Zhou *et al.*，2012）。

因为蜂王浆具有很高的营养价值和保健功能，一直深受人们喜爱（Nagai *et al.*，2006），其营养价值和保健功能与其品质（新鲜度）密切相关。随着人们对蜂王浆保

健作用研究的深入，对其质量评价和控制要求也越来越高。近年研究表明，核苷和核碱基可作为评估蜂王浆质量的潜在指标，而腺苷、ATP 及其关联化合物也可用于评价蜂王浆的质量优劣（Kim&Lee，2011；Xue *et al.*，2009；Zhou *et al.*，2012）。

由于腺苷、ATP 及其关联化合物与其他核苷和核碱基高度相关，因此分析蜂王浆中的其他核苷和核碱基可更好地为研究蜂王浆功能奠定基础，也可能发现评判蜂王浆质量的潜在指示物。到目前为止，已经报道了几种不同的用于核苷和核碱基的鉴定和定量的方法，其中液相色谱（LC）（Liu *et al.*，2011；Yang *et al.*，2007；Zhou *et al.*，2012）和质谱（Chen *et al.*，2013；Zhou *et al.*，2014）检测是核苷和核碱基或磷酸腺苷最常用的分离技术。目前，尚未有研究或报道用于同时测定蜂王浆中的腺苷磷酸、核苷和核碱基的分析方法。

本节的目的是建立一种同时测定腺苷磷酸、核苷和核碱基的高效液相色谱方法，包括 4 个磷酸腺苷、7 个核苷、5 个核碱基和尿酸，即腺苷 5′-三磷酸二钠盐（ATP）、腺苷 5′-二磷酸二钠盐（ADP）、腺苷 5′-单磷酸钠盐（AMP）、肌苷 5′-单磷酸二钠盐（IMP）、腺苷、胞苷、尿苷、肌苷、胸苷、鸟苷、2′-脱氧尿苷、腺嘌呤、鸟嘌呤、胞嘧啶、胸腺嘧啶、尿嘧啶和尿酸，并基于建立的方法分析不同蜂王浆样品中这些化合物的含量。

二、材料与方法

（一）试剂和标准

（1）所有核苷和核碱基均购自 Sigma（St. Louis，MO）。

（2）用 0.1 mol/L NaOH 溶液分别制备鸟嘌呤、腺嘌呤和鸟苷的贮备溶液（1 000 mg/L），其他种类核苷和核碱基则溶解在纯水中，浓度均为 1 000 mg/L。

（3）所有贮备液保存在 4℃。

（4）乙腈和丙酮（HPLC 级）购自 Merck（Darmstadt，Germany）。

（5）其他分析级标准化学品购自中国国药化学试剂有限公司。

（二）样品收集和准备

从浙江省不同地区的 10 个不同蜂场收集 10 个新鲜蜂王浆样品。在北京超市中随机购买 10 个商品蜂王浆样品。

称取 1.5 g 蜂王浆在 20 mL 乙醇溶液（50%，50℃）和 5 mL 丙酮溶液（50℃）中均质化 3 min，并在 50℃下超声提取 25 min。随后加入 20 mL 去离子水，在 50℃下进一步提取 25 min。在室温下冷却后，将混合物在 12 000 r/min（20℃）下离心 10 min，取上清液，用去离子水定容至 50 mL，取适量溶液，经 0.22 μm 滤膜过滤，待分析。

（三）高效液相色谱法测定

（1）色谱柱：Atlantis©T3柱（250 mm×4.6 mm，5 μm，Waters）。

（2）柱温：20℃。

（3）流动相：使用由pH值6.5、10 mmol/L的磷酸盐缓冲液（流动相A）和100%乙腈（流动相B）组成的梯度流动相分离标准品和样品。在使用前将两种溶剂过滤并脱气。

梯度洗脱程序如下进行：0~27 min，100%A；27~37 min，线性梯度至85%A；37~39 min，线性梯度至35%A；39~48 min，35%A；48~50min，线性梯度至100%A；流速为50~67 min，100%A。

（4）流速：1.0 mL/min。

（5）进样体积：10 μL。

（6）检测波长：257 nm。

（7）定性和定量方法：将标准贮备溶液稀释至适当浓度以绘制校准曲线。将每种浓度的混合标准溶液一式三份进样分析，并通过分析每种分析物浓度及对应的峰面积，获得校准曲线。每种分析物的检测限（LOD）和定量限（LOQ）分别在约3和10的信噪比（S/N）下测定。日内精密度测试选择标准溶液在1 d内分析6次，日间精密度测试选择连续6 d分析同一样品。精密度用相对标准偏差表示。

（四）蜂王浆样品分析

使用建立的高效液相色谱法分析10个新鲜蜂王浆样品和10个商品蜂王浆样品，以分析和调查17种目标化合物的浓度和分布。

三、结果与讨论

（一）提取方法的优化

甲醇、乙醇和丙酮等有机溶剂由于其强大的亲水性和与水的任何比例混溶性，被广泛用于核苷和核碱的提取（Asteriadis *et al.*，1976；Liu *et al.*，2011）。由于大多数腺苷核苷酸、核苷和核碱基是极性化合物，水和缓冲液，如磷酸盐缓冲液（PBS，pH 7.4）也可用于从食品基质中提取核苷（Li *et al.*，2002；Yang *et al.*，2009）。高氯酸因具有强酸性且可有效地沉淀蛋白质，是提取ATP相关化合物的常用试剂（Coolen *et al.*，2008；Fukuuchi *et al.*，2013）。蜂王浆含有大量蛋白质、基质复杂（Scarselli *et al.*，2005），需要在分析前除去。已有研究比较了乙醇、丙酮或高氯酸沉淀蜂王浆中蛋白质的方法（Zhou *et al.*，2007）。

本研究比较了 8 种溶剂对提取效率和回收率的影响，5% 过冷高氯酸（Zhou et al., 2012）、乙醇：水（1：4，v/v）、乙醇：水（1：2，v/v）、乙醇：水（1：1，v/v）、乙醇：水（1：4，v/v）、乙醇：丙酮：水（2：2：2，v/v）、乙醇：丙酮：水（2：1：7，v/v）、无水乙醇。经高效液相色谱分析后，化合物的峰面积表明，在乙醇-丙酮-水溶液中，大多数化合物的提取效率更为理想，特别是在乙醇：丙酮：水（2：1：2，v/v）达到最佳的提取效率和回收率。

同时，本研究比较了不同提取方法（搅拌提取和超声提取）、提取温度（室温，50℃，80℃）和溶剂体积（25 mL、50 mL 和 100 mL）对目标物提取效率的影响。超声波提取对大多数目标物比搅拌提取更有效，其中，搅拌方法提取腺苷效率较低。提取温度的影响：腺嘌呤和鸟苷在室温或 80℃ 下无法有效提取，AMP 和腺苷的提取回收率均高于 100%，ATP 和 ADP 的提取回收率低于 60%，这可能是与 ATP 和 ADP 的降解有关。对于蜂王浆中的 17 种研究化合物来说，优化的最佳提取方法为：提取温度 50℃；提取溶液：25 mL 乙醇：丙酮：水（2：1：2，v/v）；超声提取 25 min，随后再用 25 mL 乙醇：丙酮：水（2：1：7，v/v）提取 25 min。

（二）色谱条件的优化

磷酸腺苷、核苷和核碱基属于极性的化合物，在普通的色谱柱上难以保留，必须使用与其极性相容的 HPLC 柱。在这项研究中，使用了 Atlantis©T3 色谱柱（Waters），该类型色谱柱可以有效保留和分离极性化合物（Whiting&Doogue, 2009），如生物胺等。

比较不同的流动相的分离效果，包括乙腈-5 mmol/L 乙酸铵、乙腈-0.5 mmol/L 乙酸、乙腈-10 mmol/L K_2HPO_4/KH_2PO_4、乙腈-50 mmol/L K_2HPO_4/KH_2PO_4 和不同的 pH 值（5.5、6.0、6.5），确定最佳分离条件（图 5-4）（Liu et al., 2011；Yang et al., 2007）。结果发现，含有 pH 值 6.5 10 mmol/L 磷酸盐缓冲液或 50 mmol/L 磷酸盐缓冲液的流动相可满足分离和稳定基线的要求。为避免色谱柱损坏，最终选择 10 mmol/L 磷酸盐缓冲液（pH 值 6.5）和乙腈作为流动相。该条件下，能够在不损失分离的情况下进行 150 次分析。此外，实验发现低柱温有利于分离，最终确定柱温 20℃ 时为最佳。

（三）方法验证

本研究中，使用 6 个标准浓度下的峰面积构建了校准曲线。相关系数（R^2 > 0.9986）表明所有分析物在所研究的化合物浓度与测试范围内的峰面积之间具有良好的相关性（表 5-4）。LOD 和 LOQ 分别是 12.2~86.8 μg/L 和 40.8~289.4 μg/L，分析物的回收率为 86.2%~99.6%，RSD<6.2%，所有分析物中（表 5-4），ATP 和 ADP 的回收率明显较低，可能在提取过程中发生了降解（Zhou et al., 2012）。

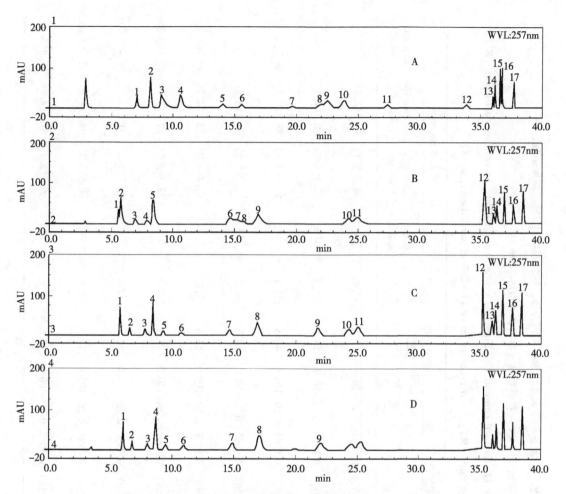

图 5-4　在不同流动相中洗脱的混合标准品的 HPLC 色谱图

（A）5mmol/L 乙酸铵-乙腈；（B）0.5mmol/L 乙酸-乙腈；（C）10mmol/L K$_2$HPO$_4$/ KH$_2$PO$_4$-乙腈；（D）50mmol/L K$_2$HPO$_4$/KH$_2$PO$_4$-乙腈。1. 胞嘧啶；2. 尿酸；3. 腺苷 5'-三磷酸二钠盐（ATP）；4. 尿嘧啶；5. 肌苷 5'-单磷酸二钠盐（IMP）；6. 腺苷 5'-二磷酸二钠盐（ADP）；7. 胞苷；8. 鸟嘌呤；9. 腺苷 5'-单磷酸钠盐（AMP）；10. 尿苷；11. 胸腺嘧啶；12. 腺嘌呤；13. 肌苷；14. 鸟苷；15. 2'-脱氧尿苷；16. 胸苷；17. 腺苷

Fig. 5-4　HPLC chromatograms of mixed standards eluted in different mobile phases.

（A）5 mmol/L ammonium acetate-acetonitrile；（B）0.5 mmol/L acetic acid-acetonitrile；（C）10 mmol/L K$_2$HPO$_4$/KH$_2$PO$_4$ - acetonitrile；（D）50 mmol/L K$_2$HPO$_4$/KH$_2$PO$_4$ - acetonitrile. 1. Cytosine；2. uric acid；3. adenosine 50-triphosphate disodium salt（ATP）；4. uracil；5. inosine 5'-monophosphate disodium salt（IMP）；6. Adenosine 50-diphosphate disodium salt（ADP）；7. cytidine；8. guanine；9. adenosine 50-monophosphate sodium salt（AMP）；10. uridine；11. thymine；12. adenine；13. inosine；14. guanosine；15. 20-deoxyuridine；16. thymidine；17. Adenosine.

表5-4 17种标准化合物的标准曲线、重复性和准确性、包括回归方程、相关系数（R^2）、浓度范围、LOD、LOQ、保留时间（RT）和回收率（括号内RSD%，$n=3$）

Tab. 5-4 Calibration, repeatability, and accuracy for 17 standard compounds, including regression equation, correlation coefficient (R^2), test range, LOD, LOQ, retention time (RT), and recovery rates (RSD% in parentheses, $n=3$)

分析物 Analytes	保留时间 RT (min)	线性方程 Linear regression Regressive equation[a]	R^2	浓度范围 Test range (mg/L)	检测限 LOD (μg/L)	定量限 LOQ (μg/L)	回收率 Recovery[b] 10 mg/L spiked	20 mg/L spiked	40 mg/L spiked	80 mg/L spiked
Cytosine	5.77	$y=(0.3456\pm0.0012)x+(0.0035\pm0.0010)$	0.9992	0.20~50.0	17.4	57.9	86.2(4.9[c])	88.5(5.1)	89.3(3.9)	—
Uric acid	6.54	$y=(0.1121\pm0.0007)x+(0.0038\pm0.0007)$	0.9989	0.50~50.0	54.5	181.8	92.3(3.3)	89.7(4.2)	90.6(4.4)	—
ATP	7.77	$y=(0.1290\pm0.0035)x+(0.0034\pm0.0012)$	0.9994	0.50~100.0	46.5	155.1	—[d]	91.4(3.5)	88.3(5.1)	89.7(2.9)
Uracil	8.45	$y=(0.4902\pm0.0017)x+(0.0042\pm0.0010)$	0.9995	0.20~50.0	12.2	40.8	95.2(3.8)	93.7(5.2)	94.1(3.7)	—
IMP	9.26	$y=(0.0948\pm0.0007)x+(0.0036\pm0.0009)$	0.9988	0.50~100.0	63.6	211	—	97.4(4.9)	95.2(4.5)	99.7(5.2)
ADP	10.72	$y=(0.0918\pm0.0007)x+(0.0043\pm0.0008)$	0.9999	0.50~100.0	65.3	217.7	—	88.3(2.7)	89.7(3.7)	91.1(3.9)
Cytidine	14.63	$y=(0.2034\pm0.0011)x+(0.0048\pm0.0019)$	0.9993	0.50~100.0	32.5	108.2	—	93.7(6.2)	91.5(3.1)	96.4(4.5)
Guanine	16.87	$y=(0.5016\pm0.0022)x+(0.0043\pm0.0008)$	0.9994	0.20~100.0	12.9	42.9	—	90.9(3.2)	94.1(3.9)	97.7(5.0)
AMP	21.8	$y=(0.3388\pm0.0015)x+(0.0052\pm0.0011)$	0.9997	0.20~100.0	19.5	64.9	—	99.1(5.4)	97.6(4.7)	99.9(3.9)

（续表）

分析物 Analytes	保留时间 RT (min)	线性方程 Linear regression		浓度范围 Test range (mg/L)	检测限 LOD (μg/L)	定量限 LOQ (μg/L)	回收率 Recovery[b]			
		Regressive equation[a]	R^2				10 mg/L spiked	20 mg/L spiked	40 mg/L spiked	80 mg/L spiked
Uridine	24.29	$y=(0.2704\pm0.0008)x+(0.0041\pm0.0011)$	0.999	0.50~50.0	24.4	81.4	95.2(4.2)	93.1(2.0)	96.2(3.3)	—
Thymine	25.03	$y=(0.3806\pm0.0026)x+(0.0050\pm0.0013)$	0.9987	0.20~50.0	17.3	57.8	93.1(2.2)	91.5(3.6)	91.9(3.1)	—
Adenine	35.24	$y=(0.6632\pm0.0013)x+(0.0054\pm0.0015)$	0.9998	0.20~80.0	13.6	45.2	87.9(2.7)	91.6(4.1)	90.2(3.6)	—
Inosine	36.02	$y=(0.1036\pm0.0009)x+(0.0044\pm0.0013)$	0.9991	0.50~50.0	86.8	289.4	93.1(1.4)	88.9(2.3)	90.1(3.2)	—
Guanosine	36.28	$y=(0.1828\pm0.0010)x+(0.0046\pm0.0013)$	0.9988	0.50~50.0	49.2	164.1	91.2(3.5)	94.2(2.9)	93.6(2.1)	—
2'-Deoxyuridine	36.9	$y=(0.3376\pm0.0017)x+(0.0059\pm0.0016)$	0.9998	0.20~80.0	26.7	88.9	97.0(3.8)	93.5(4.2)	95.9(5.0)	—
Thymidine	37.7	$y=(0.2312\pm0.0021)x+(0.0049\pm0.0015)$	0.9991	0.50~50.0	38.9	129.8	96.1(1.2)	94.9(5.4)	93.7(3.3)	—
Adenosine	38.48	$y=(0.3322\pm0.0014)x+(0.0064\pm0.0016)$	0.9994	0.50~200.0	27.1	90.3	—	99.1(4.2)	98.4(3.1)	99.6(2.9)

a　The regressive equations were determined triplicates, and the data were presented as $y=$（mean±S. D.）$x\pm$（mean±S. D.）

b　Recovery（%）= 100 ×（（amount found original amount）/amount spiked）

c　R. S. D.（%）= 100 ×（S. D./mean）

d　The samples by adding the corresponding amount of standards was not be analysed

（四）实际蜂王浆样品中 17 种化合物的含量分布

用建立的 HPLC 方法测定 20 个蜂王浆样品中的腺苷磷酸、核苷和核碱基的含量。基于保留时间和光谱数据确定目标峰。图 5-5 显示了两个典型的实际样品色谱图（A 表示新鲜蜂王浆样品，B 表示商品蜂王浆样品）。10 个新鲜样品和 10 个商品样品中的 17 种目标化合物的测定结果见表 5-5 和表 5-6。

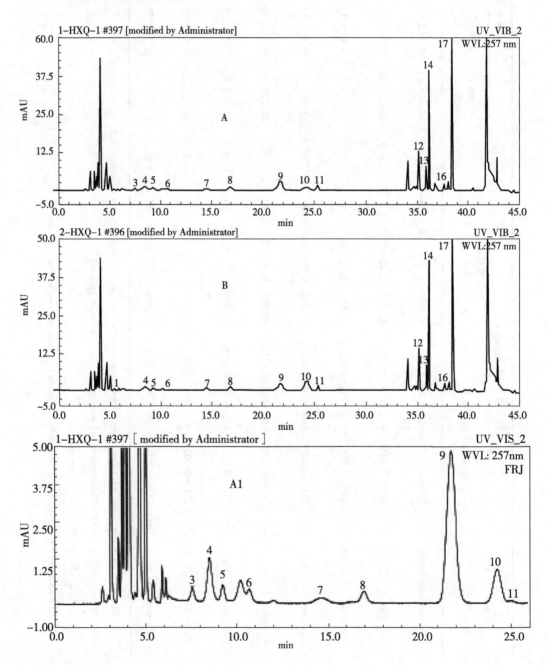

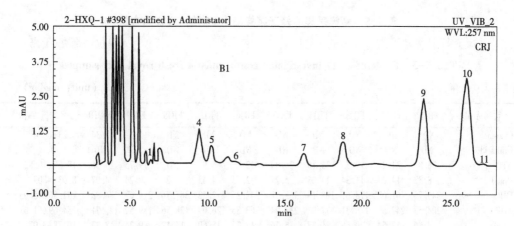

图 5-5　实际新鲜蜂王浆样品 A(A1 和 A2)和商品蜂王浆样品 B(B1 和 B2)的 HPLC 色谱图

注:商品样品中 17 种分析物的含量存在很大差异,为了清晰显示,图 A 和图 B 分别分为两部(A1-A2 和 B1-B2)

Fig. 5-5　HPLC chromatograms of real RJ samples A(A1 and A2).Fresh RJ sample;B(B1 and B2)

Note:Commercial RJ sample Note. There is a big difference in content of 17 analytes,so in order to have a clear show,figure A and figure B were divided into two parts(A1-A2 and B1-B2),respectively

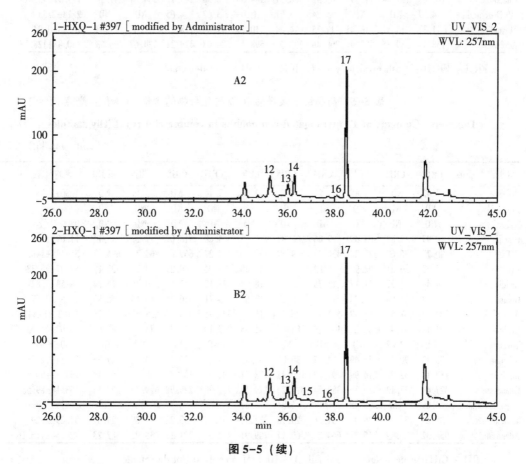

图 5-5　(续)

Fig. 5-5　(continued)

表 5-5　新鲜采集的蜂王浆样品中 17 种化合物的含量

（单位：毫克/千克）

Tab. 5-5　Contents of 17 investigated compounds in fresh royal jelly samples

（unit：mg/kg）

分析物 Analytes	FRJ1[a]	FRJ2	FRJ3	FRJ4	FRJ5	FRJ6	FRJ7	FRJ8	FRJ9	FRJ10	平均值 $X\pm SD$[b]
Cytosine	ND[c]	ND	ND	ND	ND	ND	ND	ND	ND	2.34	0.23±0.74
Uric acid	ND	ND	ND	ND	ND	ND	ND	ND	ND	ND	0
ATP	26.8	31.2	19.5	35.16	21.34	12.7	6.9	ND	19.75	13.56	18.69±10.82
Uracil	8.32	14.07	11.34	14.05	5.27	2.35	4.45	6.2	9.24	4.97	8.03±4.09
IMP	345.75	461.68	178.67	168.19	362.88	242.35	272.22	387.76	214.67	284.83	291.86±96.03
ADP	204.53	247.5	176.31	77.97	233.94	63.85	126.99	128.56	159.52	127.71	154.69±61.63
Cytidine	7.86	12.54	9.65	11.37	5.76	12.75	15.69	14.12	9.74	8.27	10.78±3.07
Guanine	5.96	5.24	4.59	6.23	7.36	6.57	5.25	6.39	6.95	7.11	6.16±0.91
AMP	1 228.78	1 969.94	689.72	1 512.86	665.27	1 568.86	1 052.83	1 546.14	963.48	1 869.54	1 506.74±331.44
Uridine	34.57	36.21	34.16	17.82	23.8	22.57	44.73	58.03	67.51	21.74	36.11±16.41
Thymine	ND	2.37	ND	ND	ND	ND	ND	ND	ND	ND	0.24±0.75
Adenine	18.4	19.75	18.01	21.75	16.83	32.62	28.71	33.36	37.66	36.42	26.35±8.24
Inosine	110.55	139.27	138.5	66.85	125.68	97.86	82.8	191.79	118.74	99.65	117.17±23.80
Guanosine	101.08	107.84	143.9	53.42	86.57	184.55	276.36	243.72	334.67	247.58	177.97±93.87
20-Deoxyuridine	4.27	ND	ND	5.24	3.97	ND	3.62	4.65	ND	ND	2.18±2.33
Thymidine	11.37	15.37	16.41	12.75	14.64	10.14	19.54	18.2	17.35	13.28	14.90±3.04
Adenosine	158.34	289.35	303.9	260.46	233.5	598.1	504.08	329.21	134.67	296.68	330.83±128.78

a FRJ1~FRJ10：fresh royal jelly 1~10. b Mean±SD. c Not detectable

表 5-6　商品蜂王浆样品中 17 种化合物的含量　（单位：毫克/千克）

Tab. 5-6　Contents of 17 investigated compounds in commercial royal jelly samples

（unit：mg/kg）

分析物 Analytes	CRJ1[a]	CRJ2	CRJ3	CRJ4	CRJ5	CRJ6	CRJ7	CRJ8	CRJ9	CRJ10	平均值 $X\pm SD$[b]
Cytosine	2.42	ND[c]	2.88	3.25	ND	2.56	3.74	ND	3.17	ND	1.80±1.59
Uric acid	ND	ND	ND	ND	ND	ND	ND	ND	ND	ND	0
ATP	ND	ND	ND	ND	ND	ND	ND	ND	ND	ND	0
Uracil	19.99	7.87	5.39	9.06	6.07	17.37	4.68	18.07	7.27	15.12	11.09±5.88
IMP	490.77	376.63	522.28	436.48	529.59	539.19	420.27	669.6	863.7	696.27	554.48±148.51
ADP	53.27	50.21	92.9	86.83	67.34	43.08	35.94	89.29	29.78	22.13	57.07±25.78
Cytidine	34.49	16.52	11.17	15.78	24.25	18.98	27.12	12.53	9.76	15.24	18.58±7.82
Guanine	15.13	11.04	3.78	14.64	10.37	12.68	15.71	10.25	13.18	8.87	11.57±3.57
AMP	803.64	1 003.53	765.47	531.43	786.2	1 215.84	924.31	1 403.42	1 828.5	1 776.28	1 103.81±441.61
Uridine	203.11	194.9	32.2	102.49	85.67	41.65	39.18	42.23	83.14	41.67	86.62±63.93
Thymine	ND	2.67	ND	ND	ND	2.31	ND	ND	ND	ND	0.50±1.05
Adenine	90.43	90.48	71.49	54.37	30.06	54.42	28.05	37.59	59.12	47.35	56.34±22.35
Inosine	182.18	232.7	214.99	97.07	160.82	128.41	102.9	102.59	108.03	104.18	143.39±50.96
Guanosine	427.44	437.13	330.5	382.54	372.2	179.16	422.38	225.98	429.39	325.14	353.18±89.53
2′-Deoxyuridine	3.69	ND	3.78	ND	5.34	5.67	ND	6.57	ND	ND	2.51±2.77
Thymidine	30.2	34.13	26.97	31.26	29.78	34.52	31.27	33.22	31.89	29.67	31.29±2.29
Adenosine	955.32	726.19	815.7	664.32	569.17	709.91	772.52	771.1	638.92	582.28	720.54±116.16

a CRJ1~CRJ10：commercial royal jelly 1~10. b Mean±SD. c Not detectable

样品分析发现在蜂王浆样品中存在除了尿酸之外的 16 种目标化合物。在多数样品中，化合物胞嘧啶，胸腺嘧啶和 2′-脱氧尿苷不存在或痕量。

尿酸通常是膳食或内源性嘌呤和许多昆虫物种的常见含氮废物的最终分解产物（O'Donnell，2008）。尽管在蜜蜂幼虫的发育过程中，可能会有少量尿酸形成（Graham，1992），但是实际生产中，蜂王浆一般在蜂王幼虫 3 日龄采集，同时也保持低温贮存，因此在蜂王浆样品中存在尿酸的可能性很小。

17 种化合物的总含量范围为 2 093.55~4 105.85 mg/g。17 种化合物在新鲜样品（2 682.93 mg/kg）和商品蜂王浆样品（3 152.78 mg/kg）中的平均含量之间存在显着差异，这主要是由于核苷和核碱基的含量从 DNA、RNA 和其他相应的化合物中降解，而这些化合物已被证实大量存在于蜂王浆中（Marko et al.，1964）。

样品中腺苷磷酸（ATP、ADP、AMP、IMP）含量存在很大差异。ATP 含量范围从未检测到（ND）至 35.16 mg/kg，ADP 含量为 22.13~247.50 mg/kg，AMP 含量为 531.43~1 969.94 mg/kg，IMP 含量为 168.19~696.27 mg / kg，结果与之前的测定结果一致（Xue et al.，2009；Zhou et al.，2012）。来自商品样品中的 ATP 含量均低于定量限，明显低于新鲜样品中 ATP 的含量 [（18.69±10.82）mg/kg]。新鲜蜂王浆中 ADP 和 AMP 的平均含量分别为 154.69 mg/kg 和 1 506.74 mg/kg，显著高于商品蜂王浆中 ADP 和 AMP 的平均含量（分别为 57.07 mg/kg 和 1 103.81 mg/kg）。但从蜂王浆中的 IMP 含量变化趋势中观察到差异，新鲜样品和商品样品中的 IMP 的平均含量分别为 291.86 mg/kg 和 554.48 mg/kg。蜂王浆样品中 4 种腺苷磷酸的平均含量见图 5-6 A，结果表明，蜂王浆中的 ATP 在保存过程中可迅速降解为 ADP、AMP、IMP 等化合物，类似于其他食品中 ATP 降解的副产物（Kuda et al.，2007，2008）。

在 20 个蜂王浆样品的 10 个样品中可检测到 2′-脱氧尿苷。新鲜蜂王浆和商品蜂王浆样品中的核苷（7 种目标化合物）的平均含量分别为 95.71 mg/kg 和 193.73 mg/kg，差异显著。其中，腺苷是主要的核苷，在新鲜蜂王浆样品和商品蜂王浆样品中的平均浓度分别为 330.83 mg/kg 和 720.54 mg/kg。由于腺苷是天然存在的嘌呤核苷并且是由三磷酸腺苷的分解形成的，可以推测腺苷磷酸的降解在蜂王浆的生产过程中已发生。在分析的其他 6 个核苷酸中，鸟苷、肌苷和尿苷浓度较高，而胞苷、胸苷、2′-脱氧尿苷的浓度较低。新鲜蜂王浆中鸟苷和尿苷的含量分别为 177.97 mg/kg 和 36.11 mg/kg，显著低于商品蜂王浆样品中的鸟苷和尿苷含量（分别为 353.18 mg/kg 和 86.62 mg/kg），而在新鲜蜂王浆（117.17 mg/kg）和商品蜂王浆（143.39 mg/kg）之中肌苷的平均含量没有显著差异。蜂王浆样品中 6 种核苷的平均含量见图 5-6B 中。

与核苷浓度相比，蜂王浆中核碱基的浓度明显降低，新鲜蜂王浆和商品蜂王浆样品中的核碱基（5 种目标化合物）的平均含量分别为 11.13 mg/kg 和 22.42 mg/kg。最

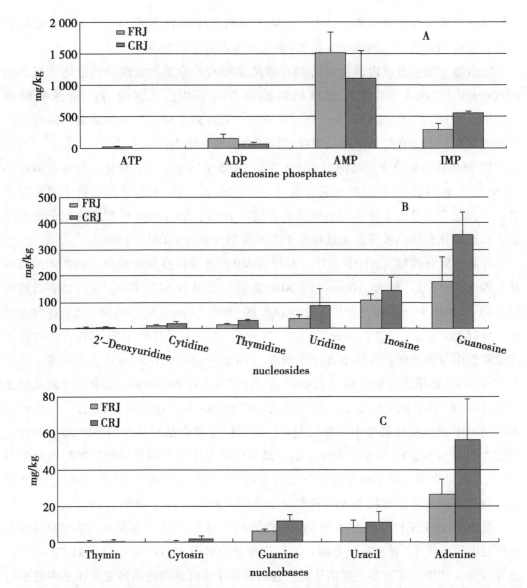

（A）RJ 样品中 4 种磷酸腺苷的平均含量。（B）RJ 样品中 6 种核苷的平均含量。（C）RJ 样品中 5 个核碱基的平均含量（FRI 为新鲜 RJ 样品，在分析前贮存在 18℃ 温度下。CRJ：商品 RJ 样品，数据表示为平均值±S. D）

图 5-6　RJ 样品中所研究化合物的平均含量

（A）Average contents of four adenosine phosphates in RJ samples.（B）Average contents of six nucleosides in RJ samples.（C）Average contents of five nucleobases in RJ samples. Note：FRJ：fresh RJ samples harvested from apiaries and stored at −18℃ temperature before analysis. CRJ：commercial RJ samples purchased from supermarkets in Beijing. Data expressed as Mean±S. D

Fig. 5-6　Average contents of the investigated compounds in RJ samples

丰富的核苷酸是腺嘌呤，其可能是来自腺苷的降解，含量范围为 16.83～90.48 mg/kg，并且新鲜蜂王浆和商品蜂王浆样品中的腺嘌呤平均浓度分别为 26.35 mg/kg 和 56.34 mg/kg。其他核苷的浓度非常低，特别是胞嘧啶和胸苷（图 5-6C）。

总之，蜂王浆中含有丰富的磷酸腺苷，核苷和核碱基，但样品中目标化合物的含量存在很大差异。考虑到腺苷磷酸，核苷和核碱基的生理活性，有必要重新评估蜂王浆对蜂王的发育和人类健康的作用。

由于大多数研究化合物的含量在新鲜蜂王浆样品和商品蜂王浆样品之间显示出明显差异，因此可以推测在贮存期间这些化合物发生了含量上的变化。蜂王浆中腺苷磷酸，核苷和核碱基的构成，含量和变化规律可以作为评价蜂王浆新鲜度和质量的潜在指标。

四、小　结

本研究建立了同时分析蜂王浆中 17 种腺苷磷酸、核苷和核碱基的方法。该方法简便、准确、可靠、灵敏。20 个实际样品的分析结果发现在蜂王浆样品中存在 16 种化合物，其总含量范围为 2 093.55～4 105.85 mg/kg。新鲜样品（2 682.93 mg/kg）和商品样品（3 152.78 mg/kg）中 17 种被调查化合物的平均含量之间存在显著差异。实验结果表明腺苷磷酸、核苷和核碱基等化合物的变化可被选择作为评估蜂王浆新鲜度和质量的新指标。

第三节　基于三磷酸腺苷及其关联产物评价蜂王浆的新鲜度

本节测定了经历不同温度和不同时间贮存条件的蜂王浆中的 5′-三磷酸腺苷（ATP）、5′-二磷酸腺苷（ADP）、5′-单磷酸腺苷（AMP）、单磷酸肌苷（IMP），肌苷（HxR）、次黄嘌呤（Hx）、腺苷（Ao）和腺嘌呤（Ai）的含量。将 Ao、Ai、HxR 和 Hx 之和与 ATP、ADP、AMP、IMP、HxR、Hx、Ao 和 Ai 之和的比值定义为 F 值，可作为蜂王浆新鲜度的评价指标。设定了蜂王浆新鲜度评价阈值 F 值为 20%，该值表示蜂王浆相当于在 4℃下贮存 60.69 d 或在 30℃下贮存 6.82 d。这一指标有助于建立蜂王浆新鲜度的识别标准和评判依据，并为蜂王浆的采收、贮存、运输、包装和消费过程设定提供了依据。

一、概　述

蜂王浆是一种浓稠的乳状物质，由工蜂咽下腺分泌的蛋白质和下颚腺分泌的物质组成（Winston，1991），是蜂王幼虫的食物（Ramadan & Al-Ghamdi，2012），在蜜蜂的级型分化上发挥重要作用：王台中蜜蜂幼虫连续取食蜂王浆后发育成为可繁育的蜂王，而在普通蜂巢中的蜜蜂幼虫喂食少量蜂王浆后则发育成了不育的工蜂（Schwander et al.，2010）。由于蜂王浆具有抗菌、抗肿瘤、抗氧化剂和免疫调节等功能（Fujiwara，1990；Nagai et al.，2001），因此，其作为功能食品，一直以来深受人们喜爱。

中国是最大的蜂王浆生产国，年产量超过 4 000 吨，占世界总产量的 90% 以上（Wei et al.，2013）。每年有 1 000 多吨蜂王浆从中国出口到欧洲、日本和美国。蜂王浆易腐蚀变质，贮存不当时易发生美拉德反应，从而影响黏度、诱导颜色变化、降低酶活性、引起蛋白质降解等（Chen & Chen，1995）。因此，蜂王浆需要在低温下贮存（4℃用于短期贮存，-18℃用于长期贮存）以保持其功能特性（Kamakura et al.，2001）。然而，在现实生产中，蜂王浆在运输和贮存期间易于暴露于高温条件下。为了确保蜂王浆产品的质量，有必要建立一种评估蜂王浆质量和新鲜度的实用方法。

研究者已经提出过多种蜂王浆质量和新鲜度的可能标志物或指标，包括王浆肌动蛋白（以前称为 57-kDa 蛋白）（Kamakura et al.，2001；Kamakura，2012），MRJP5（Zhao et al.，2013），MRJP4 和葡萄糖氧化酶（Li et al.，2007），糠氨酸（Marconi et al.，2002），颜色变化（Zheng et al.，2012）和氨基酸变化等（Wu et al.，2009）。前期研究发现，蜂王浆中存在 ATP（5′-三磷酸腺苷）及其关联化合物，且不同蜂王浆样品之间存在显著差异（Zhou et al.，2012）。由于 ATP 可以分解代谢产生 5′-二磷酸二钠腺苷（ADP），5′-单磷酸钠腺苷（AMP），5′-单磷酸肌苷（IMP），肌苷（HxR）和次黄嘌呤（Hx）（VecianaNogues et al.，1997），将 HxR 和 Hx 之和与 ATP 及其 5 种分解代谢物之和的百分比率定义为 K 值（Kuda et al.，2007），已被广泛用作鱼肉和鸡肉的新鲜度评价指标（Pacheco-Aguilar et al.，2000；Mendes et al.，2001；Itoh et al.，2013），但我们检测发现，单纯的 K 值法并不适合用于蜂王浆新鲜度评价。

ATP 还存在另一种分解代谢途径（Xue et al.，2009）。当 ATP 大量水解时，一些 AMP 分子可以通过相关酶进一步去磷酸化形成腺苷（Ao）和腺嘌呤（Ai）（Agustini et al.，2001；Sottofattori et al.，2001）。鉴于此，ATP 相关化合物有可能是蜂王浆新鲜度评价的潜在指标。

本研究介绍了一种基于 ATP 及其 7 种相关化合物评估蜂王浆新鲜度的新方法，称为 F 值法。F 值定义为 Ao、Ai、HxR 和 Hx 之和与 ATP、ADP、AMP、IMP、Ao、Ai、HxR 和 Hx 之和之间的比值，以百分比表示。通过测定贮存在不同温度和不同时间段的蜂王浆样品的 F 值变化用于评估该方法的可靠性，并研究新鲜蜂王浆 F 值的阈值范围。

二、材料和方法

(一) 样品采集和制备

(1) 不同的饲料以及生产地域会直接影响蜂王浆的组分 (Messia *et al.*, 2005)。为了避免样品差异导致的实验偏差，在本研究中，我们选择了 3 种类型的蜂王浆样品：①8 个新鲜采集的蜂王浆样本，2010 年 6 月从浙江省 8 个养蜂场获得；②4 个新鲜茶花蜂王浆样品，2011 年 4 月在茶树开花期从湖北省采集；③4 个新鲜油菜蜂王浆样品，2011 年 7 月在青海省油菜 (*Brassica campestris*) 开花期间采集。所有样品的生产蜂种均为意大利蜜蜂 (*Apis mellifera*)，采收后在-18℃保存，待分析。

(2) 分析前，首先将蜂王浆样品均质化，然后将每个样品转移分装到 40 个气密玻璃瓶中并随机分成 4 组，每组 10 瓶；每组样品分别在不同温度下贮存：-18℃、4℃、(20±2)℃ (室温) 和 30℃。随后在不同时间点 (贮存 0 d、7 d、14 d、21 d、28 d、35 d、42 d、57 d 和 98 d) 收集样品，每个瓶子仅取样一次，以避免反复冻融对试验的影响。

(3) 为了验证该方法确定蜂王浆新鲜度的可靠性，从浙江省获取了 8 个蜂王浆样品，这些样品在收获后不超过 36 h 内即贮存在-18℃保鲜。此外，还有 8 个蜂王浆样本购自北京的大型超市。

(二) 试剂和标准品

(1) 8 种标准品，包括三磷酸腺苷二钠盐 (ATP)，二磷酸腺苷 (ADP) 二钠盐，单磷酸腺苷 (AMP) 钠盐，肌苷单磷酸 (IMP)，肌苷 (HxR)，次黄嘌呤 (Hx)，腺苷 (Ao) 和腺嘌呤 (Ai) 购自 Sigma 公司。

(2) 乙腈购自 Merck (Darmstadt, Germany)。

(3) 去离子水，采用 Milli-Q 系统 (Millipore, Bedford, MA, USA) 制备获得。

(4) 分析级高氯酸 (HClO$_4$)，磷酸氢二钾盐盐 (KH$_2$PO$_4$)，碳酸钾 (K$_2$CO$_3$)，磷酸氢二钾三水合物 (K$_2$HPO$_4 \cdot$ 3H$_2$O) 和氢氧化钾 (KOH) 均购自中国国药化学试剂北京有限公司。

(5) 用去离子水分别制备 ATP，ADP，AMP，IMP，HxR，Hx，Ao 和 Ai 的贮备液，浓度为 1 000 mg/L 并贮存在-20℃用。在分析前，通过将各标准液混合稀释得到分析物质标准工作溶液。

(三) ATP 关联化合物分析

1. 采用改进的 HPLC 方法分析 ATP 关联化合物 (Zhou *et al.*, 2012)

每个样品重复测定 3 次。具体方法为，将 0.5 g 蜂王浆在 5 mL 预冷的高氯酸

（5%，在−5℃预冷）中匀浆 3 min，随后 0℃，12 000 r/min 离心 10 min，取出上清液至另一离心管中，并在离心管中加入 400 μL KOH 溶液（6 mol/L）以沉淀高氯酸根离子，并使用 2 mol/L K_2CO_3 将 $HClO_4$ 提取物的 pH 值调节至 5.5~6.0。最后将提取物离心沉淀，将上清液用去离子水定容至 5 mL，0.22 μm 滤膜后进样分析。

2. Dionex 液相色谱系统，配备有 3000 RS 泵，自动进样器，柱温箱和二极管阵列检测器

（1）色谱柱：Atlantis C_{18} 柱（150 mm×4.6 mm；5 μm，waters）。

（2）检测波长：257 nm。

（3）流动相：pH 值 6.5 的 10 mmol/L 磷酸盐缓冲液（A）和 100% 乙腈（B），梯度洗脱条件为：0~5 min 100% A，5~10 min 逐渐降低为 10% A，10~15 min 30% A，15~22 min 80% A，22~24 min 逐渐升至 100% A，并维持 100% A 平衡 10 min。

（4）流速：0.8 mL/min。

（5）柱温：30℃。

（6）进样体积：10.0 μL。

（四）K 值和 F 值

使用以下公式计算 K 值（Kuda *et al.*，2007；Itoh，Koyachi *et al.*，2013）：

$$K 值（\%）= \frac{HxR+Hx}{ATP+ADP+AMP+IMP+HxR+Hx} \times 100$$

使用以下公式计算 F 值：

$$F 值（\%）= \frac{HxR+Hx+Ao+Ai}{ATP+ADP+AMP+IMP+HxR+Hx+Ao+Ai} \times 100$$

（五）糠氨酸的测定

糠氨酸是蜂王浆新鲜度评价的指标之一。在该研究中，根据 Marconi 等人报道的方法测定样品中的糠氨酸含量（Marconi *et al.*，2002）。

（六）数据分析

所有数据均表示为平均值±标准偏差（SD）。使用 IBM SPSS Statistics 19.0 进行统计分析，$p<0.05$ 时则认为结果之间存在显著性的统计差异。

三、结果与讨论

（一）HPLC 方法的建立

为了探明 ATP 关联化合物是否可以用作蜂王浆新鲜度的评价指标，有必要建立

一种快速可靠的方法来同时测定蜂王浆中的 ATP 及其关联化合物。本研究建立了一种快速、简单、灵敏的 HPLC 方法，用于分离和定量蜂王浆中的 ATP、ADP、AMP、IMP、HxR、Hx、Ao 和 Ai。图 5-7 显示了混合标准品和真实样品的典型 HPLC 色谱图。相关系数值（$R^2 > 0.9958$）表明化合物浓度与其峰面积之间具有良好的相关性。

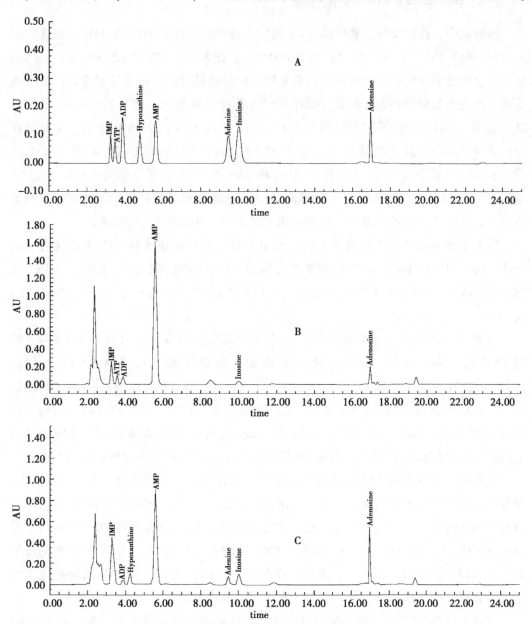

图 5-7　标准品和实际样品中 ATP 及关联化合物的 HPLC 色谱图

Fig. 5-7　HPLC chromatograms of ATP-related compounds present in
standards（A），fresh sample（B）and stale sample（C）

LOD 和 LOQ 分别为 0.22~0.42 mg/kg 和 0.37~1.40 mg/kg，方法的回收率为 86.0%~ 102.3%，日内和日间精密度 RSD（相对标准偏差）<3.4%。结果表明，此方法可用于分析蜂王浆中的 ATP 及其相关组分。

（二）蜂王浆中的 ATP 相关化合物

该研究中，在新鲜蜂王浆样品（$n=16$）中检测到 ATP、ADP 和 AMP，浓度分别为（39.53±7.23）mg/kg，（332.87±104.15）mg/kg 和（4 342.10±2 298.24）mg/kg。这些化合物的浓度在蜂王浆样品中各有不同，但是样品间的含量明显有差异，这可能是基于植物来源或饲料差异而致，该结果与先前的研究结果一致（Xue et al.，2009；Zhou et al.，2012）。随着贮存时间的延长，ATP、ADP 和 AMP 浓度降低，尤其是在高温条件下。在室温下贮存 35 d 或在 30℃下贮存 28 d 后的蜂王浆样品中无 ATP 检出。在 30℃下贮存 35 d 的蜂王浆中 ADP 和 AMP 的检出浓度分别为（6.94±3.40）mg/kg 和（1 861.75±1 114.36）mg/kg，显著低于新鲜蜂王浆样品中的浓度。在高温条件下，这些核苷酸迅速减少，可能导致 IMP 和 Ao 的快速和暂时积累。

图 5-8 中显示了在不同温度下贮存 57 d 后蜂王浆样品中 5 种 ATP 关联化合物的变化。IMP、HxR、Hx、Ao 和 Ai 的浓度分别为（1 377.09±562.11）mg/kg，（46.59±29.54）mg/kg，（0.78±0.72）mg/kg，（499.25±281.56）mg/kg 和（8.25±6.28）mg/kg。

大多数 ATP 关联化合物的浓度在−18℃贮存期间没有变化。然而，当在 4℃下贮存 57 d 时，Hx、Ao 和 Ai 的浓度显著增加，分别达到（17.01±3.94）mg/kg，（917.36±597.90）mg/kg 和（28.54±15.88）mg/kg。在 4℃时，IMP 在 14 d 后增加至（1 543.18±641.32）mg/kg，随后在 57 d 时降至（1 267.74±533.24）mg/kg。在 4℃贮存条件下，HxR 达到（97.54±34.27）mg/kg 并在第 98 d 降至（78.22±30.22）mg/kg。这些结果表明，在−18℃和 4℃贮存条件下，目标化合物的浓度变化不大。

在高温（即室温和 30℃）贮存后，ATP 相关化合物的浓度变化较大。在室温下，保存 7 d 后 IMP 的浓度增加至（1 515.70±641.32）mg/kg，随后在保存 57 d 时降至（616.68±336.32）mg/kg。与此相似，室温条件下，HxR 浓度在第 28 d 时可增加至（89.99±33.31）mg/kg，57 d 时则降至（60.64±29.54）mg/kg。IMP 和 HxR 的降解和形成是同时进行的。此外，在高温贮存条件下，早期时 IMP 和 HxR 的降解速率大于形成速率，而后期阶段，其降解速率则小于形成速率。

室温下保存 57 d 后，蜂王浆中 Hx、Ao 和 Ai 的浓度分别增加至（70.04±14.98）mg/kg、（2 936.64±1 885.19）mg/kg 和（91.92±53.36）mg/kg，显著高于同批次样品低温保存时的浓度，这可能是由于 ATP 在高温下降解加快造成的。该发现与已有的报道结果一致（Zhou et al.，2012）。

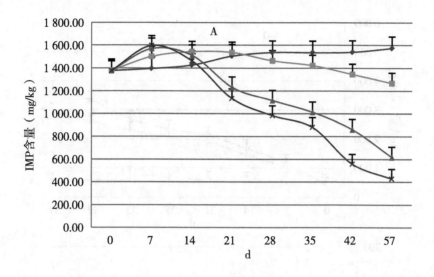

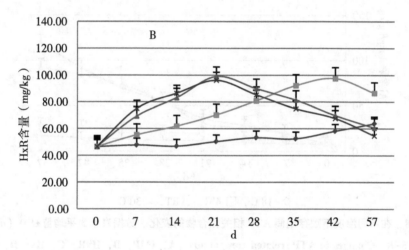

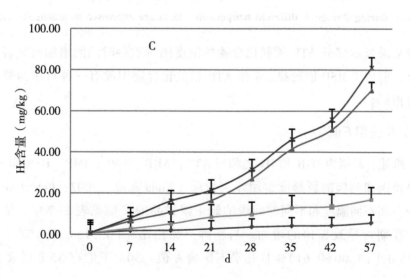

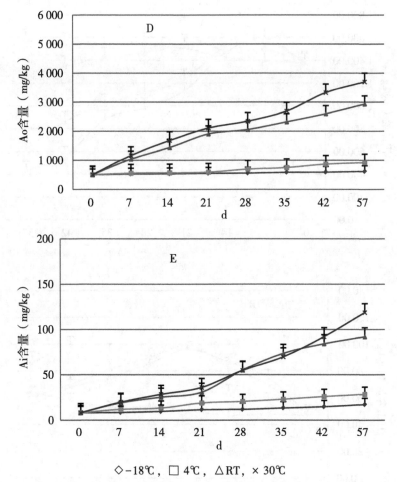

◇-18℃，□ 4℃，△RT，× 30℃

图 5-8　在不同温度下贮存期间 ATP 相关化合物的变化。数据表示为平均值±SD（$n=16$）

Fig. 5-8　Changes in ATP-related compounds（A，IMP；B，HxR；C，Hx；D，Ai；E，Ao）during storage at different temperature. Data are expressed as mean±SD（$n=16$）

尽管结果显示部分 ATP 关联化合物的浓度随着贮存时间的增加而显著且连续地发生变化，但由于 RSD 值较高，8 种 ATP 相关化合物中没有一种可作为蜂王浆新鲜度的评价指标。

（三）K 值和 F 值

由上所述，K 值为 HxR 和 Hx 之和与 ATP、ADP、AMP、IMP、HxR 和 Hx 之和的比值，是鱼肉和鸡肉的新鲜度常用评判指标（Kuda *et al.*，2007；Itoh *et al.*，2013）。本研究中，在不同温度和不同时间段的蜂王浆样品的 K 值见表 5-7 中。结果表明高温和长贮存期可导致 K 值的增加。与新鲜产品相比 [（0.77±0.29）%]，在-18℃下贮存 35 d [（1.00±0.61）%] 几乎不影响 K 值；30℃下贮存 35 d 后 K 值则显著

表5-7　蜂王浆在不同温度和不同时间段贮存的 F 值（%）和 K 值（%）

Tab. 5-7　F-value (%) and K-value (%) of RJ stored at different temperatures and for different periods of time

		0 d	7 d	14 d	21 d	28 d	35 d	42 d	57 d	98 d
F-value	-18℃	8.35±1.24	9.21±1.13	9.33±1.03	9.79±1.23	9.76±0.91	10.54±1.28	10.61±0.91	11.35±1.28	12.07±1.15
	4℃	8.35±1.24	9.67±1.18	9.97±1.34	11.26±2.35	13.69±0.99	14.48±1.64	18.04±2.09	19.76±2.28	26.87±2.63
	RT	8.35±1.24	17.69±1.51	25.83±4.43	33.90±2.65	38.90±3.78	46.45±4.28	51.76±5.61	61.57±4.08	
	30℃	8.35±1.24	19.98±1.88	29.67±2.38	38.43±4.13	44.0±3.51	51.62±5.56	64.34±4.75	71.29±5.92	
K-value	-18℃	0.77±0.29	0.85±0.48	0.85±0.54	0.93±0.49	0.99±0.71	1.00±0.61	1.11±0.87	1.25±0.59	1.65±1.01
	4℃	0.77±0.29	0.99±0.41	1.18±0.62	1.46±0.93	1.76±1.19	2.11±1.53	2.39±1.53	2.41±1.81	2.52±1.48
	RT	0.77±0.29	1.42±0.83	2.05±1.18	2.82±2.73	3.21±2.63	4.01±3.68	4.39±3.74	6.16±5.44	
	30℃	0.77±0.29	1.60±0.98	2.35±1.58	3.12±2.63	3.56±3.04	4.21±3.98	5.96±5.36	7.92±6.91	

上升〔(4.21±3.98)%〕。分析结果发现 K 值低，变化较大，而这种差异与蜂王浆的贮存条件无明显相关，因此，K 值不适合作为蜂王浆新鲜度的评价指标。

部分 AMP 和 IMP 分子可以去磷酸化为 Ao 和 Ai（Sottofattori *et al.*, 2001）。F 值定义为 Ao、Ai、HxR 和 Hx 之和与 ATP、ADP、AMP、IMP、HxR、Hx、Ao 和 Ai 之和的百分比，F 值可能是蜂王浆新鲜度评价的潜在指标（表 5-8）。结果表明，新收获的蜂王浆的 F 值为（8.35±1.24)%。随着贮藏时间和温度的增加，F 值随之增加，如在室温和 30℃下保存 57 d 后，F 值分别增加至（61.57±4.08)% 和（71.29±5.92)%。另一方面，在 -18℃ 和 4℃ 保存蜂王浆样品时，F 值在第 57 d 时分别为（11.35±1.28)% 和（19.76±2.28)%，随后在 98 d 时分别增加到（12.07±1.15)% 和（26.87±2.63)%。在相似的保存时间，高温条件下（室温和 30℃）测定的 F 值显著高于在低温下的 F 值。这种差异仅可能是由于贮存过程不同形成的，因此，F 值可以作为蜂王浆新鲜度评价的指标。

表 5-8　不同温度下 F 值与贮存持续时间之间的关系

Tab. 5-8　Relationship between F-value and storage duration at different temperatures for RJ

贮存温度 storing temperature	线性方程 regressive equation	线性相关 correlation coefficient（R^2）	测试天数 test range
-18℃	$y = 0.036x + 8.876$	0.922	0~98
4℃	$y = 0.197x + 8.044$	0.961	0~98
RT	$y = 0.934x + 11.72$	0.983	0~57
30℃	$y = 1.121x + 12.35$	0.977	0~57

表 5-8 显示了不同温度下 F 值与保存时间之间的关系。在 -18℃、4℃、RT 和 30℃ 下保存的样品的相关系数（R^2）值分别为 0.922、0.961、0.983 和 0.977，表明 F 值和贮存时间之间的良好线性相关性。当评估蜂王浆样品的 F 值时，可以使用该公式确定样品的等效保存时间（在 -18℃、4℃、RT 或 30℃ 的保存时间）。

蜂王浆是一种极易腐烂变质的物质，因此，需要在 4℃ 下进行短期保存，或在 -18℃ 进行长期保存。Zheng 等人建议在 4℃ 下蜂王浆新鲜度可保持至少一个月（Zheng *et al.*, 2012）。在中国生产实践中，建议将蜂王浆在 4℃ 下保存不超过 60 d 或在高温（<30℃）下保存不超过 7 d，相应的 F 值为 20%。因此，F 值为 20% 是本研究中计算的蜂王浆新鲜度阈值，以此为标准，新鲜蜂王浆在 4℃ 下保存等效时间为 60.69 d，在 30℃ 下保存时间为 6.82 d。

（四）实际样品分析

糠氨酸被认为是评价蜂王浆质量和新鲜度的指标（Marconi *et al.*, 2002；Messia *et*

al.，2005）。因此，确定 F 值和糠氨酸之间的关系可以验证 F 值是否可作为蜂王浆新鲜度评价的合理指标。图 5-9 显示了在室温下保存 0，14，28，42 和 57 d 时蜂王浆样品中 F 值和糠氨酸的线性相关性。线性方程为 F 值（%）= 0.4314×糠氨酸（mg/100g 蛋白质）+3.6601。得到的 R^2 值（0.9529）表明 F 值测定反映了糠氨酸的含量，因此可以反映蜂王浆的新鲜度。例如，如果蜂王浆的 F 值为 35.90%，则糠氨酸的相应含量为 74.79 mg/100g 蛋白质，这表明在室温下大约 28 d 的等效贮存时间。结果与先前的研究一致（Marconi et al.，2002）。最近，研究人员开发了一种基于 ATP 关联化合物的鱼新鲜度的现场测定设备，基于 F 值的发现，这种设备在蜂王浆新鲜度的现场评价具有潜在的应用价值，基于本研究可以发明用于蜂王浆新鲜度评价的现场测定的便携设备（Itoh et al.，2013）。

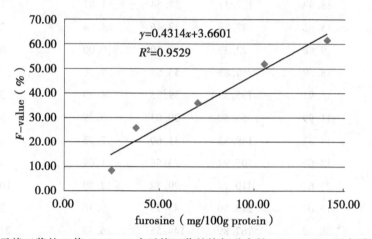

y 表示蜂王浆的 F 值（%）；x 表示蜂王浆的糠氨酸含量（mg／100g 蛋白质）

图 5-9　蜂王浆中 F 值和糠氨酸之间的线性回归

y represents the F-value of RJ（%）；x represents the furosine content of RJ（mg/100 g protein）

Fig. 5-9　Linear regression between F-value and furosine in RJ

通过我们建立的 HPLC 方法分析来自浙江企业的 8 个蜂王浆样品（F 蜂王浆）的 ATP 关联化合物和 8 个市场上蜂王浆样品（C 蜂王浆），计算不同样品的 F 值及其等效保存时间，结果见表 5-9。新鲜蜂王浆的平均 F 值为（14.03±2.73）%，在此范围内，30℃时的等效贮存时间为 1.83 d，显著低于 C 蜂王浆为（21.12±7.84）%，C 蜂王浆在 30℃的等效贮存时间约为 7.82 d。值得注意的是，新鲜蜂王浆样品的 F 值<18.59%，表明蜂王浆比较新鲜。然而，8 个市场上蜂王浆样本中 3 个样品中的 F 值>20%，为 23.67%、27.79% 和 36.52%，30℃时的等效贮存时间分别约为 10.10 d、13.77 d 和 21.56 d。测定结果显示所有低新鲜度蜂王浆的样品都来自小型企业或蜂厂。其潜在的原因可能是这样小型企业缺少相关的蜂王浆贮存设备或条件，无法实现蜂王浆的合理保存。如果这些结果是正确的，那么这项研究的结果表明目前蜂王浆的贮存条件需要监控，从而确保蜂王浆的高新鲜度和高质量，有必要在蜂王浆处理和贮存期间制定更严格的保存措施。

表 5-9　不同蜂王浆样品的 F 值及其等效保存时间

Fig. 5-9　The F-values of different samples and their equivalent biochemical age

样品 samples	F 值 F-value （%）	对应的保存时间 equivalent biochemical age（d）			
		−18℃	4℃	RT	30℃
FRJ1	13.47	127.11	27.54	1.87	1.00
FRJ2	15.62	187.33	38.46	4.18	2.92
FRJ3	9.68	22.33	8.30	0.00	0.00
FRJ4	18.59	269.83	53.53	7.36	5.57
FRJ5	15.91	195.39	39.93	4.49	3.18
FRJ6	11.99	86.50	20.03	0.29	0.00
FRJ7	14.27	149.83	31.60	2.73	1.71
FRJ8	12.69	105.94	23.58	1.04	0.30
CRJ1	23.67	410.94	79.32	12.79	10.10
CRJ2	16.67	216.50	43.79	5.30	3.85
CRJ3	36.52	767.89	144.55	26.55	21.56
CRJ4	18.95	279.83	55.36	7.74	5.89
CRJ5	15.71	189.83	38.91	4.27	3.00
CRJ6	27.79	525.39	100.23	17.21	13.77
CRJ7	12.79	108.72	24.09	1.15	0.39
CRJ8	16.83	220.94	44.60	5.47	4.00

四、小　结

综上所述，F 值是蜂王浆新鲜度的新型指标。在这项研究中，F 值随贮存时间的增加而增加，且与贮存温度和时间呈现良好的线性相关性。当用 F 值评估蜂王浆样品时，可以使用线性方程计算蜂王浆样品的等效贮存时间。将来，可以开发使用基于 F 值的小型快速检测设备实现蜂王浆新鲜度的现场评价。蜂农和采购商可以方便地、快速地评判蜂王浆的新鲜度。该方法还有助于建立蜂王浆新鲜度的评价标准，并为蜂王浆的采集、包装和贮存过程提供更精准的措施要求。

参考文献

Agustini T W, Suzuki T, Hagiwara T, *et al.*. 2001. Change of K-value and water state of yellowfin tuna *Thunnus albacares* meat stored in a wide temperature range (20~84℃) [J]. Fisheries Science, 67, 306-313.

Alam MN, Szymusiak R, Gong H, *et al.*. 1999. Adenosynergic modulation of rat basal forebrain neurons during sleep and waking: Neuronal recording with microdialysis [J]. Journal of Physiology, 521: 679-690.

Asteriadis G, Armbruster M, Gilham P. 1976. Separation of oligonucleotides, nucleotides, and nucleosides on columns of polystyrene anion-exchangers with solvent systems containing ethanol [J]. Analytical Biochemistry, 70 (1): 64-74.

Basheer R, Strecker RE, Thakkar M, *et al.*. 2004. Adenosine and sleep-wake regulation [J]. Progress in Neurobiology, 73: 379-396.

Brink A, Lutz U, Volkel W, *et al.*. 2006. Simultaneous determination of O6-methyl-20-deoxyguanosine, 8-oxo-7, 8-dihydro-20-deoxyguanosine, and 1, N6-etheno-20-deoxyadenosine in DNA using on-line sample preparation by HPLC column switching coupled to ESI-MS/MS [J]. Journal of Chromatography B, 830: 255-261.

Cahours X, Dessans H, Morin P, *et al.*. 2000. Determination at ppb level of an anti-human immunodeficiency virus nucleoside drug by capillary electrophoresis-electrospray ionization tandem mass spectrometry [J]. Journal of Chromatography A, 895: 101-109.

Carver JD. 2003. Advances in nutritional modifications of infant formulas. The American [J]. Journal of Clinical Nutrition, 77 (6): 1550-1554.

Chen C S, Chen S Y. 1995. Changes in protein components and storage stability of royal jelly under various conditions [J]. Food chemistry, 54, 195-200.

Chen F, Zhang F, Yang N, *et al.*. 2014. Simultaneous determination of 10 nucleosides and nucleobases in Antrodia camphorata using QTRAP LC-MS/MS [J]. Journal of Chromatographic Science, 52 (8): 852-861.

Cheung H, Ng C, Hood D. 2001. Identification and quantification of base and nucleoside markers in extracts of Ganoderma lucidum, Ganoderma japonicum and Ganoderma capsules by micellar electrokinetic chromatography [J]. Journal of Chromatography A, 911 (1): 119-126.

Coolen EJ, Arts IC, Swennen EL, *et al.*. 2008. Simultaneous determination of adenosine triphosphate and its metabolites in human whole blood by RP-HPLC and UV-detection [M]. Journal of Chromatography B, 864 (1): 43-51.

Crane E. 1990. Bees and beekeeping-science, practice and world resources [M]. Oxford, UK: Heinemann Newnes.

Daniele G, Casabianca H. 2012. Sugar composition of French royal jelly for comparison with commercial and artificial sugar samples [J]. Food Chemistry, 134 (2): 1025-1029.

Enzo S, Maria A, Luciano O. 2001. HPLC determination of adenosine in human synovial fluid [J]. Journal of Pharmaceutical and Biomedical Analysis, 24: 1143-1146.

Fan H, Li SP, Xiang JJ, et al.. 2006. Qualitative and quantitative determination of nucleosides, bases and their analogues in natural and cultured Cordyceps by pressurized liquid extraction and high-performance liquid chromatography-electrospray ionization tandem mass spectrometry (HPLC-ESI-MS/MS) [M]. Analytica Chimica Acta, 567: 218-228.

Fujiwara S, Imai J, Fujiwara M, et al.. 1990. A potent antibacterial protein in royal jelly. Purification and determination of the primary structure of royalisin [J]. Journal of Biological Chemistry, 265, 11333-11337.

Fukuuchi T, Yasuda M, Inazawa K, et al.. 2013. A simple HPLC method for determining the purine content of beer and beer-like alcoholic beverages [J]. Analytical Sciences: The International Journal of the Japan Society for Analytical Chemistry, 29 (5): 511-515.

Gao JL, Leung KSY, Wang Y, et al.. 2007. Qualitative and quantitative analyses of nucleosides and nucleobases in Ganoderma spp. by HPLC-DAD-MS [J]. Journal of Pharmaceutical and Biomedical Analysis, 44: 807-811.

Gong Y X, Li SP, Lia P, et al.. 2004. Simultaneous determination of six main nucleosides and bases in natural and cultured Cordyceps by capillary electrophoresis [J]. Journal of Chromatography A, 1055: 215-221.

Graham J M. 1992. The hive and the honey bee [J]. Dadant & Sons.

Hattori N, Nomoto H, Mishima S, et al.. 2006. Identification of AMP N 1-oxide in royal jelly as a component neurotrophic toward cultured rat pheochromocytoma PC12 cells [J]. Bioscience, Biotechnology, and Biochemistry, 70 (4): 897-906.

Itoh D, Koyachi E, Yokokawa M, et al.. 2013. Microdevice for on-site fish freshness checking based on K-value measurement [J]. Analytical Chemistry, 85, 10962-10968.

Kamakura M, Fukuda T, Fukushima M, et al.. 2001. Storage-dependent degradation of 57-kDa protein in royal jelly: A possible marker for freshness [J]. Bioscience Biotechnology and Biochemistry, 65, 277-284.

Kamakura M. 2012. Royalactin induces queen differentiation in honeybees [J]. Genes and Genetic Systems, 87, 388-388.

Kieszling PE, Scriba GK, Susz F, et al.. 2004. Development and validation of a high-performance liquid chromatography assay and a capillary electrophoresis assay for the analysis of adenosine and the degradation product adenine in infusions [J]. Journal of Pharmaceutical and Biomedical Analysis, 36: 535-539.

Kim J, Lee J. 2011. Observation and quantification of self-associated adenosine extracted from royal jelly products purchased in USA by HPLC [J]. Food Chemistry, 126 (1): 347-352.

Kuda T, Fujita M, Goto H, et al.. 2007. Effects of freshness on ATP-related compounds in retorted chub mackerel Scomber japonicus [J]. LWT-Food Science and Technology, 40 (7): 1186-1190.

Kuda T, Fujita M, Goto H, et al.. 2008. Effects of retort conditions on ATP-related compounds in pouched fish muscle [J]. LWT - Food Science and Technology, 41 (3): 469-473.

Lavillaa I, Vilasa P, Bendicho C. 2008. Fast determination of arsenic, selenium, nickel and vanadium in fish and shellfish by electrothermal atomic absorption spectrometry following ultrasound-assisted extraction [J]. Food Chemistry, 106: 403-409.

Li J, Wang T, Zhang Z, et al.. 2007. Proteomic analysis of royal jelly from three strains of western honeybees (*Apis mellifera*) [J]. Journal of Agricultural and Food Chemistry, 55, 8411-8422.

Li S, Su Z, Dong T, et al.. 2002. The fruiting body and its caterpillar host of Cordyceps sinensis show close resemblance in main constituents and anti-oxidation activity [J]. Phytomedicine, 9 (4): 319-324.

Liu P, Li YY, Li HM, et al.. 2011. Determination of thenucleosides and nucleobases in Tuber samples by dispersive solid-phase extraction combined with liquid chromatography-mass spectrometry [J]. Analytica Chimica Acta, 687 (2): 159-167.

Marconi E, Caboni M F, Messia M C et al.. 2002. Furosine: A suitable marker for assessing the freshness of royal jelly [J]. Journal of Agricultural and Food Chemistry, 50, 2825-2829.

Marko P, Pechan J, Vittek J. 1964. Some phosphorus compounds in royal jelly [J]. Nature, 202: 188-189.

Mendes R, Quinta R, Nunes M L. 2001. Changes in baseline levels of nucleotides during ice storage of fish and crustaceans from the Portuguese coast [J]. European Food Research and Technology, 212, 141-146.

Messia M C, Caboni M F, Marconi E. 2005. Storage stability assessment of freeze-dried royal jelly by furosine determination [J]. Journal of Agricultural and Food Chemistry, 53, 4440-4443.

Moritz RF, Southwick EE. 1992. Bees as superorganisms: An evolutionary reality [M]. Springer Verlag.

Nagai T, Inoue R. 2004. Preparation and the functional properties of water extract and alkaline extract of royal jelly [J]. Food Chemistry, 84: 181-186.

Nagai T, Inoue R, Suzuki N, et al.. 2006. Antioxidant properties of enzymatic hydrolysates from royal jelly [J]. Journal of Medicinal Food, 9 (3): 363-367.

Nagai T, Sakai M, Inoue R, et al.. 2001. Antioxidative activities of some commercially honeys, royal jelly, and propolis [J]. Food Chemistry, 75, 237-240.

Noriko H, Hiroshi N, Satoshi M, et al.. 2006. Identification of AMP N1-oxide in royal jelly as a component neurotrophic toward cultured rat pheochromocytoma PC12 cells [J]. Bioscience, Biotechnology and Biochemistry, 70 (4): 897-906.

O'Donnell M. 2008. Insect excretory mechanisms [J]. Advances in Insect Physiology, 35: 1–122.

Olah ME, Stiles GL. 1992. Adenosine receptors [J]. Annual Reviews -Physiology, 54: 211–225.

Olah ME, Stiles GL. 1995. Adenosine receptor subtypes: Characterization and therapeutic regulation [J]. Annual Reviews-Pharmacology and Toxicology, 35: 581–606.

Pacheco-Aguilar R, Lugo-Sanchez M E, Robles-Burgueno M R. 2000. Postmortem biochemical and functional characteristic of Monterey sardine muscle stored at 0℃ [J]. Journal of Food Science, 65, 40–47.

Palma MS. 1992. Composition of freshly harvested Brazilian royal jelly: Identification of carbohydrates from the sugar fraction [J]. Journal of Apicultural Research, 31: 42–44.

Piana L. 1996a. Royal jelly. In: Krell R. (Ed.). Value added products from beekeeping, FAO Agric-Serv Bulletin 124: 195–226.

Piana, L. 1996b. Royal jelly. In: Krell R. (Ed.). Value added products from beekeeping, FAO Ag-ricServ Bulletin, 124: 190–191.

Ramadan M F, Al-Ghamdi A. 2012. Bioactive compounds and health-promoting properties of royal jelly: A review [J]. Journal of Functional Foods, 4, 39–52.

Sabatini AG, Marcazzan GL, Caboni MF et al.. 2009. Quality and standardisation of royal jelly [J]. Journal of ApiProduct and ApiMedical Science, 1 (1): 1–6.

Sanchez AN, Priego CF, Luque, et al.. 2007. Ultrasoundassisted extraction and silylation prior to gas chromatography-mass spectrometry for the characterization of the triterpenic fraction in olive leaves [J]. Journal of Chromatography A, 1165: 158–165.

Scarselli R, Donadio E, Giuffrida MG et al.. 2005. Towards royal jelly proteome [J]. Proteomics, 5 (3): 769–776.

Schlimme E, Martin D, Meisel H. 2000. Nucleosides and nucleotides: natural bioactive substances in milk and colostrum [J]. British Journal of Nutrition, 84 (S1): 59–68.

Schwander T, Lo N, Beekman M, et al.. 2010. Nature versus nurture in social insect caste differentiation [J]. Trends in Ecology and Evolution, 25, 275–282.

Sesta G. 2006. Determination of sugars in royal jelly by HPLC [J]. Apidologie, 37 (1): 84.

Sottofattori F, Anzaldi M, Ottonello L. 2001. HPLC determination of adenosine in human synovial fluid [J]. Journal of Pharmaceutical and Biomedical Analysis, 24, 1143–1146.

Tzeng HF, Hung CH, Wang JY, et al.. 2006. Simultaneous determination of adenosine and its metabolites by capillary electrophoresis as a rapid monitoring tool for 50-nucleotidase activity [J]. Journal of Chromatography A, 1129: 149–152.

VecianaNogues M T, IzquierdoPulido M, VidalCarou M C. 1997. Determination of ATP related compounds in fresh and canned tuna fish by HPLC [J]. Food chemistry, 59, 467–472.

Wei W T, Hu Y Q, Zheng H Q, et al.. 2013. Geographical influences on content of 10-hydroxy-trans-2-decenoic acid in royal jelly in China [J]. Journal of Economic Entomology, 106, 1958–1963.

Whiting MJ, Doogue MP. 2009. Advances in biochemical screening for phaeochromocytoma using biogenic amines [J]. The Clinical Biochemist Reviews, 30 (1): 3.

Winston M L. 1991. *The biology of the honey bee* [M]. Cambridge, USA: Harvard University Press.

Wu L, Zhou J, Xue X, *et al.*. 2009. Fast determination of 26 amino acids and their content changes in royal jelly during storage using ultra-performance liquid chromatography [J]. Journal of Food Composition and Analysis, 22, 242-249.

Xue X F, Zhou J H, Wu L M, *et al.*. 2009. HPLC determination of adenosine in royal jelly [J]. Food chemistry, 115, 715-719.

Xue X, Wang F, Zhou J, *et al.*. 2009. Online cleanup of accelerated solvent extractions for determination of adenosine 5′-triphosphate (ATP), adenosine 5′-diphosphate (ADP), and adenosine 5′-monophosphate (AMP) in royal jelly using high-performance liquid chromatography [J]. Journal of Agriculture and Food Chemistry, 57 (11): 4500-4505.

Yan SK, Luo GA, Wang YM, *et al.*. 2006. Simultaneous determination of nine components in Qingkailing injection by HPLC/ELSD/DAD and its application to the quality control [J]. Journal of Pharmaceutical and Biomedical Analysis, 40: 889-895.

Yang F, Guan J, Li S. 2007. Fast simultaneous determination of 14 nucleosides and nucleobases in cultured Cordyceps using ultra-performance liquid chromatography [J]. Talanta, 73 (2): 269-273.

Yang FQ, Ge L, Yong JW. *et al.*. 2009. Determination of nucleosides and nucleobases in different species of Cordyceps by capillary electrophoresis-mass spectrometry [J]. Journal of Pharmaceutical and Biomedical Analysis, 50 (3): 307-314.

Zhao F, Wu Y, Guo L, *et al.*. 2013. Using proteomics platform to develop a potential immunoassay method of royal jelly freshness [J]. European Food Research and Technology, 236, 799-815.

Zheng H Q, Wei W T, Wu L M, *et al.*. 2012. Fast determination of royal jelly freshness by a chromogenic reaction [J]. Journal of Food Science, 77, S247-S252.

Zhou G, Pang H, Tang Y, *et al.*. 2014. Hydrophilic interaction ultra-performance liquid chromatography coupled with triple-quadrupole tandem mass spectrometry (HILIC-UPLC-TQ-MS/MS) in multiple-reaction monitoring (MRM) for the determination of nucleobases and nucleosides in ginkgo seeds [J]. Food Chemistry, 150: 260-266.

Zhou J, Zhao J, Yuan H, *et al.*. 2007. Comparison of UPLC and HPLC for determination of trans-10-hydroxy-2-decenoic acid content in royal jelly by ultrasound-assisted extraction with internal standard [J]. Chromatographia, 66 (3-4): 185-190.

Zhou L, Xue X, Zhou J, *et al.*. 2012. Fast determination of adenosine 5′-triphosphate (ATP) and its catabolites in royal jelly using ultraperformance liquid chromatography [J]. Journal of Agriculture and Food Chemistry, 60 (36): 8994-8999.

第六章　蜂王浆内源性有害物质检测新方法及其利用

第一节　蜂王浆中糠醛类物质含量的测定及其在贮存中的变化

本节建立了同时测定蜂王浆中 5-羟甲基-2-糠醛（5-HMF）、5-甲基糠醛（5-MF）、2-糠醛（F）、2-糠酸（2-OIC）、3-糠酸（3-OIC）、5-羟甲基-2-糠酸（5-HMF acid）6 种糠醛类物质含量的 HPLC 分析方法。结果表明，在测试范围内，6 种糠醛类物质的浓度与相应的峰面积呈线性关系，相关系数（R^2）不小于 0.9993。方法定量和定性检出限分别在 0.07~0.26 μg/mL 和 0.02~0.08 μg/mL，加标回收率为 83.98%~102.3%，相对标准偏差小于 2.40%。方法操作简单，灵敏度高，是一种适合蜂王浆中 6 种糠醛类化合物测定的方法。

定量测定了不同贮存条件下蜂王浆 6 种糠醛类物质的含量。结果表明，在新采收的蜂王浆中没有检出这 6 种物质；而在经过不同时间贮存后，4 个温度梯度的样品中均检出了 5-HMF，其含量随着贮存时间增加和温度升高而增加，变化幅度为 25℃ > 16℃ > 4℃ > -18℃；在 12 个月的试验期内，仅在 25℃ 下贮存的蜂王浆中检出了 F。根据 5-HMF 和 F 含量与贮存时间和温度的相关性，结合蜂王浆贮存的实践经验，初步选定 5-HMF 含量为 150 μg/kg 和 F 不得检出为蜂王浆新鲜度评价的阈值。研究结果表明，美拉德反应产物 5-HMF 和 F 有可能作为评价蜂王浆品质和新鲜度的指标。

一、概　述

5-羟甲基-2-糠醛（5-HMF）是食品贮存过程中常见的一种环状醛类物质，它的产生通常有两条途径：第一，在酸性条件下，食品中的单糖降解为 5-HMF；第二，食品中的糖类物质与游离胺基之间发生美拉德反应形成 5-HMF 及其他糠醛类物质（Tomlinson et al.，1993；Friedman，1996；Berg et al.，1994）。在这个过程中，反应造成了食品中部分氨基酸降解，并产生一些损害营养的物质，其中部分可能还是有毒性的。因此，5-HMF 及其他相关化合物的研究已经成为食品研究的焦点之一

（Porreta，1992；Chih-Yu et al.，2008）。

糠醛类物质的含量是研究食品在加工贮藏过程中质量发生变化的一个重要参数，尤其是糠醛（F）和 5-羟甲基糠醛（HMF）目前已经被用作衡量许多食品是否过度受热和贮存时间是否过长的指标，如蜂蜜（Jeurings & Kuppers，1980；Maria et al.，2001；Nadia et al.，2008），奶粉（Ferrer et al.，2000a；Albala-Hurtado et al.，1998；Espinosa et al.，1992），橘汁（Espinosa et al.，1992；Marcy & Rouseff，1984；Tu et al.，1992），葡萄汁（Espinosa et al.，1992；Fuleki & Pelayo，1993），酒类（Foster et al.，2001；Shimizu et al.，2001；Spillman et al.，1998）等。糠醛类物质有可能导致基因突变和引起 DNA 链断裂，食用含过多糠醛的食品可能会对人体健康造成伤害（Omura et al.，1983），因此，世界各国均对食品中羟甲基糠醛的含量做了限量规定，一般不得超过 20 mg/kg。

正是因为 5-HMF 等糠醛类物质可以作为一些食品的质量指标，科研工作者对其展开了大量研究，形成了很多的测定方法。如紫外分光光度法（Winkler，1955；Anam & Dart，1995），液相色谱法（Castellari et al.，2001；Nozal et al.，2001；Coco et al.，1995；Ramirez-Jimenez et al.，2003；Ferrer et al.，2002；Rufian-Henares，2006；Zappala et al.，2005；），液相色谱质谱法（Gokmen & Senyuva，2005；Teixidó et al.，2008），气相色谱质谱法（Horvath & Molnar-Perlerl，1998；Monlnar-Perl et al.，1998；Teixid et al.，2006）。这些方法广泛应用于测定蜂蜜、果汁、面包等食品中的糠醛类物质。

但紫外分光光度法的主要缺点是有显色剂硫代巴比妥酸不能与 5-HMF 等糠醛类物质特异性结合，加上反应产物不稳定，对反应时间和温度要求比较严格等特点，容易造成定量的不准确；气相色谱质谱法需要复杂的柱前衍生过程（Horvath & Molnar-Perlerl，1998）。而液相色谱法可以同时对多种组分进行分离，因此现在多用液相色谱方法进行多种糠醛类物质的分离测定（Maria et al.，2001；Chavez-Servin et al.，2005；Ferrer et al.，2002）。

蜂王浆化学组成非常复杂，含有大量的单糖、蛋白质等物质且呈酸性，满足了糠醛类物质形成的基本条件。在蜂王浆的贮存过程中（尤其是在较高温度下或较长时间贮存时），各组分之间不可避免地会发生一些化学反应。美拉德反应是其中最主要的反应之一，这个反应与单糖在酸性条件下降解和脂质过氧化都是引起蜂王浆贮存和加工过程中发生褐变的重要原因（Friedman，1996；Tomlinson et al.，1993；Berg & Boekel，1994）。在引起褐变的同时，反应还会在蜂王浆中积聚糠醛类物质，如糠醛（Furfural，F）和 5-羟甲基糠醛（5-hydroxymethylfurfural，HMF）等（Espinosa et al.，1992；Tu et al.，1992）。

测定蜂王浆中糠醛类物质含量有助于对蜂王浆新鲜度及其存贮、加工条件进行评价。但目前还没有蜂王浆中羟甲基糠醛等糠醛类物质含量分析的报道，更没有进行糠醛类物质含量变化与蜂王浆贮存相关性的研究报道。

本节的目的在于建立一种同时测定蜂王浆中 6 种糠醛类物质，即 5-羟甲基-2-糠醛（5-hydroxymethyl-2-furaldehyde，hydroxymethylfurfural，5-HMF）、5-甲基糠醛（5-methyl-2-furaldehyde，5-MF）、2-糠醛（2-furaldehyde，furfural，F）、2-糠酸（furan-2- carboxylic acid，2-furoic acid，2-OIC）、3-糠酸（furan-3-carboxylic acid，3-furoic acid，3-OIC）、5-羟甲基-2-糠酸（5-Hydroxymethyl-2-furancarboxylic acid，5-HMF acid）的液相色谱分析方法，并分析不同温度下（-18℃、4℃、16℃和 25℃）贮存不同时间（1 个月、3 个月、6 个月、9 个月、12 个月）的蜂王浆中这 6 种糠醛类物质的含量变化情况，以期找到与蜂王浆贮存条件相关的新鲜度评价指标。

二、材料与方法

（一）试验仪器

（1）高效液相色谱仪（P680，DIONEX 公司），包括：P680 四元梯度洗脱泵 ASI-100 自动进样器，UVD170UV 检测器，TCC-100 柱温箱，CHROMELEON 工作站。

（2）2K15 型高速离心机（SIGMA 公司）。

（3）VORTEX-QilinBeier©-5 涡旋振荡器。

（4）KQ-100B 型超声波清洗器（昆山市超声仪器有限公司）。

（5）德国 SKRTORITUS AG GOTTINGEN 电子天平，感量 0.0001g。

（6）Milli-Q 纯水机（BEDFORD，MA，美国）。

（二）试验试剂

（1）标准品：5-羟甲基-2-糠醛（5-HMF）、5-甲基糠醛（5-MF）、2-糠醛（F）、2-糠酸（2-OIC）、3-糠酸（3-OIC）、5-羟甲基-2-糠酸（5-IIMF acid），购自 Sigma 公司。

（2）甲酸（色谱纯，DIMA 公司）。

（3）甲醇（色谱纯，J. K. BAKER 公司）。

（4）乙酸锌溶液（150 g/L）。

（5）亚铁氰化钾溶液（300 g/L）。

（6）氢氧化钠溶液（0.1 mol/L）。

（7）试验用水为超纯水。

（三）标准溶液配制

（1）标准贮备液的配制：准确称取 100 mg 标准品，置于 100 mL 容量瓶中，甲醇定容，配制成 1.0 mg/mL 的标准贮备液。

（2）标准工作液的配制：分析前用流动相配制成系列浓度的标准工作溶液。

（四）液相色谱条件

（1）色谱柱：Symmetry 300™ C18 （4.6 mm×250 mm，5 μm）。

（2）流速：1.0 mL/min。

（3）进样量：20 μL。

（4）柱温：30℃。

（5）检测波长：由于所测的 6 种糠醛类化合物的最佳吸收波长并不一致，因此，本试验共确定 3 个波长，使各化合物在最佳吸收波长或接近最佳吸收波长处进行检测。其中：5-羟甲基-2-糠醛（5-HMF）、5-甲基糠醛（5-MF）和 2-糠醛（F）在 285 nm 测定；2-糠酸（2-OIC）和 3-糠酸（3-OIC）在 243 nm 测定；5-羟甲基-2-糠酸（5-HMF acid）在 270 nm 测定。

（6）流动相分别为 0.5%甲酸水溶液（A）和甲醇（B），梯度洗脱。洗脱程序见表 6-1。

表 6-1　糠醛类物质分析梯度洗脱程序

Tab. 6-1　Furfurals Analysis Solution gradient separation conditions

Time （min）	A （%）	B （%）
0.0	98.0	2.0
15.0	98.0	2.0
20.0	95.0	5.0
35.0	65.0	35.0
36.0	15.0	85.0
46.0	15.0	85.0
47.0	98.0	2.0
75.0	98.0	2.0

（五）蜂王浆的采集和贮存

蜂王浆样品在茶花花期由浙江不同地区的 10 个蜂场采集，采集蜂种为意大利蜂。蜂王浆采集后立刻放入冰盒中，于当天送回实验室。均质后分装（每份约 10 g），存于密封塑料小管中，共 130 份样品，其中 10 份立即用于方法学试验和贮存期为 0 月的蜂王浆糠醛类物质含量分析试验。剩下的 120 份样品分别贮存于 -18℃、4℃、16℃ 和 25℃，当贮存时间分别达到 1 个月、3 个月、6 个月、9 个月、12 个月时，分别从每个贮存温度条件下取出 6 个小管进行试验，即试验为 6 个重复。

（六）样品处理

称取 1.0 g 试样于 10 mL 具盖塑料离心管中，精确到 0.01 g，加入 5 mL 去离子水，涡旋振荡 5 min，超声提取 3 min 后，12 000 rpm 离心 10 min，取上清液；在残渣中重新加入 3 mL 去离子水，重复以上步骤，弃去残渣。合并两次上清液，加入 1 mL 亚铁氰化钾溶液，混匀后再加入 1 mL 乙酸锌溶液，充分混匀，静止 30 min 后在 10 000 rpm 离心 10 min，取上清液至 10 mL 容量瓶中，用去离子水定容至刻度。样液用 0.45 μm 滤膜过滤后，供液相色谱仪测定。

以保留时间和各化合物特征光谱确定各种糠醛类物质，通过标准曲线计算含量。

（七）酸度测定

称取试样 1.0 g，置于 100 mL 烧杯中，加入新煮沸并已冷却的蒸馏水 75 mL，用氢氧化钠标准溶液（c = 0.1 mol/L）滴定，至酸度计指示 pH 值 8.3 为终点。

滴定消耗的氢氧化钠标准溶液的毫升数与浓度（mol/L）值相乘，再乘以 100，即为试样的酸度（GB 9697 蜂王浆）。

（八）水分测定

称取试样 0.5 g，置于已干燥至恒重的称量瓶中，精密称定，摊平，放入减压干燥箱中，在温度 75℃，压力 -0.10 ～ -0.095 MPa（-760 ～ -730 mmHg）下干燥 4 h 后取出称量瓶，置于干燥器中，冷却 30 min 后称量，反复干燥直至恒重（GB 9697 蜂王浆）。

（九）数据统计分析

采用 SPSS 11.0 for Windows 进行数据分析。

三、结果与讨论

（一）提取方法的优化

由于蜂王浆富含蛋白类物质，在提取过程中必须去除蛋白质以减少基质干扰和提高回收率。常用的沉淀蜂王浆蛋白的试剂有无水乙醇溶液、磷酸溶液、盐酸溶液、偏磷酸溶液、乙酸锌和亚铁氰化钾溶液、三氯醋酸（TCA）等，经过试验，这些溶液均能很好地将蜂王浆中的蛋白沉淀。但由于糠醛类物质对强酸、热和氧化剂敏感，当用磷酸、盐酸、偏磷酸溶液沉淀蛋白时，回收率很低，有可能是在提取过程中，发生了分解。80%的乙醇水溶液对蜂王浆中羟甲基糠醛提取有很高的回收率，但在进一步净化前，需要用旋转蒸发仪蒸干，而由于乙醇和水的混合液沸点很高，需要长时间的挥发，这不仅延长了测试样品的时间，而且在挥发的过程中羟甲基糠醛等糠醛类物质很容易降解或挥发，从而导致回收率降低。

比较了三氯醋酸和乙酸锌与亚铁氰化钾溶液的沉淀效果，结果显示：用三氯醋酸沉淀蛋白质后的色谱图有很多杂质峰，而用乙酸锌和亚铁氰化钾溶液沉淀蛋白后杂质峰明显减少，说明乙酸锌和亚铁氰化钾溶液沉淀蜂王浆蛋白质优于使用三氯醋酸（图6-1）。

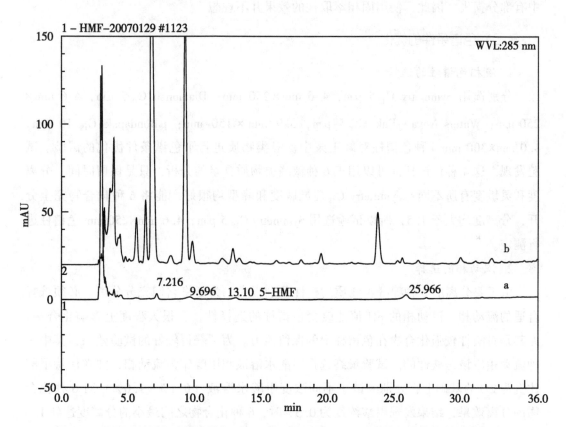

图6-1　使用乙酸锌与亚铁氰化钾（a）和三氯醋酸（b）沉淀蛋白质后的蜂王浆色谱图

Fig. 6-1　Chromatogram of Royal jelly after protein precipitation using
Potassium and zinc acetate solutions（a）and TCA solution（b）

因此，本试验采用乙酸锌和三氯醋酸溶液作为蜂王浆蛋白质的沉淀剂。通过优化试验确认，乙酸锌溶液的浓度为 150 g/L；亚铁氰化钾溶液浓度为 300 g/L，各使用1 mL 就可以有效地将蜂王浆中的蛋白沉淀，并获得很好的提取回收率。

通过优化提取方法，进行了添加回收率比较。分别用纯水、不同浓度的乙酸水溶液、甲酸溶液、磷酸溶液提取，结果发现使用纯水提取时，6种糠醛类物质的回收率均在85%以上。因此，最终选择纯水提取蜂王浆中的糠醛类物质。

为了减少基质干扰和进一步浓缩样液，提高检测限，对比了 BAKERBOND SPE™ C_{18}（500mg/6mL）、ODS（C_{18}）PHASE（500mg/6mL）、ACCUBOND ODS（C_{18}）（500mg/6mL）、Oasis HLB（500mg/6mL）小柱和 ENVI-C_{18}（500mg/6mL）5种反相固相萃取柱对蜂王浆样品的净化效果。实验表明，由于6种糠醛类物质的极性存在较大差异，利用固相萃取小柱只能保证一种或几种化合物具有较高回收率，而不能使6种化合物同时具有较高回收率，加上部分化合物，如糠醛可能在最后的氮气吹干过程中有部分损失。因此，使用固相萃取柱的效果并不理想。

（二）色谱条件的优化

1. 液相色谱柱的选择

分别选用 Symmetry C_{18} 5 μm，4.6 mm×250 mm；Diamonsil C_{18} 5 μm，4.6 mm×250 mm；Waters Nova-Pak C_{18} 5 μm，3.9 mm×150 mm；μBondapak C_{18} 10 μm，4.0 mm×300 mm 4种色谱柱对蜂王浆中糠醛类物质进行了色谱条件优化的试验。试验发现，这4种色谱柱都可以用于6种糠醛类物质含量的分析，只是保留时间、分离度和灵敏度有所不同；Symmetry C_{18}柱灵敏度和峰型均很好，能将6种化合物完全分开，分离度均大于1.5，所以试验选用 Symmetry C_{18} 5 μm，4.6 mm×250 mm 色谱柱进行测定。

2. 流动相的选择

由于要分离的6种糠醛类物质的极性差别很大，为了将它们充分分离，必须选择合适的流动相。流动相的pH值能改变色谱柱的选择性，在很大程度上影响化合物，尤其是对酸性较强化合物在色谱柱上的保留能力。为了获得较好的试验效果，其中一种流动相应该是酸性的。试验最终选择甲酸水溶液和甲醇作为流动相，并在保持甲醇比例为2%的基础上，分别测试了不同浓度甲酸水溶液（0.1%~1.0%）对6种化合物的分离效果，结果发现甲酸浓度为0.5%时，6种化合物之间最小的分离度达到1.5以上，且灵敏度和峰型良好，因此，试验选择0.5%的甲酸溶液作为流动相之一。

由于3-OIC和5-MF在色谱柱上的保留能力很强，为了减少检测时间，试验采用了梯度洗脱程序（表6-1）。

3. 柱温的选择和检测波长的确定

随着柱温的升高，各种化合物在色谱柱上的保留时间会缩短。为了尽量减少分析时间，分别测定了柱温为25℃、30℃、35℃、40℃、45℃各种糠醛类化合物在色谱柱上的保留时间和分离度。结果表明，30℃是最合适的柱温。

　　由于各种化合物的最佳吸收波长不一样，为了定量的准确性，尽量选择在各种化合物的最佳波长或接近最佳波长处进行分析测试。本试验中，5-HMF、5-MF 和 F 在 285 nm 处测定，2-OIC 和 3-OIC 在 243 nm 下测定，而 5-HMF acid 在 270 nm 下测定。优化条件下标准样品分离图谱见图 6-2。

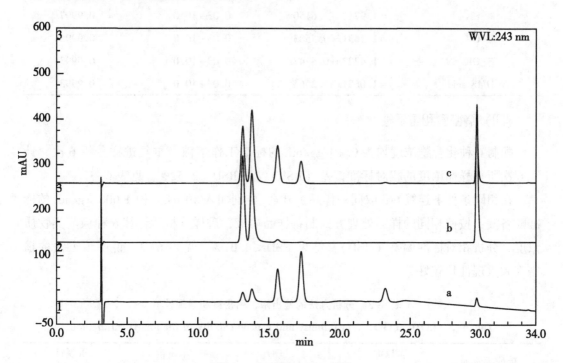

a. 270 nm；b. 285 nm；c. 243 nm

1. 5-HMF；2. F；3. 5-HMF acid；4. 2-OIC；5. 3-OIC；6. 5-MF

图 6-2　6 种化合物标准样品色谱图（显示不同波长）

Fig. 6-2　The chromatogram of six furfural standards

（三）线性关系与检测限

　　配制 7 个不同浓度的混合标准样品工作液，其中 5-HMF 浓度在 0.03 ~ 20.0 μg/mL，5-MF、F、2-OIC、3-OIC、5-HMF acid 浓度在 0.03~15.0 μg/mL。按照优化的色谱条件对标准样品进样测试，以标准样品浓度为横坐标、峰面积为纵坐标作图，得 6 种标准样品峰面积与浓度线性关系，并计算线性相关系数。列于表 6-2。结果表明，在各自的线性范围内，6 种化合物含量与峰面积有良好线性关系，线性相关系数 $R^2 \geqslant 0.9993$。

　　配制不同浓度的混合标准样品工作液，进样分析，以信噪比（S/N）分别为 10 和 3 为标准，确定定量检出限（LOQ）和定性检出限（LOD），见表 6-2。

表 6-2　6 种标准样品的线性方程及相关系数 (n=5)

Tab. 6-2　Linear equation of six furfural standards

糠醛类物质	线性范围 (μg/mL)	线性范围 (μg/mL)	相关系数 R^2
5-HMF	$y=2.0494x+0.6273$	0.03~20.0	0.9998
5-MF	$y=2.1044x+1.8597$	0.03~10.0	0.9995
F	$y=1.9713x+1.6150$	0.03~10.0	0.9997
2-OIC	$y=1.3631x+0.5503$	0.03~10.0	0.9995
3-OIC	$y=1.4223x+0.4747$	0.03~10.0	0.9993
5-HMF acid	$y=1.0691x+0.2566$	0.03~10.0	0.9993

（四）精密度和重现性

配制 6 种化合物浓度均为 0.10 μg/mL 的标准工作溶液, 重复进样分析 6 次, 计算 6 次所得样品浓度的相对标准偏差 (RSD), 其 RSD≤2.52%, 见表 6-3。

在相同条件下连续 6 d 取同一样品 1.0 g, 分别加入 50 μL 6 种 1 000 μg/mL 的标准贮备液, 按照相同的样品处理方式制备样品溶液, 进样分析后计算 6 种糠醛类物质浓度, 分析相对标准偏差 (RSD), 结果 RSD≤4.01%, 见表 6-3。说明该方法的精密度和重现性均较好。

表 6-3　分析方法的检出限、精密度和重现性

Tab. 6-3　LOD, LOQ, repeatability and reproducibility of the analytical method

糠醛类物质	LOD (μg/mL)	LOQ (μg/mL)	精密度 (RSD, %)	重现性 (RSD, %)
5-HMF	0.03	0.10	2.17	2.24
5-MF	0.02	0.07	1.96	2.47
F	0.02	0.08	2.52	3.15
2-OIC	0.02	0.07	1.76	2.87
3-OIC	0.08	0.26	1.94	4.01
5-HMF acid	0.03	0.11	2.11	3.49

（五）回收率

取新采集的蜂王浆样品 (经测定 6 种化合物含量均在检测限以下) 1.0 g, 分别加入 6 种标准样品。共设置 3 个添加梯度, 使各种标准样品在进样液中的理论最终浓度分别为 0.5 μg/mL、1 μg/mL、3 μg/mL。按照上述方法提取, 计算回收率。结果表明, 6 种糠醛类物质的平均添加回收率在 83.98%~102.3%, 相对标准偏差小于 2.40%, 能够满足蜂王浆中糠醛类物质含量的常规分析, 见表 6-4。

表6-4 回收率试验

Tab. 6-4 Results of recovery assays

糠醛类物质	回收率（%）	平均回收率（%）	RSD（%）
5-HMF			
0.5	101.24		
1.0	99.65	99.2	2.31
2.0	96.70		
5-MF			
0.5	102.3		
1.0	97.54	99.7	2.40
2.0	99.45		
F			
0.5	99.35		
1.0	96.47	97.1	2.04
2.0	94.42		
2-OIC			
0.5	83.98		
1.0	88.41	86.2	2.22
2.0	86.20		
3-OIC			
0.5	90.24		
1.0	87.43	88.0	2.04
2.0	86.27		
5-HMF acid			
0.5	94.68		
1.0	95.12	93.8	1.88
2.0	91.67		

（六）酸度和含水量分析

酸度和水分能通过影响蜂王浆贮存过程中单糖（果糖等）的异构化或 Amadori 化合物形成的速度，改变糠醛类物质的形成速度（Ferrer *et al.*，2002；Lamia *et al.*，2007；Francesca *et al.*，2005）。因此，本试验测定了不同温度下贮存不同时间的蜂王浆的酸度和含水量。

结果表明，由于蜂王浆贮存中密封比较严实，水分在各个温度条件下变化很小（$P > 0.05$），水分平均含量为（63.95±1.38）%，贮存期间的变化范围在 64.35%~63.12%，见表6-5。

从表6-6可以看出，在-18℃、4℃和16℃贮存下，蜂王浆的酸度变化很小（$P > 0.05$），其平均值为 30.30±0.62；但在 25℃下贮存 3 个月后，酸度发生了显著的变化，从第 3 个月的 32.62 上升到第 12 个月的 39.93，可能原因是在较高温度下贮存时，蜂王浆发生了腐败，其中的糖转化成了酸。但总体而言，蜂王浆贮存过程中酸度和水分变化并不大。

表 6-5　不同条件下贮存后蜂王浆的含水量　　　（单位：%）

Tab. 6-5　Moisture of royal jelly stored under various conditions　　（unit：%）

时间（月） 温度	-18℃	4℃	16℃	25℃
0	64.33±0.96			
1	64.23±1.23	64.27±1.34	64.13±2.01	63.47±0.91
3	64.29±0.96	64.13±1.61	63.89±1.36	63.59±1037
6	64.35±1.56	63.97±1.19	63.53±1.11	64.01±2.06
9	64.12±1.83	64.18±1.27	64.13±1.27	63.71±1.42
12	64.23±1.16	63.92±1.94	63.54±0.76	63.12±1.67

表 6-6　不同条件下贮存后蜂王浆的酸度

Tab. 6-6　Acidity of royal jelly stored under various conditions

时间（月） 温度	-18℃	4℃	16℃	25℃
0	29.78±0.89			
1	30.01±1.12	29.89±0.67	30.12±0.91	31.12±0.63
3	29.98±0.67	30.12±0.39	29.99±0.97	32.62±1.07
6	29.79±0.76	30.11±1.06	30.56±0.49	37.42±0.69
9	30.1±1.01	30.52±0.79	31.02±1.07	39.98±0.83
12	29.88±0.83	30.66±0.73	31.71±0.76	39.93±0.97

（七）蜂王浆中糠醛类物质含量及其在贮存中的变化

试验结果表明，在新采收的蜂王浆样品中，6 种糠醛类物质的含量均在检测限以下。而在 12 个月的贮存过程中，贮存在-18℃、4℃和16℃的大部分蜂王浆样品检出了不同含量的 5-HMF，但没有检出另外 5 种糠醛类物质；在 25℃贮存时，分别检出了较高含量的 5-HMF 和 F，但也没有检出 5-MF、2-OIC、3-OIC 和 5-HMF acid。

Ferrer 等报道，美拉德反应过程中形成的第一种糠醛类化合物是 5-HMF，而 F、MF 和 FMC 都是美拉德反应的高级阶段产物，它们与 2-OIC、3-OIC 和 5-HMF acid 一样，都只有在经过较高温度处理或较长时间贮存的条件下才能产生（Ferrer et al.，2000b）。由于蜂王浆通常在较低温度下贮存，试验中发现的糠醛类物质大多是美拉德反应的初级产物——5-HMF，只在较高温度（25℃）贮存的蜂王浆中才检出 F，结果与 Ferrer 等在牛奶中的试验结果是一致的（Ferrer et al., 2002）。

图 6-3 列出了 6 种糠醛类化合物的结构式，图 6-4 列出的是分别在−18℃、4℃、16℃和 25℃下贮存 12 个月时的蜂王浆色谱图。

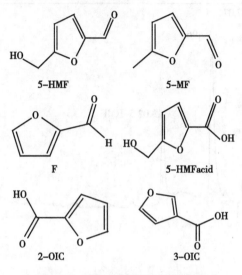

图 6-3　6 种糠醛类化合物的结构

Fig. 6-3　Structures of six furfurals

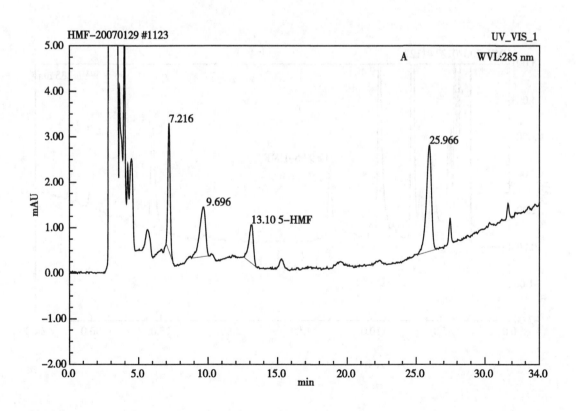

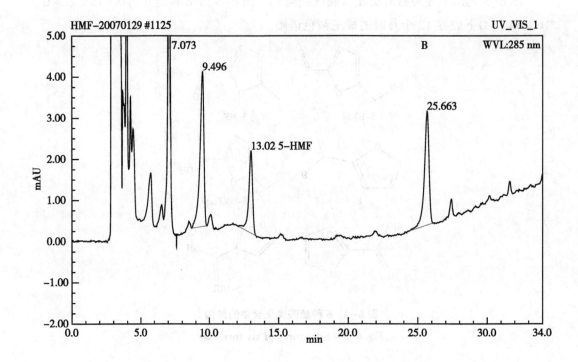

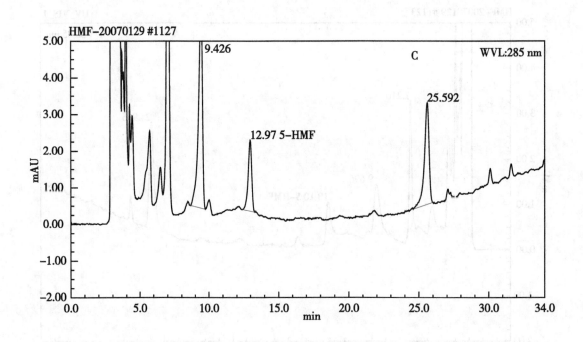

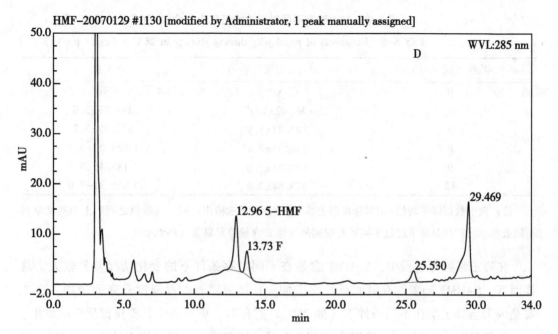

HMF–20070129 #1130 [modified by Administrator, 1 peak manually assigned]

A. –18℃；B. 4℃；C. 16℃；D. 25℃

图 6-4　在不同温度下贮存 12 个月蜂王浆的色谱图

Fig. 6-4　Chromatograms of royal jelly storage for 12 months at different temperatures

蜂王浆在不同温度下贮存不同时间的 5-HMF 和 F 含量列于表 6-7 和表 6-8。

表 6-7　不同贮存过程中蜂王浆的 5-HMF 含量（单位：微克/千克）

Tab. 6-7　5-HMF contents for royal jelly during storage under various conditions

(unit：μg/kg)

时间（月）\温度	-18℃		4℃		16℃		25℃	
	王浆	干重	王浆	干重	王浆	干重	王浆	干重
0	ND[a-1]	ND	ND[a-1]	ND	ND[a-1]	ND	ND[a-1]	ND
1	ND[a-1]	ND	37.43±0.7[a-1]	104.67±2.0	69.73±1.1[b-1.2]	194.31±3.0	598.73±10.2[a-3]	1 638.93±27.9
3	ND[a-1]	ND	89.24±1.3[a.b-2]	248.68±3.6	152.45±1.4[c-3]	422.04±3.9	1 087.36±13.9[b-4]	2 986.27±38.1
6	45.75±1.0[a-1]	128.33±2.8	189.71±2.3[c-2]	526.51±6.4	266.72±2.1[d-2]	731.29±5.7	1 062.54±16.3[b-3]	2 952.21±45.2
9	89.12±0.9[b-1]	248.38±2.5	164.58±1.9[c-1]	459.24±5.3	254.97±2.5[d-2]	710.62±7.0	1 452.27±11.5[c-3]	4 001.65±31.7
12	107.21±1.8[b-1]	299.69±5.0	256.86±2.7[d-2]	711.75±7.5	228.13±3.0[d-2]	625.62±8.2	1 358.41±12.1[c-3]	3 683.30±32.8

注：标准数值以平均数±相对标准偏差表示（$n=6$）；同一列数值之间右上角英文字母不同表示相同贮存温度下经过不同贮存时间王浆 5-HMF 含量差异显著（$P<0.05$）；同一行数值之间右上角数字不同表示不同贮存温度下经过相同贮存时间王浆 5-HMF 含量差异显著（$P<0.05$）；ND 表示未检出

表 6-8   25℃贮存不同时间的蜂王浆中 F 含量   （单位：微克/千克）

Tab. 6-8   Fcontents of royal jelly during storage at 25℃   （unit：μg/kg）

贮存时间（月）	王浆	干重
0	ND[a]	ND
1	89.42±1.3[b]	244.73±3.6
3	301.27±1.9[c]	827.25±5.2
6	586.35±2.4[e]	1 629.06±6.7
9	430.21±3.0[d]	1 185.45±8.3
12	573.64±2.6[e]	1 555.31±7.0

注：表中数据以平均值±相对标准误差表示；ND 表示未检出；同一列数值之间右上角英文字母不同表示相同贮存温度下经过不同贮存时间蜂王浆 F 含量差异显著（$P<0.05$）

在蜂王浆贮存过程中，5-HMF 含量在不同贮存条件下的变化情况差异较大。总体而言，5-HMF 随着贮存时间延长而增加，且增幅随着贮存温度升高而增加。这主要是因为当蜂王浆在不当条件下（如 25℃）贮存时，更有利于其美拉德反应的发生。

贮存温度为-18℃时，在贮存的前 3 个月，所有蜂王浆样品均未检出 5-HMF；当贮存时间为 6 个月和 12 个月时，5-HMF 的含量分别为 45.75 μg/kg 和 107.21 μg/kg。尽管贮存期为 12 个月时，蜂王浆中 5-HMF 含量与新采蜂王浆差异显著（$P<0.05$），但含量仍比较低。说明蜂王浆的美拉德反应在-18℃（冷冻状态下），反应速度缓慢。

在 4℃ 和 16℃ 条件下贮存时，蜂王浆中的 5-HMF 含量分别从 1 个月时的 37.4 μg/kg 和 69.7μg/kg 增加到 12 个月时的 256.8 μg/kg 和 228.1 μg/kg，差异显著（$P<0.05$）。

而在 25℃贮存时，5-HMF 含量随贮存时间的增速明显要快。在贮存 1 个月后，蜂王浆中 5-HMF 含量就达到了 598.73 μg/kg，显著高于-18℃、4℃和 16℃贮存 12 个月时的 5-HMF 含量。另外，在 25℃贮存 1 个月后，蜂王浆样品中就检出了 F，其含量从 1 个月时的 89.42 μg/kg 增加到 12 个月时的 573.64 μg/kg。说明贮存温度影响蜂王浆美拉德反应速度，温度越高，美拉德反应速度越快，这与其他作者的研究结果相符（Caldeira *et al.*，2006；Ricardo *et al.*，2007；Cocchi *et al.*，2007）。

总体而言，5-HMF 和 F 的含量随着蜂王浆贮存时间的延长和贮存温度的增加而增加。但从表 6-7 和表 6-8 看出，这些增加并不规则，如在 4℃ 和 16℃ 贮存时，蜂王浆在 9 个月时的 5-HMF 含量反而要低于 6 个月时，可能是因为 5-HMF 本身易被氧化，蜂王浆中的 5-HMF 处于一个被氧化分解和从前体生成的动态平衡过程之中（Morales *et al.*，1997），在贮存的前 6 个月，5-HMF 的形成速度要快于降解速度。这与其他作者的报道是一致的（Ferrer *et al.*，2002）。

为了考察 5-HMF 含量与贮存时间和贮存温度的相关性，以 5-HMF 含量（μg/kg）

为纵坐标 y，以贮存时间（月）为横坐标 x，分析了不同贮存温度下这两个变量的线性关系。结果列于表6-9。

表 6-9　5-HMF 含量与贮存时间的相关性
Tab. 6-9　Correction between contents of 5-HMF and storage periods

贮存温度	线性方程	R^2
-18℃	$y=11.407x-14.585$	0.9523
4℃	$y=19.799x+20.640$	0.9113
16℃	$y=19.285x+62.327$	0.7008
25℃	$y=96.728x+393.17$	0.7140

从表6-9可以看出，在-18℃和4℃条件下贮存时，5-HMF含量和贮存时间之间存在着良好的线性关系，R^2分别为0.9523和0.9113。可能是因为蜂王浆在这两个温度贮存时，5-HMF的形成速度一直要快于其降解速度。在16℃和25℃下，这两个变量之间也存在较好的线性关系，R^2分别为0.7008和0.7140。其R^2相对较低的主要原因可能在于贮存6个月后，5-HMF形成（从前体生成）和降解（通过被氧化）速度之间形成了动态平衡，其含量随贮存时间延长而增加的速度变缓甚至出现负增长。

分析5-HMF含量的变化规律可以发现，在-18℃、4℃和16℃贮存的前6个月，5-HMF含量始终呈现增长趋势，而且4℃贮存6个月和16℃贮存3个月的5-HMF含量分别为189.7 μg/kg和152.4 μg/kg，与-18℃贮存9个月和4℃贮存3个月时的89.12 μg/kg和89.2 μg/kg均有显著差异。根据蜂王浆中5-HMF含量变化规律，结合蜂王浆贮存的实践经验，保守地选择16℃贮存约3个月时的蜂王浆5-HMF含量，即150 μg/kg为蜂王浆新鲜度的阈值。照此计算，5-HMF含量大于150 μg/kg的蜂王浆可以认为是不新鲜的。

另外，由于在-18℃、4℃和16℃ 3个温度条件下贮存12个月的蜂王浆中均未检出F，而在25℃贮存1个月的蜂王浆就检出美拉德反应较高反应阶段的产物F，并且其含量有随着贮存时间延长而增加的趋势。因此，可以考虑将不得检出F列为蜂王浆新鲜度的另一个阈值。

四、小　结

蜂王浆贮存过程中不可避免地发生组分之间的化学反应，其中美拉德反应是蜂王浆贮存过程中最常见的反应之一，而糠醛类物质是美拉德反应的部分产物。

糠醛类物质的含量是研究食品在加工贮藏过程中质量发生变化的一个重要参数，尤其是糠醛（F）和5-羟甲基糠醛（HMF）目前已经被用作衡量许多食品是否过度受热和贮存时间是否过长的指标。测定蜂王浆中糠醛类物质含量有助于对蜂王浆新鲜度及其贮存、加工条件进行评价。

本节建立了能同时高效、灵敏、准确分离并定量蜂王浆中 6 种糠醛类物质的 HPLC 分析方法，并利用这种方法测定了不同贮存条件下蜂王浆中糠醛类物质的含量。结果表明：在新采收的蜂王浆中没有检出这 6 种物质；而在经过不同时间贮存后，多数样品中检出了 5-HMF，其 5-HMF 含量随着贮存时间增加和温度升高而增加，变化幅度为 25℃>16℃>4℃>-18℃；但 F 仅在 25℃下贮存的蜂王浆中检出。根据试验结果和蜂王浆贮存的实践经验，初步确定 5-HMF 含量 150 μg/kg 和 F 不得检出作为蜂王浆新鲜度评价的阈值，5-HMF 含量大于 150 μg/kg 或检出 F 的蜂王浆可以认为是不新鲜的。

第二节　蜂王浆中糠氨酸的测定及在贮藏中的变化

本节建立了采用反相离子对色谱法测定蜂王浆中糠氨酸的方法。色谱柱为 Atlantis C_{18}柱，乙腈/水（含 5 mmol/L 庚烷磺酸钠）/甲酸（20∶79.8∶0.2）为流动相，紫外检测器波长 280 nm。糠氨酸的线性范围 0.25~50 mg/L，线性关系良好，线性方程为 $y=0.2881x+0.0271$，方法的检出限为 11.9 mg/100 g 蛋白，加标回收率为 96.94%，方法被用于实际样品测定。

一、概　述

糠氨酸（furosine）是美拉德反应产物 Amadori 化合物的水解产物，其水解过程如图 6-5 所示。糠氨酸是美拉德反应前期评价营养损失程度的一个重要指标，被广泛用于评价奶制品、焙烤食品、婴儿米粉、鸡蛋、蜂蜜等在热处理和贮存过程中营养的损失程度（Inés *et al.*，2002；Ferrer *et al.*，2000；Villamiel *et al.*，1999；Amélie *et al.*，2007；Antonio *et al.*，2003；Alyssa *et al.*，2006；Kamakura *et al.*，2001）。蜂王浆中含有丰富的蛋白质、氨基酸及还原糖，因此在一定条件下也会发生美拉德反应。Marconi 等测定了蜂王浆中糠氨酸的含量，对使用糠氨酸作为评价蜂王浆新鲜度的指标进行了可行性研究（Marcomi et al，2002）。目前，糠氨酸的测定方法有离子交换色谱法、HPLC 梯度洗脱、表面荧光方法、反相离子对色谱法等（王加启，2005；提伟钢，2007），其中反相离子对高效液相色谱被广泛用于糠氨酸的分析，但大多是针对乳制品等食品中糠氨酸的测定。国内外关于蜂王浆中糠氨酸的测定的研究还较少，而且对于该方法的方法学研究如方法的精密度、准确度和检出限等并未进行深入的探讨。本章用反相离子对色谱法测定蜂王浆中糠氨酸的含量，在 280 nm 下，测定糠氨酸含量，得到了满意的结果。

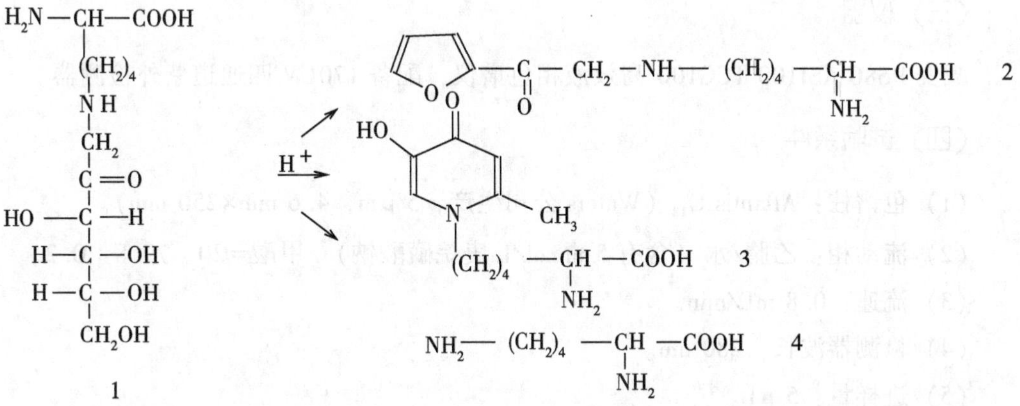

1. 果糖基赖氨酸；2. 糠氨酸 [N-（呋喃甲基）-L-赖氨酸]；3.ε-（6′-甲基-3′-羟基-4′-氧-1′吡啶）-L-亮氨酸]；4 赖氨酸

1. Fructosyl-lysine；2Furosine [N-（furoylmethyl）-L-lysine]；3 [ε-（6′-methyl-3′-hydroxy-4′-oxo- 1′--pyridyl）-L-norleucine]；4 Lysine

图 6-5　Amadori 化合物酸解产生糠氨酸

Fig. 6-5　Formation of furosine during acid hydrolysis of the Amadori compound

二、材料与方法

（一）试验材料

蜂王浆样品取自茶花花期、浙江不同地区的 10 个蜂场，采集蜂种为浙江浆蜂。采集后的蜂王浆迅速放入冰盒保温，并于当天送回实验室。将各个蜂场的样品混合均匀后，一部分用于方法学的试验，其余部分分为 3 个小组，分别贮存于-18℃、4℃和25℃，分别在贮存时间为 1 个月、3 个月、6 个月、9 个月和 12 个月时取出进行蜂王浆中糠氨酸的测定，每个样品重复 3 次。

（二）试剂

所有试剂除非另有说明，均为分析纯。

（1）盐酸：北京化工厂；3 mol/L 的盐酸溶液：1 mL 浓盐酸加入 3 mL 水；10.6 mol/L 的盐酸：8 mL 浓盐酸加入 1 mL 水。

（2）乙腈（色谱纯）：美国 J. T. Baker 公司。

（3）庚烷磺酸钠（HPLC 级）：美国 J. T. Baker 公司。

（4）甲醇（色谱纯）：美国 J. T. Baker 公司。

（5）糠氨酸标样：法国 Neo MPS 公司。

（6）超纯水（18.2MΩ）。

（三）仪器

戴安 P680 ASI100 TCC100 高效液相色谱仪，配备 170UV 四通道紫外检测器。

（四）试验条件

（1）色谱柱：Atlantis C_{18}（Waters 公司生产，5 μm，4.6 mm×250 mm）。

（2）流动相：乙腈/水（含有 5 mmol/L 庚烷磺酸钠）/甲酸＝20：79.8：0.2。

（3）流速：0.8 mL/min。

（4）检测器波长：280 nm。

（5）进样量：5 μL。

（6）柱温：30℃。

（五）方法

1. 标准曲线的绘制

称取糠氨酸标准样品 2.5 mg，用 0.1 mol/L 的盐酸溶解于 25 mL 容量瓶中，其浓度为 100 mg/L，作为标准贮备液。分别吸取 2.0 mL、4.0 mL、5.0 mL、6.0 mL、8.0 mL 糠氨酸标准贮备液于 5 个 10 mL 容量瓶中，用 0.1 mol/L 的盐酸稀释至刻度，摇匀。

2. 样品的测定

（1）样品的处理。称取蜂王浆样品 0.35 g 于耐热的螺口玻璃小瓶中，加入 6 mL 10.6 mL/L 的浓盐酸，振荡摇匀。在溶液中通高纯氮气 2 min，盖紧螺盖，于 110℃烘箱内水解 24 h。加热水解后冷却，过滤。滤液待净化。

（2）样品的净化。取 0.5 mL 水解待测液于 C_{18} 萃取柱中（萃取柱要预先用 5 mL 甲醇和 10 mL 水润湿，并保持水面在固相表面），当液面降至固相表面时，加入 5 mL 3 mol/L 盐酸溶液洗脱，收集洗脱液于 10 mL 刻度试管中，真空干燥后用 1 mL 的水溶解，过滤膜，上机。

3. 蛋白质的测定

取 0.05 g 蜂王浆样品消化，凯氏定氮。以 6.25 系数换算为蛋白质量。

三、结果与讨论

（一）样品处理条件的优化

糠氨酸是美拉德反应过程中 Amadori 产物的水解产物，其在样品水解过程中产生，因此受水解时所使用的盐酸浓度影响较大。试验中分别选取 6 mol/L、8 mol/L、

10.6 mol/L 和 12 mol/L 的盐酸对同一样品进行处理，见表 6-10。结果发现糠氨酸的量随着盐酸浓度的增加而增加，但 12 mol/L 的盐酸水解产生的糠氨酸比 10.6 mol/L 的盐酸水解产生的糠氨酸少，可能是由于过高的盐酸浓度造成糠氨酸的降解。对样品净化过程所使用的洗脱液体积进行研究，分别选取 3 mL 和 5 mL 3 mol/L 的盐酸进行洗脱，结果发现用 5 mL 3 mol/L 的盐酸进行洗脱时，回收率比较满意。因此本试验选择 10.6 mol/L 的盐酸水解样品，5mL 3mol/L 的盐酸对样品进行洗脱。

表 6-10　不同浓度盐酸水解蜂王浆对糠氨酸形成的影响（$n=3$）

（单位：摩尔/升）

Tab. 6-10　Effect of HCl Concentration During Hydrolysis on Furosine Formation in Royal jelly（$n=3$）　　　　（unit：mol/L）

盐酸浓度	6	8	10.6	12
Furosine（mg/100g Protein）	21.52±3.2	27.31±1.9	33.10±2.1	30.87±0.9

（二）色谱条件的优化

1. 液相色谱分析柱的选择

分别选用 Symmetry C_{18} 5 μm，4.6 mm×250 mm；Waters Nova-Pak C_{18} 5 μm，3.9 mm×150 mm；Atlantis C_{18} 5μm，4.6 mm×250 mm 3 种色谱柱对蜂王浆中糠氨酸进行了色谱条件试验。试验发现这 3 种色谱柱都可以用于糠氨酸含量的分析，只是保留时间、分离度和灵敏度有所不同。Atlantis C_{18} 柱灵敏度和峰型均很好，且与其他的色谱柱相比更耐酸，因此试验选用 Atlantis C_{18} 5μm，4.6 mm×250 mm 色谱柱作为分析色谱柱。与 Marconi 文献中所采用的 Alltech Furosine 分析柱相比，不需要使用专门的 furosine 分析柱，而且在上述色谱条件下，标准液和样品液在 Atlantis C_{18} 色谱柱上得到了良好的洗脱和分离，糠氨酸在柱上的保留时间是 8.810 min，与原文献的 24 min 相比，分析时间大为缩短。图 6-6 为糠氨酸标准样品色谱图，图 6-7 为蜂王浆样品的色谱图。从色谱图可以看出，其他杂质对测定没有干扰，而且峰型较好，对称因子为 1.03。该方法能很好地对糠氨酸进行分离。

2. 流动相的选择

糠氨酸属于极性很强的水溶性化合物，在以往报道的分析方法中，经常选择三氟乙酸与氯化钾或氯化钠的混合溶液和甲醇作为流动相来分离糠氨酸。三氟乙酸酸性较强，长期使用会使色谱柱柱效很快降低，并不适用长期稳定测定糠氨酸。加入适量的盐溶液虽然可以进一步抑制糠氨酸出峰，使保留时间加长，但色谱峰变宽，不易准确定量分析。在最近报道的分离方法中均选用庚烷磺酸钠作为离子对试剂来分离测定糠氨酸。试验最终选用庚烷磺酸钠作为离子对试剂，并根据蜂王浆样品水解后，其中的

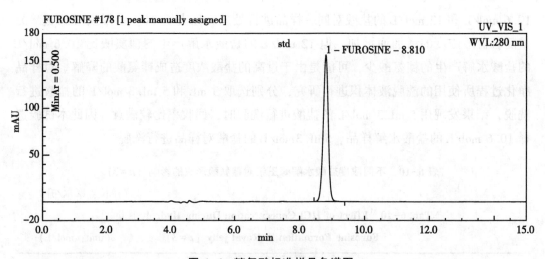

图 6-6 糠氨酸标准样品色谱图

Fig. 6-6 The chromatogram of furosine standard

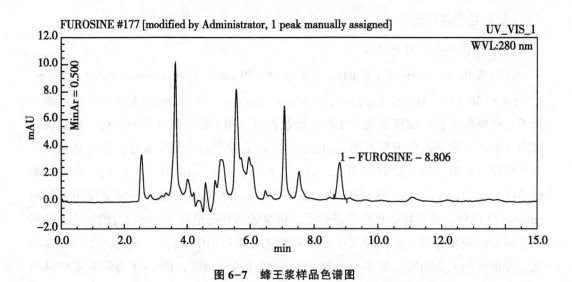

图 6-7 蜂王浆样品色谱图

Fig. 6-7 The chromatogram of Royal jelly sample

杂质与糠氨酸的分离情况，增加 0.2% 的甲酸到 5 mmol/L 的庚烷磺酸钠水溶液中。实验发现，我们选用的流动相适用于测定蜂王浆中的糠氨酸。

（三）方法学考察

1. 线性关系与检出限

取配制好的不同浓度的糠氨酸标准工作液，其浓度分别为 20 mg/L、40 mg/L、50 mg/L、60 mg/L、80 mg/L，按照优化的色谱条件对标准样品进样测试，以标准样

品浓度为横坐标 x（mg/L），峰面积 y 为纵坐标绘制标准曲线，得到回归曲线，回归方程为：$y=0.2818x+0.0271$，相关系数为 0.9997。

配制不同浓度的标准样品工作液，进样分析，当进样浓度为 0.25 mg/L，进样量为 5 μL 时，信噪比大于 10，因此方法的最小检测浓度为 0.25 mg/L，检出限为 11.9 mg/100g 蛋白。

2. 精密度考察

精确取 6 份蜂王浆样品，按上述方法处理测定，其结果如表 6-11 所示。从表 6-11 可以发现，方法精密度较好。

表 6-11　精密度测定结果（$n=6$）

Tab. 6-11　Results of precision test（$n=6$）

测定值 （mg/100g 蛋白）		平均值 （mg/100g 蛋白）	标准偏差 （mg/100g 蛋白）	相对标准偏差 RSD（%）
33.78	32.25			
31.27	32.10	32.22	1.1327	3.5
30.75	33.17			

3. 回收率试验

精确称取糠氨酸标准品，加入蜂王浆样品中，按样品制备方法处理后，进行测定，所得结果如表 6-12 所示，平均回收率为 96.94%。

表 6-12　回收率测定结果（$n=6$）

Tab. 6-12　The recoveries of furosine（$n=6$）

样品中糠氨酸含（mg）	加标量（mg）	加标后测得量（mg）	回收率（%）
	0.0100	0.0251	96.00
0.0155	0.0200	0.0348	96.50
	0.0300	0.0450	98.33

（四）蜂王浆中糠氨酸的含量及其在贮存中的变化

图 6-8 列出的是分别在 -18℃、4℃ 和 25℃ 下贮存 12 个月时的蜂王浆色谱图。

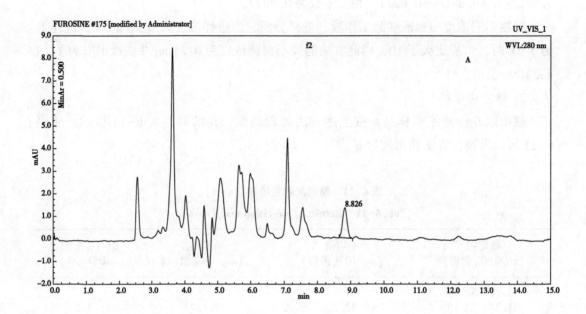

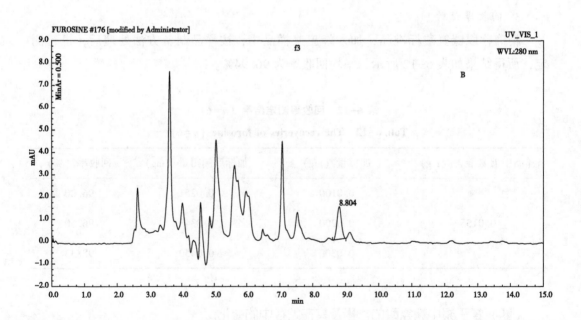

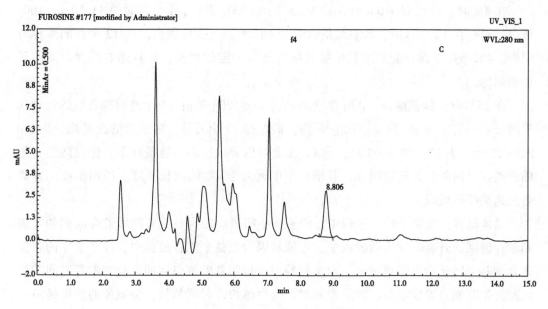

A. -18℃；B. 4℃；C. 25℃

图 6-8　在不同温度下贮存 12 个月蜂王浆色谱图

Fig. 6-8　The chromatograms of Royal jelly storage for 12 months under various temperature

蜂王浆在不同温度下贮存不同时间的糠氨酸含量列于表 6-13，用 mg/100g 蛋白表示。由表 6-13 可以看出，在-18℃时，贮存期为 0 d 时蜂王浆糠氨酸含量为 32.2 mg/100g 蛋白，1 个月时为 31.22 mg/100g 蛋白，而贮存 12 个月后，糠氨酸的含量为 32.70 mg/100g 蛋白。因此可以看出，在-18℃条件下，蜂王浆中糠氨酸的含量在 12 个月的贮存时间内没有发生明显变化，说明在-18℃条件下，美拉德反应的速度非常缓慢。

表 6-13　不同贮存条件下蜂王浆糠氨酸的含量（n=3）

Tab. 6-13　The concentration of Furosine in Royal jelly under the different storage condition

温度 时间	-18℃			4℃			25℃		
	Furosine (mg)	Protein (%)	Furosine (mg/100g protein)	Furosine (mg)	Protein (%)	Furosine (mg/100g protein)	Furosine (mg)	Protein (%)	Furosine (mg/100g protein)
0d	0.0434±3.57	13.48±0.01	32.20±3.80	0.0434±3.57	13.48±0.01	32.20±3.80	0.0434±3.57	13.48±0.01	32.20±3.80
1month	0.0421±2.11	13.47±0.01	31.22±2.40	0.0452±0.33	13.49±0.03	33.50±0.45	0.0814±0.54	13.45±0.01	60.54±0.77
3month	0.0433±3.01	13.47±0.03	32.17±3.11	0.0470±1.29	13.48±0.07	34.85±1.34	0.2836±1.11	13.46±0.07	210.69±1.23
6month	0.0435±1.55	13.48±0.05	32.25±1.98	0.0532±1.34	13.46±0.01	39.54±1.12	0.6300±1.32	13.44±0.02	468.78±1.51
9month	0.0445±2.01	13.48±0.06	32.98±2.21	0.0617±0.23	13.46±0.03	45.85±0.56	0.9771±0.24	13.41±0.05	728.60±0.11
12month	0.0441±1.77	13.50±0.03	32.70±2.04	0.0648±1.99	13.47±0.04	48.10±2.55	0.9810±2.44	13.42±0.03	730.98±2.58

注：数值以平均数±相对标准偏差表示（n=3）

在4℃时，糠氨酸在0 d时含量为32.2 mg/100g 蛋白，1 个月时为33.50 mg/100g 蛋白，而贮存12 个月后，糠氨酸的含量为48.10 mg/100g 蛋白。在12 个月的贮存时间内，4℃条件下保存的蜂王浆中糠氨酸含量有一定的增长，而且随着贮存时间的延长而增加。

在25℃时，糠氨酸在0 d时含量为32.2 mg/100g 蛋白，1 个月时糠氨酸的含量几乎增长了一倍，为60.54 mg/100g 蛋白，而贮存12 个月后，糠氨酸的含量几乎为0 d 时的23 倍，为730.98 mg/100g 蛋白。由此可以看出，在高温条件下，糠氨酸的含量随着贮存时间的延长迅速增加，且增长速度远大于4℃的增长速度，说明温度的升高会加速美拉德反应。

总体而言，在整个贮存过程中，蜂王浆中粗蛋白的含量没有随着贮存时间的增加和贮存温度的升高而发生明显改变，可能是因为在整个贮存过程中，蜂王浆中的含氮化合物并未转化为气体而逸出，而糠氨酸的含量随着贮藏温度的升高和贮存时间的延长而发生改变：温度越高，糠氨酸的增加速度越快；时间越长，糠氨酸的含量越多。

（五）糠氨酸的含量与贮存时间的相关性

以糠氨酸的含量（mg/100g 蛋白）为纵坐标 y，以贮存时间（月）为横坐标 x，分析了不同贮存温度下这两个变量的线性关系。结果列于表6-14、图6-9。

表6-14 不同贮存温度下糠氨酸含量与贮存时间的相关性

Tab. 8-5 Correction between contents of furosine and storage periods at different temperature

温度	线性方程	相关系数 R^2
−18℃	$y = 0.095609x + 31.75935$	0.7492
4℃	$y = 1.441504x + 31.72556$	0.9832
25℃	$y = 65.89656x + 31.49946$	0.9773

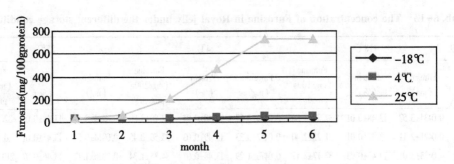

图6-9 不同贮存温度下糠氨酸含量与贮存时间的相关性

Fig. 6-9 Correction between contents of furosine and storage periods at different temperature

由表6-14可以看出，在25℃和4℃条件下贮存时，糠氨酸的含量和贮存时间存在着良好的线性关系，R^2 分别为 0.9773 和 0.9832，其含量随贮存时间的增加而增加。由图 6-9 可以看出，在 25℃条件下，糠氨酸的增长速度要远远大于 4℃时的增长速度，说明美拉德反应的速度随着温度的升高而增加。在贮存 9 个月后，25℃的蜂王浆中糠氨酸的增长幅度减小，可能是由于进入美拉德反应高级阶段，Amadori 化合物作为一个中间产物开始发生降解（Ferrer *et al.*，2003；Guerra-Hernandez *et al.*，2002；Kramholler *et al.*，1993；Ramirez-Jimenez *et al.*，2003；Resmini *et al.*，1994；Sanz *et al.*，2003）。

四、小 结

蜂王浆中含有丰富的蛋白质、氨基酸和还原糖，以及 64%左右的水分，因此在长时间贮存或较高温度下易发生美拉德反应。糠氨酸是美拉德反应产物 Amadori 化合物的水解产物，是美拉德反应前期评价营养损失程度的一个重要指标，因此可被用来评价蜂王浆贮存过程中营养的损失程度。

本节用离子对反相高效液相色谱法 Atlantis C18 色谱柱，在 280nm 波长下，乙腈/水（含有 5 mmol/L 庚烷磺酸钠）/甲酸（20∶79.8∶0.2）为流动相，测定蜂王浆中糠氨酸的含量，是一种简便、快速、准确的方法，从进样到完成分析只需 10 min 时间，糠氨酸的含量与峰面积之间成良好的线性关系，相对偏差为 3.5%（$n=6$），加标回收率为 96.94%。适用于蜂王浆中糠氨酸的定量分析。

不同贮存条件下蜂王浆中糠氨酸含量的测定结果表明，新鲜蜂王浆中糠氨酸含量很少，而随着贮存时间的增加，糠氨酸的含量随之增加，在 25℃和 4℃条件下贮存时，糠氨酸的含量和贮存时间之间存在着良好的线性关系，R^2 分别为 0.9773 和 0.9832。不同温度对其增加幅度影响较大，变化幅度为 25℃＞4℃＞-18℃。

第三节 蜂王浆中生物胺的测定及在贮藏中的变化

本节建立了测定蜂王浆中生物胺的快速、有效方法，同时用于蜂王浆实际样品测定，研究蜂王浆中生物胺的种类和含量分布。结果显示蜂王浆中共检出 9 种生物胺，含量在 5 138.9~9 228.8 μg/kg。蜂王浆冻干粉中生物胺含量高于新鲜蜂王浆，尤其腐胺与多巴胺差异显著。

一、概 述

近年来，随着蜂产品越来越受到广大消费者的青睐，对蜂产品质量的风险评估引起监管部门的重视。生物胺作为蜂产品潜在的质量安全风险因子，逐渐引起人们的高度关注和深入研究。蜂王浆中含有大量游离氨基酸，易被微生物侵染产生生物胺。生物胺的过量摄入会对人体健康造成重大危害，因而需要建立蜂王浆中生物胺含量的检测方法，为蜂王浆中生物胺的风险评估提供技术支撑。目前，国内外未见蜂王浆中生物胺有效分析方法的报道，也未见生物胺在蜂王浆加工和贮藏中变化规律的相关研究。

食品中常见的生物胺主要有 12 种，包括组胺（Histamine，HIS）、色胺（Tryptamine，TR）、酪胺（Tyramine，TYR）、精胺（Spermine，SP）、亚精胺（Spermidine，SPD）、2-苯乙胺（Phenylethylamine，PHE）、硫酸胍基丁胺（Amgatine sulfate，AGM）、腐胺（Putrescine，PUT）、尸胺（Cadaverine，CAD）、多巴胺（Dopamine，DOP）、章胺（Octopamine，OCT）和 5-羟基色胺（5-Hydroxytryptamine，HYTR）（Lee，S.，Yoo，M.，& Shin，D.，2015）。

在国内外研究中，高效液相色谱-串联质谱联用技术（HPLC-MS/MS）因其灵敏、高效，且能提供目标化合物的准确质谱信息而成为食品中生物胺测定的新方法。与 HPLC 相比，超高效液相色谱（UHPLC）因其灵敏度更高、分离速度更快、分离性能更好，更受到研究人员的青睐（Cai *et al.*，2016；Dadáková，E.，Křížek，M.，& Pelikánová，2009；Gong，*et al.*，2014；Onal *et al.*，2013；Sentellas *et al.*，2016）。

几乎所有蜂王浆中均含有少量生物胺，即没有空白基质样品。因此，在分析方法建立及验证的过程中，如确定方法线性和回收率时，需要通过稀释样品基质来降低基质影响，但生物胺浓度也会随之降低，增加了检测难度。

本研究参照了其他基质中生物胺测定的 HPLC-MS/MS 方法，对蜂王浆中生物胺的衍生条件以及色谱、质谱条件进行了优化，分析了蜂王浆中常见的 12 种生物胺，建立了蜂王浆中生物胺测定的新方法。

二、试验部分

（一）试验材料

蜂王浆样品取自茶花花期，取样地点为浙江不同地区的 10 个蜂场，采集蜂种为浙江浆蜂。采集后的蜂王浆迅速放入冰盒保温，并于当天送回实验室。将各个蜂场的样品混合均匀后，蜂王浆样品平行准备 3 份，一份置于-18℃冰箱中冷冻保存，一份置于 4℃冰箱中冷藏保存，一份置于室温下避光保存。每隔 15 d 测定一次样品中生物胺含量，实验进行 90 d，记录生物胺种类及含量变化情况。

（二）试剂

（1）三氯乙酸，购于济宁宏明化学试剂有限公司。

（2）5-磺基水杨酸，购于天津市北联精细化学品开发有限公司。

（3）高氯酸，购于国药集团化学试剂有限公司。

（4）浓盐酸，购于北京化工厂。

（5）无水碳酸钠，购于北京化工厂。

（6）碳酸氢钠，购于北京化工厂。

（7）丹磺酰氯衍生剂，购于美国 Sigma 公司。

（8）乙腈、丙酮、甲酸、乙酸乙酯均为色谱纯，购于美国 MREDA 公司。

（9）去离子水由纯水器制备，仪器购于美国 Millipore 公司。

（10）试验用生物胺或其盐酸盐标准品：组胺（Histamine）、色胺（Tryptamine）、酪胺（Tyramine）、精胺（Spermine）、亚精胺（Spermidine）、2-苯乙胺（Phenylethylamine）、硫酸胍基丁胺（Agmatine sulfate）、尸胺（Cadaverine）、腐胺二盐酸盐（Putrescine dihydrochloride）、章胺盐酸盐（DL-Octopamine hydrochloride）、多巴胺盐酸盐（Dopamine hydrochloride）、5-羟基色胺盐酸盐（5-Hydroxytryptamine hydrochloride）。上述生物胺标准品均购于北京百灵威科技有限公司，纯度均大于99%。

（三）仪器

Agilent 1290 超高效液相色谱仪，6495 三重四级杆串联质谱仪，美国 Agilent 公司。

（四）试验条件

1. 超高效液相色谱条件

（1）色谱柱：Agilent Poroshell 120 SB-C$_{18}$（50 mm×2.1 mm，2.7μm）。

（2）流动相：0.1%甲酸水溶液（A）+ 0.1%甲酸乙腈溶液（B）。

（3）流速：0.3 mL/min。

（4）柱温：40 ℃。

（5）进样量：5 μL。

（6）梯度洗脱程序见表 6-15。

表 6-15　流动相梯度洗脱程序

Tab. 6-15　The program of gradient elution

时间（min）	流动相 A（%）	流动相 B（%）
0	70	30
1.0	70	30
5.0	20	80

时间（min）	流动相 A（%）	流动相 B（%）
6.5	20	80
7.5	0	100
9.0	0	100
9.5	70	30
12.5	70	30

2. 质谱条件

（1）离子源：离子漏斗，电喷雾离子源（ESI）。

（2）扫描方式：正离子扫描方式。

（3）监测模式：多反应监测（MRM）模式。

（4）其他质谱条件：气体温度（Gas Temp）为 300 ℃；干燥器流速（Gas Flow）为 15 L/min；雾化器压力（Nebulizer）为 40 psi；鞘流气气体温度（Sheath Gas Temp）为 300 ℃；鞘流气气体流速（Sheath Gas Flow）为 11 L/min；毛细管电压为 4 000 V；喷嘴电压为 1 000 V。

（5）其余质谱分析参数见表 6-16。

表 6-16　12 种生物胺的结构信息及质谱条件

Tab. 6-16　MRM acquisition settings for the dansyl derivatives of 12 BAs

名称	保留时间（min）	丹磺酰氯结合个数	衍生物分子量	特征离子对（m/z）	传输电压（V）	碰撞能量（V）	驻留时间（ms）	离子加速电压（V）
AGM	3.814	2	596	597>170[a] 597>234	380	50 50	20	3
TR	4.259	1	393	394>130[a] 394>144	380	50 50	20	3
PHE	4.584	1	354	355>156[a] 355>115	380	50 50	20	3
PUT	4.800	2	554	555>170[a] 555>321	380	50 20	20	3
CAD	5.016	2	568	569>170[a] 569>186	380	50 50	20	3
HIS	5.142	2	577	578>170[a] 578>234	380	50 45	20	3
OCT	5.338	2	619	620>170[a] 620>234	380	50 50	20	3

（续表）

名称	保留时间（min）	丹磺酰氯结合个数	衍生物分子量	特征离子对（m/z）	传输电压（V）	碰撞能量（V）	驻留时间（ms）	离子加速电压（V）
HYTR	5.599	2	642	643>235[a] 643>299	380	50 50	20	3
TYR	5.935	2	603	604>170[a] 604>234	380	45 50	20	3
SPD	6.131	3	844	845>360[a] 845>170	380	50 55	20	3
DOP	7.476	3	852	853>170[a] 853>619	380	50 50	20	3
SP	7.773	4	1134	1135>360[a] 1135>170	380	50 55	20	3

注："a"表示定量离子对

（五）溶液的配制

1. 5%三氯乙酸溶液的配制

称取10 g三氯乙酸于250 mL锥形瓶中，加入200 mL去离子水，超声充分溶解后备用。

2. 21 mg/mL 5-磺基水杨酸溶液的配制

称取2.1 g 5-磺基水杨酸粉末于100 mL容量瓶中，用去离子水定容，混匀后备用。

3. 0.4 mol/L $HClO_4$溶液的配制

称取5.74 g分析纯高氯酸于100 mL容量瓶中，用去离子水定容，混匀后备用。

4. 0.1 mol/L HCl溶液的配制

吸取8.3 mL 12 mol/L浓盐酸于1 000 mL容量瓶中，用去离子水定容，混匀。移至锥形瓶中，密封待用。

5. 碳酸钠-碳酸氢钠缓冲溶液（pH值=11.5）的配制

称取18.7 g碳酸钠以及1 g碳酸氢钠于500 mL锥形瓶中，加入300 mL去离子水溶解，用1 mol/L NaOH溶液调节pH值至11.5。

6. 丹磺酰氯丙酮溶液（10 mg/mL）的配制

准确称取100 mg丹磺酰氯粉末于15 mL离心管中，加入10 mL丙酮溶解，现用现配。

7. 标准溶液的配制

准确称取12种生物胺标准品各50 mg，置于50 mL棕色容量瓶中，加入0.1 mol/L

HCl 定容至刻度，即为 1.0 mg/mL 的标准贮备液，贮存于 4℃ 冰箱中。在 50 mL 棕色容量瓶中加入 12 种生物胺的单标贮备液各 500 μL，用 0.1 mol/L HCl 定容至刻度，即为 10 μg/mL 的混合标准溶液，密封保存于 4℃ 冰箱中。用于试验测定和方法验证的标准工作溶液于试验当日现用现配。

（六）样品的测定

样品处理方法参照 Lee 等（Lee S et al.，2015）的方法进行优化，对蜂王浆样品进行前处理。称样前将样品混匀，称取 1 g（精确到 0.01 g）蜂王浆样品于离心管中，加入 15 mL 5% 三氯乙酸溶液，涡旋混合均匀，置于 4℃ 冰箱中避光过夜以沉淀蜂王浆中的蛋白。将过夜后的样品于 4℃ 8 000 r/min 离心 10 min。取 1 mL 上清液于 10 mL 离心管中，加入 1 mL pH 值 = 11.5 的碳酸钠-碳酸氢钠缓冲溶液，充分混匀后，加入 1 mL 10 mg/mL 的丹磺酰氯丙酮溶液，迅速混匀后，于 60℃ 下避光衍生 15 min。衍生后将样品避光冷却至室温，用 2 mL 乙酸乙酯提取两次，合并有机相，加入 1.5 mL 去离子水洗涤，收集有机相，氮气吹干后采用 1 mL 乙腈复溶，复溶液过尼龙滤膜（0.22 μm）后进 UHPLC-MS/MS 进行分析。

标准品不需除蛋白步骤，后续衍生、提取、水洗、氮吹、复溶步骤同样品处理方法。

三、结果与讨论

（一）样品处理条件的优化

1. 蜂王浆中蛋白质沉淀试剂的筛选

蜂王浆中含有大量蛋白质，可与丹磺酰氯发生反应，在生物胺衍生化过程中形成竞争，影响测定结果。因此，在衍生化反应之前，需对样品进行除蛋白处理。三氯乙酸（Restuccia et al.，2015；Casal et al.，2004）、5-磺基水杨酸（La et al.，2010）、高氯酸（Yang et al.，2014）是较为常见的蛋白质沉淀试剂。本研究对这 3 种试剂（5% 三氯乙酸溶液、21 mg/mL 5-磺基水杨酸溶液、0.4 mol/L HClO$_4$）的蛋白质沉淀效果进行对比。发现三氯乙酸和高氯酸的沉淀蛋白效果接近，且优于 5-磺基水杨酸。但由于高氯酸具有强腐蚀性和强刺激性，因此为安全起见，试验选择三氯乙酸作为蜂产品中蛋白质的沉淀试剂。

2. 衍生剂浓度的筛选

生物胺既没有紫外发色基团，也没有荧光发色基团，因此检测前需对其进行衍生。丹磺酰氯是生物胺常用的衍生试剂，能够与伯胺或仲胺上的活泼氢反应，脱掉一分子 HCl 后生成具有紫外及荧光吸收的衍生产物。

衍生剂丹磺酰氯的浓度对反应是否完全以及样品中生物胺含量测定是否准确密切相关。对浓度范围1~14 mg/mL进行了研究。每个浓度进行3次试验，取平均值。以丹磺酰氯衍生剂的浓度为横坐标，各生物胺的色谱峰面积（以百万为单位）的相对百分比为纵坐标作图，图6-10表示生物胺衍生产物的生成量随衍生剂丹磺酰氯浓度变化的变化趋势。

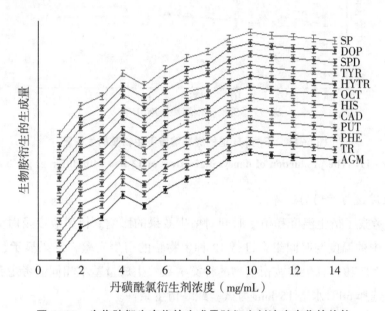

图6-10　生物胺衍生产物的生成量随衍生剂浓度变化的趋势

Fig. 6-10　The trends of the production of dansyl derivatives of

12 Bas with the concentration of derivative reagent

从图6-10中可以看出，12种标样均在衍生剂浓度为10 mg/mL时，生成量最大。继续增大衍生剂浓度，各生物胺生成量并无明显增长，趋于平衡。因此，为避免试剂浪费，选定衍生剂浓度为10 mg/mL。

3. 碳酸钠-碳酸氢钠缓冲溶液pH值的筛选

生物胺在碱性环境中才能与丹磺酰氯发生反应，因此缓冲溶液的pH值至关重要。本研究对pH值范围为8.0~14.0的碳酸钠-碳酸氢钠缓冲溶液进行了研究，以缓冲溶液的pH值为横坐标，各生物胺的色谱峰面积（以百万为单位）的相对百分比为纵坐标作图，结果如图6-11所示。

由图6-11可以看出，除色胺（TR）、腐胺（PUT）、尸胺（CAD）外，其余9种生物胺均在pH值=11.5时，得到最大生成量。而色胺、腐胺、尸胺在pH值=9.5时有最大生成量，pH值=11.5时，生成量略微减少，但相差不多。因此，综合考虑，本试验最适合的pH值为11.5。

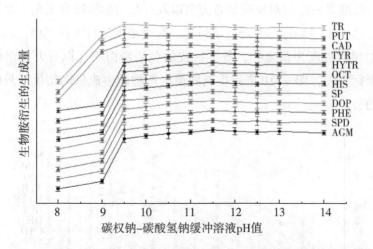

图 6-11 不同 pH 值的缓冲溶液下生物胺的生成量

Fig. 6-11   The production of dansyl derivatives of 12 Bas with different pH buffer

4. 衍生温度与时间的选择

本试验考察了衍生温度和衍生时间对衍生效果的影响。衍生温度及时间组合见表6-17。按表中的温度与时间组合进行 12 种生物胺的衍生实验，结果显示，14 种组合条件下均衍生成功，且生物胺衍生物的种类一致、生成量基本相同。考虑到省时、节能等因素，选择 60℃ 水浴 15 min 为试验最终衍生条件。

表 6-17 衍生温度与衍生时间

Tab. 6-17   The effect of derivative temperature and derivative time

温度（℃）	时间（min）	温度（℃）	时间（min）
室温	隔夜	65	10
30	90	65	25
40	75	70	10
50	30	70	20
50	60	75	10
60	15	80	10
60	30	90	5

（二）色谱条件的优化

1. 液相色谱分析柱的选择

对 3 种色谱柱：Agilent ZORBAX SB－C$_{18}$（50 mm × 2.1 mm，3.5 μm）、Phenomenex Kinetex C$_{18}$（50 mm×2.1 mm，2.6 μm）、Agilent Poroshell 120 SB－C$_{18}$（50 mm×2.1 mm，2.7 μm），进行了比较研究，结果表明 Agilent Poroshell 120 SB－C$_{18}$

（50 mm×2.1 mm，2.7 μm）柱具有更强的分离性能，12 种目标分析物可以在该色谱柱上完全分离，峰型尖锐对称无拖尾现象，且该色谱柱对于目标化合物的保留和分离能力显著高于其他两个色谱柱（图 6-12）。

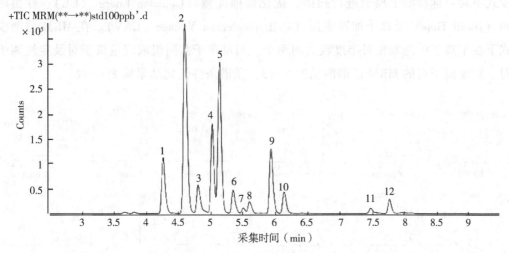

1. 硫酸胍基丁胺，AGM；2. 色胺，TR；3. 2-苯乙胺，PHE；4. 腐胺，PUT；5. 尸胺：CAD；6. 组胺，HIS；7. 章胺，OCT；8. 5-羟基色胺，HYTR；9. 酪胺，TYR；10. 亚精胺，SPD；11. 多巴胺，DOP；12. 精胺，SP

图 6-12 12 种生物胺标准品的色谱图

1. agmatine（AGM）；2. tryptamine（TR）；3. phenylethylamine（PHE）；4. putrescine（PUT）；5. cadaverine（CAD）；6. histamine（HIS）；7. octopamine（OCT）；8. 5-hydroxytryptamine（HYTR）；9. tyramine（TYR）；10. spermidine（SPD）；11. dopamine（DOP）；12. spermine（SP）

Fig. 6-12   Chromatogram of the 12 standard mixtures

2. 流动相的选择

流动相的组成不仅影响目标化合物的峰型、响应值及保留时间，还对离子化效率和离子类型有所影响。本研究优化了流动相组成，对比了纯水-乙腈、5 mmol/L 甲酸铵溶液-乙腈、0.1％甲酸水溶液-0.1%甲酸乙腈溶液及 0.1％甲酸水溶液-甲醇 4 组流动相组成条件下 12 种生物胺的响应值和峰型。结果表明，甲醇为流动相时的响应值低于乙腈，且保留时间有偏移；向流动相中加入甲酸后，目标物的分离效果及峰型均明显改善，原因是甲酸能够促进化合物电离，在正离子监测模式下能够增强目标化合物的响应，而且在有机相中同样加入甲酸后，使有机相和水相混合时波动较小，使峰型更稳定。因此，本试验选择 0.1％甲酸水溶液-0.1%甲酸乙腈溶液作为流动相。

3. 质谱条件的优化

生物胺氨基上 N 原子具有孤对电子，容易接受质子呈碱性，在一级质谱中易加和氢离子生成带有正电荷的离子。本文先在电喷雾正离子监测模式（ESI⁺）下对12种生物胺进行一级质谱全扫描，根据［M+H］⁺离子找到分子离子峰。由于本研究将质谱与离子漏斗相结合，传输电压（Fragmentor Voltage，FV）即为定值380V。在MRM模式下对目标物的子离子进行扫描，优化碰撞能量（Collision Energy，CE）、驻留时间（Dwell Time）及离子加速电压（Cell Accelerator Voltage，CAV）。在MRM监测模式下在子离子中选取相对丰度较大的两个，与母离子共同组成定量离子对及定性离子对。特征离子对的MRM色谱图见图6-13，质谱条件优化结果见表6-16。

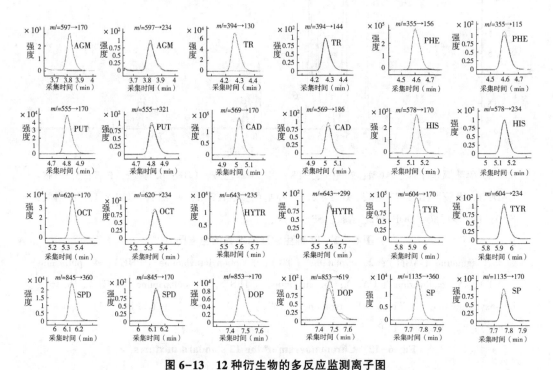

图6-13　12种衍生物的多反应监测离子图

Fig. 6-13　MRM chromatogram of 12 the dansyl derivatives of BAs

（三）方法学考察

1. 线性关系、检出限和定量限

在进行线性关系试验前，需配制12种生物胺的混合标准溶液。根据前期试验结果可知，12种生物胺的检测灵敏度差异很大，HIS最容易检测到，灵敏度最高，AGM灵敏度最低，二者相差近400倍。因此，配制混合标准溶液时，未采用统一浓度，而是根据各生物胺的响应灵敏度高低进行浓度差异配制。混合标准溶液中AGM、OCT、HYTR、SPD、DOP、SP质量浓度为0.2 μg/L，TR、PHE、PUT、CAD、TYR质量浓度为0.02 μg/L，HIS质量浓度为0.002 μg/L。用0.1 mol/L HCl将生物胺混合标准溶液分别稀释 2、4、20、200、2000 倍，以各生物胺的质量浓度（μg/L）为横坐标（x），对应的色谱峰面积为纵坐标（y）绘制标准曲线。结果表明，12 种生物胺在其相应浓度范围内均呈现出良好的线性关系，各标准曲线的相关系数均大于 0.99。12 种生物胺的线性关系见表6-18。

表 6-18　12 种生物胺的线性关系及检出限、定量限
Tab. 6-18　Linearities, LODs, and LOQs of the standard BAs

分析物	线性范围 （μg/L）	回归方程	相关系数 （R^2）	检出限 LOD （μg/kg）	定量限 LOQ （μg/kg）
AGM	0.1~200	$y = 189.789x - 4\,233.347$	0.9945	144.4	476.5
TR	0.01~20	$y = 3390.160x - 33\,487.153$	0.9990	5.3	17.5
PHE	0.01~20	$y = 17756.516x - 234\,257.337$	0.9976	0.9	3.0
PUT	0.01~20	$y = 3554.046x - 83\,260.963$	0.9936	7.3	24.1
CAD	0.01~20	$y = 6330.072x - 33\,401.460$	0.9998	2.8	9.2
HIS	0.001~2	$y = 11770.296x - 73\,059.461$	0.9972	0.4	1.3
OCT	0.1~200	$y = 2088.443x - 29\,909.771$	0.9976	9.2	30.4
HYTR	0.1~200	$y = 860.231x - 13\,572.630$	0.9978	31.0	102.3
TYR	0.01~20	$y = 6577.555x - 91\,399.727$	0.9981	3.3	10.9
SPD	0.1~200	$y = 2068.524x - 54\,250.343$	0.9918	13.7	45.2
DOP	0.1~200	$y = 1070.544x - 33\,894.427$	0.9902	93.7	309.2
SP	0.1~200	$y = 876.306x - 15\,113.083$	0.9959	20.4	67.3

　　将生物胺混合标准溶液的浓度逐级稀释，按已优化的方法及条件上机分析，当目标物与基线噪声的响应值之比（信噪比，S/N）等于 3 时，此时标准溶液中各生物胺的浓度即为各自的检出限（LOD）；当信噪比（S/N）等于 10 时，此时的浓度即为各生物胺的定量限（LOQ）。结果表明，该方法的检出限（LODs）为 0.4~144.4 μg/kg，定量限（LOQs）为 1.3~476.5 μg/kg，具体见表6-18。

　　2. 回收率和精密度

　　选取预试验中测定所含生物胺浓度较低的蜂王浆样品，进行回收率和精密度试验。在已知各生物胺含量的蜂王浆样品中分别添加 100 μg/kg、500 μg/kg、1 000 μg/kg 的混合标准溶液，按已优化的样品处理方法进行前处理，为减小基质影响，将处理好的蜂王浆样品稀释 20 倍后进样分析。回收率计算公式为：回收率（Recovery）% = 进样所测得的生物胺浓度/（添加前样品基质中生物胺浓度/20 + 添加浓度/20）×100。蜂王浆样品中各生物胺的基质添加回收率范围为 72%~116%，在可允许范围内，具体结果见表6-19。

　　向蜂王浆样品分别添加 100 μg/kg、500 μg/kg、1 000 μg/kg 3 个水平的混合标准溶液，前处理后稀释 20 倍以降低基质影响，按所优化的仪器条件进行分析，每日平行测定 5 次，连续测定 3d，对方法精密度进行评价，结果见表6-19。

表 6-19　12 种生物胺的基质回收率及精密度

Fig. 6-19　Recoveries, intra-day （$n=3$） and inter-day （$n=5$）

precision data for 12 standard BAs

目标化合物	添加浓度 （μg/kg）	基质回收率 （%）	日内精密度 （%）	日间精密度 （%）
AGM	100	74	8.7	9.5
	500	78	5.9	8.9
	1 000	87	6.3	10.5
TR	100	92	3.5	10.9
	500	107	4.2	7.8
	1 000	111	5.7	12.3
PHE	100	80	8.6	9.8
	500	86	4.6	9.2
	1 000	82	7.9	10.7
PUT	100	88	5.3	9.1
	500	76	4.8	11.1
	1 000	79	5.9	10.5
CAD	100	89	4.7	9.3
	500	92	8.9	6.8
	1 000	107	8.2	7.2
HIS	100	89	6.8	10.0
	500	92	7.5	13.1
	1 000	89	9.8	11.6
OCT	100	76	6.5	13.4
	500	79	7.3	10.9
	1 000	78	8.8	9.5
HYTR	100	112	3.2	8.5
	500	109	2.9	7.8
	1 000	114	6.7	12.2
TYR	100	89	8.5	9.0
	500	86	6.9	10.5
	1 000	89	4.3	8.9
SPD	100	109	5.5	9.8
	500	107	5.8	11.8
	1 000	112	6.2	12.8
DOP	100	82	6.0	13.2
	500	86	7.1	11.0
	1 000	90	9.2	10.6
SP	100	110	6.8	7.9
	500	109	7.0	10.9
	1 000	112	4.7	12.3

由表 6-19 可以看出，该方法测定 3 个添加水平的蜂王浆样品的日内精密度（$n=$ 5）均小于 10%，日间精密度（$n=15$）均小于 15%，均在可接受范围内，说明该方法对于蜂王浆中生物胺的分析测定是稳定可靠的。

3. 基质效应

国际纯粹与应用化学联合会将基质效应定义为样品中除目标分析物外的其他成分对于定量分析的综合影响（Guilbault *et al.*，1989）。一般认为，基质效应是待测组分与样品基质成分在雾滴表面离子化过程中存在竞争所产生（Pascoe *et al.*，2001）。也有人认为，基质效应源于目标物质与基质中内源性物质或杂质共同被洗脱而引起色谱柱超载。基质效应会对目标物的离子化效率产生影响，使离子强度增加或降低，从而影响检出限、定量限以及试验结果的准确性。

本研究中，由于蜂王浆样品中均含有少量生物胺，没有空白基质样品，因此，只能通过稀释来减少基质效应。本试验参照 Stahnke 等（Stahnke *et al.*，2012）关于稀释倍数对基质效应的影响的报道，研究了稀释倍数对于蜂王浆基质效应的影响。方法如下：挑选一个蜂王浆样品，按照前文建立的方法进行处理分析，进样后得到样品中各生物胺的种类及含量。再用乙腈将已处理好的 3 个蜂王浆样品分别稀释 2 倍、5 倍、10 倍、20 倍、50 倍、100 倍、200 倍，再分别测定各样品中生物胺含量，乘以各稀释倍数后与未稀释样品中生物胺含量进行对比，可得出稀释倍数对基质效应的影响。结果表明，稀释后的蜂王浆样品中生物胺的含量乘以其稀释倍数后，均高于未稀释样品中所测得的含量，说明蜂王浆基质对于测定结果具有抑制作用，而对样品进行稀释能够降低抑制作用。稀释倍数从 2 倍增长至 20 倍时，乘以稀释倍数后的生物胺含量逐渐升高，20 倍时达到最高，此后含量基本保持不变。因此，本试验选取最佳稀释倍数为 20 倍，与 Stahnke 等（Stahnke *et al.*，2012）的研究结果一致。基质影响的计算公式为：基质影响（Matrix Effect，ME）% = 未稀释样品中生物胺浓度/（稀释 20 倍后样品中生物胺浓度×稀释倍数 20）×100。若基质影响大于 100%，则为基质增强，若小于 100%，则为基质抑制。本试验中，蜂王浆基质对于其中所含各生物胺的影响范围为 39%~75%，表现出较强的抑制作用。

4. 衍生试剂与衍生产物的稳定性

衍生剂丹磺酰氯粉末于 -20℃ 冰箱冷冻室内避光保存，现用现配。分别在衍生剂开封当天及开封后 10 d、20 d、30 d、60 d、90 d、120 d 配制丹磺酰氯丙酮溶液（10 mg/mL），与相对较稳定的尸胺标准溶液（1 μg/mL）进行衍生化反应，上机检测。以开封当日配制的衍生剂生成的尸胺衍生物的量为基准（剩余率定为 100%），后期配制的衍生剂的衍生效果与其进行对比，每组平行测定 3 份，取平均值，结果丹磺酰氯在 30 d 内的衍生效果基本稳定，说明丹磺酰氯衍生剂可在 -20℃ 条件下避光保存 1 个月左右。

用新拆封的衍生剂分别与12种生物胺的单标溶液（1 μg/mL）进行衍生化反应，按优化方法处理后上机检测。将处理好的单标溶液贮存在-20℃冰箱冷冻室中，并于30 d、60 d、90 d、120 d、180 d、270 d再次进行检测，测定结果与第一次测定结果进行比较。可以看出，12种生物胺的丹磺酰氯衍生物于-20℃条件下避光保存6个月未发生明显变化，6个月后逐渐发生分解，尤其色胺和精胺较为明显。

（四）蜂王浆中生物胺的含量及其在贮存中的变化

3种贮存环境（冷冻、冷藏、室温）下的油菜蜂王浆中均检测出9种生物胺，包括色胺、2-苯乙胺、腐胺、尸胺、组胺、酪胺、亚精胺、多巴胺和精胺。蜂王浆在贮存过程中生物胺的种类没有发生改变，含量变化也不显著。在贮存过程中某些生物胺含量先升后降再升，如腐胺、组胺；某些生物胺含量持续增加，如尸胺、亚精胺；某些生物胺含量一直降低，如多巴胺，但含量波动均不明显。出现这些现象的原因可能是生成生物胺的微生物和分解生物胺的微生物之间存在竞争机制，当产生生物胺的微生物处于优势地位时表现为生物胺含量的增加，当分解生物胺的微生物处于优势地位时表现为生物胺含量的降低。此外，生物胺在合成的同时，自身也会发生降解。因此，蜂王浆在贮存过程中生物胺含量的变化是多种因素综合作用的结果，具体的作用机制还有待于进一步探究。

虽然蜂王浆在长期贮存过程中，生物胺含量没有明显变化，但不同的贮存环境对于生物胺含量还是有一定的影响。蜂王浆中各生物胺在冷冻的贮存环境下的含量明显低于冷藏和室温贮存环境，这可能是由于冷冻环境下大部分微生物难以生存，而且酶的活性受到抑制，导致生物胺合成速度受到影响。室温贮存环境下蜂王浆中生物胺的含量稍高于冷藏环境，这可能是由于室温环境下，微生物的活动性较强，氨基酸脱羧酶较为活泼。但在贮存过程中的某一阶段，室温贮存环境下蜂王浆中某些生物胺的含量反而低于冷藏环境，如室温环境中的腐胺、尸胺、组胺、亚精胺、多巴胺在贮存前45 d内，其含量低于冷藏环境。造成此种现象的原因可能是合成生物胺的微生物大部分是嗜热微生物，但也有部分属于嗜冷微生物，在贮存前期，可能是嗜冷微生物占据了竞争优势地位，导致冷藏条件下的生物胺含量稍高于室温环境。各类微生物在蜂王浆贮存期间的具体作用机制有待于后续深入研究。

四、小　结

本节建立了超高效液相色谱结合串联质谱测定蜂王浆中生物胺的有效方法，并对生物胺衍生条件和色谱、质谱测定条件进行了优化。由于蜂王浆中含有大量蛋白质，易对生物胺的测定造成影响，因此在衍生化之前，需用三氯乙酸溶液沉淀蜂王浆中蛋白质。对衍生试剂浓度、缓冲溶液pH值、衍生化温度及时间分别进行了优化，10 mg/mL丹磺酰氯衍生剂、pH 值 11.5 的碳酸钠-碳酸氢钠缓冲溶液以及 60℃衍生 15 min 是生物胺衍生化反应的最佳条件。生物胺极性较大，在色谱柱上的分离难度大。经优化，12 种生物胺在 0.1%甲酸水溶液和 0.1%甲酸乙腈溶液的梯度洗脱下，能够在 Agilent Poroshell 120 SB-C$_{18}$（50 mm×2.1 mm，2.7 μm）色谱柱上完全分离，峰型对称且尖锐。

经过方法学验证，本节所建方法在一定浓度范围内线性关系良好，12 种生物胺的相关系数均大于 0.99。方法的检出限和定量限分别为 0.4~144.4 μg/kg 和 1.3~476.5 μg/kg。在 100 μg/kg、500 μg/kg、1 000 μg/kg 3 个添加水平下，12 种生物胺的基质回收率均在 72%~116%。3 个添加水平下，12 种生物胺的日内精密度均小于 10%，日间精密度均小于 15%，均在可接受范围内。蜂王浆对于其中生物胺的测定具有较强抑制作用，蜂王浆的基质影响为 39%~75%，因此测定前需对样品基质进行稀释，结果表明稀释 20 倍时为最佳。

利用建立的方法对蜂王浆中生物胺的种类及含量进行了有效测定。该方法快速有效、简单易行、灵敏可靠，且该方法定性定量准确，回收率稳定。与其他生物胺的测定方法相比，该方法由于离子漏斗技术的使用，大幅度提高了检测灵敏度，非常适用于蜂王浆中生物胺的测定。

参考文献

提伟钢，霍贵成. 2007. 一种快速检测复原乳的方法 [J]. 食品工业科技，28（8）：239-242.

王加启，卜登攀，于建国. 2005. 生乳与巴氏杀菌乳中糠氨酸含量及其测定方法研究 [J]. 中国畜牧兽医，32（Ⅱ）：25-27.

中华人民共和国国家标准. GB 9697—2008 蜂王浆.

Albala-Hurtado S, Veciana-Nogues M T, Marine-Font A, et al.. 1998. Changes in furfural compounds during storage of infant milks [J]. Journal of Agricultural and Food Chemistry, 46: 2998-3003.

Alyssa H, Margherita R, Carlo P. 2006. Estimation of equivalent egg age through furosine analysis [J]. Food Chemistry, (94): 608-612.

Amélie C, Lamia A, Inés B. 2007. Kinetics of Formation of Three Indicators of the Maillard Reaction in Model Cookies: Influence of Baking Temperature and Type of Sugar [J]. Journal of Agricultural and Food Chemistry, (55): 4532-4539.

Anam O O, Dart R K. 1995. Influence of metal ions on hydroxymethylfurfural formation in honey [J]. Analytical Proceedings including Analytical Communications, 32 (12): 515-517.

Antonio R J, Eduardo G H, Belen G V. 2003. Evolution of non-enzymatic browning during storage of infant rice cereal [J]. Food Chemistry, (83): 219-225.

Berg H E, Boekel M A J S. 1994. Degradation of lactose during heating of milk. I. Reaction pathways

[J]. Netherlands Milk and Dairy Journal, 48: 157-175.

Cai Y, Sun Z, Chen G, *et al.*. 2016. Rapid analysis of biogenic amines from rice wine with isotope-coded derivatization followed by high performance liquid chromatography-tandem mass spectrometry [J]. Food Chemistry, 192: 388-394.

Caldeira I, Clímaco M C, Bruno de Sousa R, *et al.*. 2006. Volatile composition of oak and chestnut woods used in brandy ageing: Modification induced by heat treatment [J]. Journal of Food Engineering, 76 (2): 202-211.

Casal S, Mendes E, Alves M R, *et al.*. 2004. Free and conjugated biogenic amines in green and roasted coffee beans [J]. Journal of Agricultural and Food Chemistry, 52: 6188-6192.

Castellari M, Sartini E, Spinabelli U, *et al.*. 2001. Determination of carboxylic acids, carbohydrates, glycerol, ethanol, and 5-HMF in beer by high-performance liquid chromatography and UV-RI double detection [J]. Journal of Chromatographic Science, 39: 235-239.

Chavez-Servin J L, Castellote A I, Lopez-Sabater M C. 2005. Analysis of potential and free furfural compounds in milk-based formulae by high-performance liquid chromatography, Evolution during storage [J]. Journal of Chromatography A, 1076: 133-140.

Chih-Yu L, Shiming L, Yu W, *et al.*. 2008. Reactive dicarbonyl compounds and 5- (hydroxymethyl) -2-furfural in carbonated beverages containing high fructose corn syrup [J]. Food Chemistry, 107 (3): 1099-1105.

Cocchi M, Ferrari G, Manzini D, *et al.*. 2007. Study of the monosaccharides and furfurals evolution during the preparation of cooked grape musts for Aceto Balsamico Tradizionale production [J]. Journal of Food Engineering, 79 (4): 1438-1444.

Coco F L, Valentini C, Novelli V, *et al.*. 1995. Liquid chromatographic determination of 2-furaldehyde and 5-hydroxymethyl-2-furaldehyde in beer [J]. Analytica Chimica Acta, 306: 57-64.

Dadáková E, Křížek, M, Pelikánová T. 2009. Determination of biogenic amines in foods using ultraperformance liquid chromatography (UPLC) [J]. Food Chemistry, 116 (1), 365-370.

Espinosa M A, Salinas F, Nevado J J B. 1992. Differential determination of furfural and hydroxymethylfurfural by derivative spectrophotometry [J]. Journal of AOAC International, 75: 678-684.

Ferrer E, Alegria A, Courtois G, *et al.*. 2000a. High-performance liquid chromatographic determination of Maillard compounds in store-brand and name-brand ultra-high- temperature-treated cows' milk [J]. Journal of Chromatography A, 881: 599-606.

Ferrer E, Alegria A, Farre R, *et al.*. 2000b. Effects of thermal processing and storage on available lysine and furfural compounds contents of infant formulas [J]. Journal of Agricultural and Food Chemistry, 48: 1817-1822.

Ferrer E, Alegria A, Farre R, *et al.*. 2002. High-performance liquid chromatographic determination of furfural compounds in infant formulas: Changes during heat treatment and storage [J]. Journal of

Chromatography A, 947: 85-95.

Ferrer E, Alegria A, Farre R, *et al.*. 2003. Evolution of available lysine and furosine contents in milk-based infant formulas throughout the shelf-life storage period [J]. Journal of the Science of Food and Agriculture, (83): 465-472.

Foster R T, Samp E J, Patino H. 2001. Multivariate modeling of sensory and chemical data to understand staling in light beer [J]. Journal of American Society of Brewing Chemists, 59: 201-210.

Francesca M, Fabio C, Gian C, *et al.*. 2005. A study of the relationships among acidity, sugar and furanic compound concentrations in set of casks for Aceto Balsamico Tradizionale of Reggio Emilia by multivariate techniques [J]. Food Chemistry, 92 (4): 673-679.

Friedman M. 1996. Food browning and its prevention: an overview mendel friedman [J]. Journal of Agricultural and Food Chemistry, 44: 631-653.

Fuleki T, Pelayo E. 1993. Sugars, alcohols, and hydroxymethylfurfural in authentic varietal and commercial grape juices [J]. Journal of AOAC International, 76: 59-66.

Gokmen V, Senyuva H Z. 2006. Improved method for the determination of hydroxymethylfurfural in baby foods using liquid chromatography-mass spectrometry [J]. Journal of Agricultural and Food Chemistry, 5554: 2845-2849.

Gong X, Qi N, Wang X, *et al.*. 2014. Ultra-performance convergence chromatography (UPC2) method for the analysis of biogenic amines in fermented foods [J]. Food Chemistry, 162: 172-175.

Guerra-Hernandez E, Leon C, Garcia-Villanova B, *et al.*. 2002. Effect of storage on non-enzymatic browning of liquid infant milk formulae [J]. Journal of the Science of Food and Agriculture, (82): 587-592.

Guilbault G C, Hjelm M. 1989. Commissions on analytical nomenclature and automation and clinical chemical techniques nomenclature for automated and mechanized analysis [J]. Pure and Applied Chemistry, 61 (9): 1657-1664

Horvath K, Molnar-Perlerl I. 1998. Simultaneous GC-MS quantitation of o-phosphoric, aliphatic and aromatic carboxylic acids, proline, hydroxymethylfurfurol and sugars as their TMS derivatives: In honeys [J]. Chromatographia, 48: 120-126.

Inés B A, Pascal S, Nicolas G. 2002. A new method for discriminating milk heat treatment [J]. International Dairy Journal, (12): 59-67.

Jeuring H J, Kuppers F J E M. 1980. High performance liquid chromatography of furfural and hydroxymethylfurfural in spirits and honey [J]. Journal of AOAC International, 63: 1215-1218.

Kamakura, Fukuda, Fukushima, *et al.*. 2001. Storage-dependent degradation of 57-kDa protein in Royal jelly: a possible mark for freshness [J]. Bioscience Biotechnology and Biochemistry, 65 (2): 277-284.

Kramholler B, Pischetsrieder M, Severin T. 1993. Maillard reaction of lactose and maltose [J].

Journal of Agricultural and Food Chemistry, (41): 347-352.

La Torre G L, Saitta M, Potorti A G, et al.. 2010. High performance liquid chromatography coupled with atmospheric pressure chemical ionization mass spectrometry for sensitive determination of bioactive amines in donkey milk [J]. Journal of Chromatography A, 1217 (32): 5215-5224.

Lamia A A, Odile M, Valérie L, et al.. 2007. Comparison of the effects of sucrose and hexose on furfural formation and browning in cookies baked at different temperatures [J]. Food Chemistry, 101 (4): 1407-1416.

Lee S, Yoo M, Shin D. 2015. The identification and quantification of biogenic amines in Korean turbid rice wine, Makgeolli by HPLC with mass spectrometry detection [J]. LWT- Food Science and Technology, 62 (1): 350-356.

Marconi C, Messia, et al.. 2002. Furosine: a Suitable Marker for Assessing the Freshness of Royal Jelly [J]. Journal of Agricultural and Food Chemistry, 50: 2825-2829.

Marcy J E, Rouseff R L. 1984. High-performance liquid chromatographic determination of furfural in orange juice [J]. Journal of Agricultural and Food Chemistry, 32: 979-981.

Maria J N, Jose L B, Laura T, et al.. 2001. High-performance liquid chromatographic determination of methyl anthranilate, hydroxymethylfurfural and related compounds in honey [J]. Journal of Chromatography A, 917: 95-103.

Monlnar-Perl I, Vasanits A, Horvath K. 1998. Simultaneous GC-MS quantitation of phosphoric, aliphatic and aromatic carboxylic acids, proline and hydroxymethylfurfurol as their trimethylsilyl derivatives: In model solutions II [J]. Chromatographia, 48: 111-119.

Morales F J, Romero C, Jimenez-Perez S. 1997. A kinetic study on 5-hydroxymethylfurfural formation in Spanish UHT milk stored at different temperatures [J]. Journal of Food Science and Technology-Mysore, 34 (1): 28-32.

Nadia S, Marco C, Ignazio F, et al.. 2008. Chemical characterization of a traditional honey-based Sardinian product: Abbamele [J]. Food Chemistry, 108 (1): 81-85.

Nozal J, Bernal J L, Toribio L, et al.. 2001. High-performance liquid chromatographic determination of methyl anthranilate, hydroxymethylfurfural and related compounds in honey [J]. Journal of Chromatography A, 917: 95-103.

Official Methods of Analysis. 1995. 980. 23, HMF in honey. Association of Official Analytical Chemists (AOAC) International, MD, USA., 44.

Omura H, Jahan N, Shinohara K, et al.. 1983. The maillard reaction in foods and nutrition [M]. American Chemical Society, Washington, DC. 537.

Önal A, Tekkeli S E K, Önal C. 2013. A review of the liquid chromatographic methods for the determination of biogenic amines in foods [J]. Food Chemistry, 138 (1): 509-515.

Pascoe R, Foley J. P, Gusev A. I. 2001. Reduction in matrix-related signal suppression effects in electrospray ionization mass spectrometry using on-line two-dimensional liquid chromatography [J]. Analytical Chemistry, 73 (24): 6014.

Porreta S. 1992. Chromatographic analysis of Maillard reaction products [J]. Journal of Chromatography A, 624: 211-219.

Ramirez-Jimenez A, Guerra-Hernandez E, Garcia-Villanova B. 2003. Evolution of non-enzymatic browning during storage of infant rice cereal [J]. Food Chemistry, 83: 219-225.

Restuccia D, Spizzirri U G, Parisi OI, et al.. 2015. Brewing effect on levels of biogenic amines in different coffee samples as determined by LC-UV [J]. Food Chemistry, 175: 143-150.

Ricardo F A M, Carlos A B D M, Márcia P, et al.. 2007. Chemical changes in the non-volatile fraction of Brazilian honeys during storage under tropical conditions [J]. Food Chemistry, 104 (3): 1236-1241.

Rufian-Henares J A, Delgado-Andrade C, Morales F J. 2006. Application of a fast high-performance liquid chromatography method for simultaneous determination of furanic compounds and glucosylisomaltol in breakfast cereals [J]. Journal of AOAC International, 89: 161-169.

Sanz M L, Castillo M D, Corzo N, et al.. 2003. 2-Furoylmethyl amino acids and hydroxymethylfurfural as indicators of honey quality [J]. Journal of Agricultural and Food Chemistry, (51): 4278-4283.

Sentellas S, Nunez O, Saurina J. 2016. Recent Advances in the Determination of Biogenic Amines in Food Samples by (U) HPLC [J]. Journal of Agricultural and Food Chemistry, 61 (41): 7667-7678.

Shimizu C, Nakamura Y, Miyai K, et al.. 2001. Factors affecting 5-hydroximethyl furfural formation and stale flavor formation in beer [J]. Journal of American Society of Brewing Chemists, 59: 51-58.

Spillman P J, Pollnitz A P, Liacopoulos D, et al.. 1998. Formation and degradation of furfuryl alcohol, 4-methylfurfuryl alcohol, and their ethyl ethers in barrel-aged wines [J]. Journal of Agricultural and Food Chemistry, 46: 657-663.

Stahnke H, Kittlaus S, Kempe G, et al.. 2012. Reduction of matrix effects in liquid chromatography-electrospray ionization-mass spectrometry by dilution of the sample extracts: how much dilution is needed [J]. Analytical Chemistry, 84 (3): 1474-1482.

Teixid E, Santos F J, Puignou L, et al.. 2006. Analysis of 5-hydroxymethylfurfural in foods by gas chromatography-mass spectrometry [J]. Journal of Chromatography A, 1135: 85-90.

Teixidó E, Moyano E, Javier Santos F, et al.. 2008. Liquid chromatography multi-stage mass spectrometry for the analysis of 5-hydroxymethylfurfural in foods [J]. Journal of Chromatography A, 1185 (1): 102-108.

Tomlinson A J, Landers J P, Lewis I A S, et al.. 1993. Buffer conditions affecting the separation of Maillard reaction products by capillary electrophoresis [J]. Journal of Chromatography A, 652: 171-177.

Tu D, Xue S, Meng C, et al.. 1992. Simultaneous determination of 2-furfuraldehyde and 5-

（hydroxymethyl） -2-furfuraldehyde by derivative spectrophotometry［J］. Journal of Agricultural and Food Chemistry, 40: 1022-1025.

Villamiel M, Arias M, Corzo N, et al.. 1999. Use of different thermal indices to assess the quality of pasteurized milks［J］. Z Lebensm Unters Forsch A, 208: 169-171.

Winkler O. 1955. Beitrag zum nachweis und zur bestimmung von. oxymethylfurfurol in honig und kunsthonig［J］. Lebensm Unters Forsch, 102: 161-171.

Yang J, Ding X, Qin Y, et al.. 2014. Safety assessment of the biogenic amines in fermented soya beans and fermented bean curd［J］. Journal of Agricultural and Food Chemistry, 62 (31): 7947-7954.

Zappala M, Fallico B, Arena E, et al.. 2005. Methods for the determination of HMF in honey: a comparison［J］. Food Control, 16: 273-277.

第七章　蜂王浆新鲜度快速评价方法

第一节　FT-IR 整体评价蜂王浆新鲜度的研究

本节通过测定在不同温度下经过不同时间贮存后的蜂王浆 Fourier 变换红外光谱，发现经过不同条件下贮存的蜂王浆之间存在明显而有规律的光谱差异，在此基础上建立的 FTIR 光谱结合计算机辅助解析技术是整体评价蜂王浆品质和新鲜度的一种快速、有效的方法。

一、概　述

蜂王浆的生理功能已经被很多科学研究所证实（Stocker *et al.*，2006；*Josef*，2001）。但新鲜蜂王浆和贮存不当的陈旧蜂王浆的生理功能差异很大，原因在于蜂王浆的一些活性成分非常不稳定，品质易受到贮存温度、时间等因素的影响（Cristina *et al.*，2005；Yoshifumi *et al.*，2003；Jean *et al.*，2003）。

蜂王浆在贮存过程中，尤其是在较高温度下或时间很长时，不可避免地发生各种各样的化学反应，从而引起组成成分和含量的变化。但其组成和含量的变化往往是微量的，需要用比较复杂的方法和昂贵的仪器设备才能进行区分和定量，而且蜂王浆是一个非常复杂的混合体系，其在贮存过程中的变化也是整体化的。尽管通过单一组分的分析准确性较高，但很难对蜂王浆这样复杂体系的综合品质进行整体评价。因此，如何从整体上评价蜂王浆品质和新鲜度也是目前研究的趋势和热点之一。王加聪等曾经尝试通过饲喂蜜蜂幼虫的生物测定法来评价蜂王浆的品质（王加聪等，2003），但由于饲喂过程中影响幼虫生长的因素太多而复杂，数据分析过程中变量太多，很难将此法进行定性、定量化。

傅里叶变换红外光谱法（FT-IR）具有宏观整体鉴定复杂体系的优点及无损快速的特点，逐渐被应用于各种动植物产品的真伪和品质鉴别（Zuo *et al.*，2003；陈建波等，2007；吴婧等，2007；孙素琴等，2000）。运用 FT-IR 光谱法对复杂体系进行质量检测，无需分离提取，可快速无损地对样品进行整体检测，结果直观准确（吴瑾光等，1994；詹达琦等，2007）。该方法已得到了国家中医药管理局等管理部门的高度关注和重视，很有必要对该技术应用于蜂王浆质量的整体评价进行研究。

随着计算机辅助解析图谱技术的发展，目前已经能对差别很小，肉眼很难区分的红外谱图进行解析比较（吴景贵等，1997；王凡等，2003；凌晓锋等，2005）。这为我们研究不同贮存条件下的蜂王浆红外谱图创造了条件。

本节采用 FT-IR 光谱法，以峰位、峰型、谱图间相关系数和相对峰强度为鉴别指标，研究在不同温度下（-18℃、4℃、16℃和28℃）贮存不同时间（1 d、7 d、17 d、28 d、38 d、60 d）的蜂王浆红外谱图和贮存稳定性，提出几个蜂王浆新鲜度和品质评价的可行指标。

二、材料与方法

（一）仪器及实验条件

1. 仪器设备

傅里叶变换红外光谱仪为 Perkin Elmer 公司的 Spectrum GX 型光谱仪，中红外 DTGS 检测器。

2. 光谱条件

光谱分辨率 4 cm^{-1}，测量范围 400~4 000 cm^{-1}，扫描信号累加 16 次，OPD 速度 0.2 cm/s，增益为 1。

（二）样品来源及试剂

蜂王浆采自浙江浆蜂蜂场，茶花期。采集后迅速带回实验室，分成小份，分别在 -18℃、4℃、16℃和28℃下保存。在样品采集后第 1 d、7 d、17 d、28 d、38 d 和 60 d 分别进行红外光谱测试，每个温度梯度测 5 个样品。

溴化钾为 AR 级。

（三）样品制备

采用压片法，取蜂王浆样品约 3 mg 与溴化钾 200 mg 混合，烘干，研磨均匀后压片测量谱图。

（四）谱图处理

1. 相关性分析

采用 Perkin-Elmer 公司的定性比对软件（Compare）进行谱图相关性分析。

2. 谱图归一化和相对峰高的计算

采用 Perkin-Elmer 公司的 Spectrum for Windows 自带软件进行一维谱图比较，并进行选点归一化谱图处理，测定相对峰高。

三、结果与讨论

（一）方法学考察

1. 精密度试验

取同一蜂王浆样品供试片连续测定 5 次，所得红外谱图完全一致，谱图间相关系数分别为 1.0000、1.0000、1.0000、0.9999 和 0.9999，RSD $= 5.48 \times 10^{-3}\%$，如图 7-1 所示。

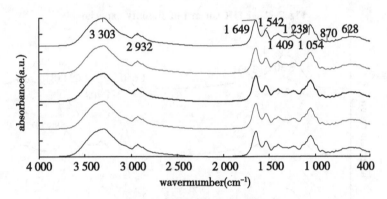

图 7-1　精密度试验红外光谱图

Fig. 7-1　FTIR spectra of precision experiment

2. 稳定性试验

取同一蜂王浆样品片放入真空干燥器内保存，每隔 30 min 测定一次，连续 6 次所测得的红外谱图基本一致，谱图间相关系数分别为 1.0000、1.0000、0.9997、0.9999 和 0.9996，RSD $= 1.82 \times 10^{-2}\%$，如图 7-2 所示。

3. 重现性试验

取同一份蜂王浆样品，分别压片测定 5 次，所得红外谱图基本一致。谱图间相关系数分别为 1.0000、0.9996、0.9996、0.9998 和 0.9994，RSD $= 2.28 \times 10^{-2}\%$，如图 7-3 所示。

4. 重复性试验

取 5 个不同蜂群所采新鲜蜂王浆样品，分别压片，所得红外光谱比较一致，谱图间相关系数分别为 1.0000、0.9987、0.9991、0.9992 和 0.9988，RSD $= 5.13 \times 10^{-2}\%$，如图 7-4 所示。

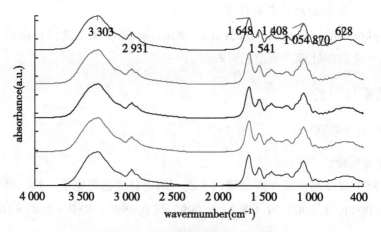

图 7-2　稳定性试验红外光谱图

Fig. 7-2　FTIR spectra of stability experiment

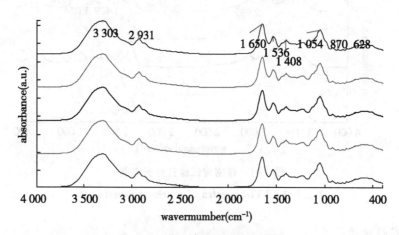

图 7-3　重现性试验红外光谱图

Fig. 7-3　FTIR spectra of reproducibility experiment

　　红外光谱中所反映的是蜂王浆中混合成分的叠加，蜂王浆内各种化学成分（内在因素）只要质和量相对稳定，处理方法按统一的要求进行，则其红外光谱是相对稳定的。而蜂王浆因贮存条件的差异造成组成成分的微小变化，也能在红外光谱反映出各自的差异性。

　　（二）蜂王浆红外指纹图谱及不同贮存条件下蜂王浆红外光谱相关性分析

　　1. 红外指纹图谱的构建及特征谱带指认

　　图 7-4 显示，在同一花期不同蜂群所采蜂王浆的红外谱图具有高度相似性，也就是同样条件下生产和贮存的蜂王浆红外谱图高度一致。这也为随后贮存稳定性的红外光谱研究奠定了基础。

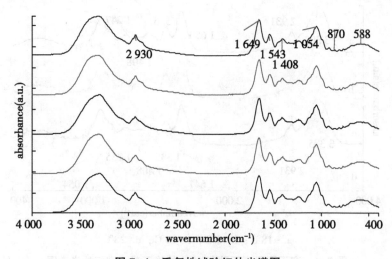

图 7-4　重复性试验红外光谱图

Fig. 7-4　FTIR spectra of repeatability experiment

图 7-5 和图 7-6 分别为蜂王浆在 28℃下贮存不同时间和在不同温度下贮存 60 d 的红外光谱图。

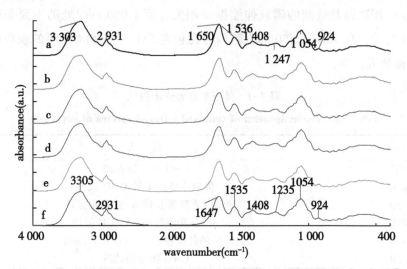

a. 1d（fresh）；b. 7d；c. 17d；d. 28d；e. 38d；f. 60d

图 7-5　在 28℃下贮存不同时间的蜂王浆一维红外光谱图

Fig. 7-5　FTIR spectra of royal jelly at 28℃ after different storage periods

图 7-5 和图 7-6 显示，蜂王浆的红外光谱图循序出现多个谱带。根据前人的研究成果（Nakanshi *et al.*，1984；吴景贵等，1997；Durig *et al.*，1988；Inbar *et al.*，1991；Chen *et al.*，1989），结合蜂王浆的化学组成，对它们的初步指认如下：

2 930 cm^{-1} 附近为碳水化合物和脂肪的 -CH- 伸缩振动峰，1 640 cm^{-1} 和

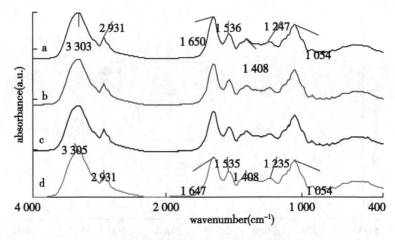

a. -18℃；b. 4℃；c. 16℃；d. 28℃

图7-6　在不同温度下贮存60 d的蜂王浆一维红外光谱图

Fig. 7-6　FTIR spectra of royal jelly after 60d' storage at different temperature

1 550 cm^{-1}附近为蛋白的酰胺Ⅰ带和酰胺Ⅱ带的特征谱带，1 410 cm^{-1}附近的吸收峰可能与脂肪族化合物和有机羧酸类的-CH-变角振动有关，1 240 cm^{-1}的谱带则与脂类化合物的 C=O 振动以及核酸的磷氧伸缩振动相关，而 1 050 cm^{-1}处的主要是碳水化合物的 C=O 振动，在900~1 250 cm^{-1}范围内还包含 CO、PO 和 CH 等的吸收峰，其确切归属尚待研究。

表7-1　蜂王浆红外光谱指认

Tab. 7-1　The assignment of standard infrared spectra of royal jelly

波数（cm^{-1}）	指　认
2 930	C-H 的伸缩振动
1 650	蛋白质酰胺Ⅰ带 C=O 或水
1 550	蛋白质酰胺Ⅱ带 N-H 变角振动
1 410	-CH-变角振动，C-OH 振动
1 240	P=O 的伸缩振动，C=O 伸缩振动等
1 050	C-O 伸缩振动等

图7-5和图7-6还显示，不同贮存条件下蜂王浆的一维红外谱图极其相似，这是由于蜂王浆在贮存过程中发生的化学组成变化比较小，蜂王浆组成和含量变化并不明显。但仔细比较还是能发现：随着贮存时间延长和温度增高，1 650 cm^{-1}谱峰明显向低波数位移到 1 647 cm^{-1}，而 1 247 cm^{-1}谱峰向低波数位移了 12 cm^{-1}，到了 1 235 cm^{-1}。

为了更好地将不同谱图信息定量或者定性化，并将它们有效地进行区分，必须借助于计算机技术对谱图进行解析。

2. 不同贮存条件下蜂王浆红外谱图的相关性分析

（1）比对软件原理。Perkin-Elmer 公司的定性分析软件——比对软件（Compare），是根据数学上的相关系数比较两个红外光谱之间（或一个光谱和一系列光谱之间）的相似程度。比对软件强调的是谱图中与化学组成有关部分的相似度，为了去除（或降低）仪器的噪声、空气中水和 CO_2 所产生的干扰，在比对软件中通常选择一些数学"过滤器"，如分辨率权重、强度权重、噪声权重、H_2O 空白、CO_2 空白等来辅助减少这些外界的影响。

比对软件是对吸收光谱的定性比较，因此可以忽略由于浓度或光程长度所产生的差异。其相关系数定义为：

$$\lambda = \frac{\sum w_i A_i B_i}{\sqrt{\sum w_i A_i A_i} \times \sqrt{\sum w_i B_i B_i}}$$

其中 A_i 和 B_i 是光谱 A 和光谱 B 在频率 i 处的吸光度，而 W_i 是所选过滤器在频率 i 处的权重，如果在比对过程中选择了不止一个过滤器，则 W_i 为每个权重的加权权重。

（2）光谱相关性分析。选用采收后第 1 d 的新鲜蜂王浆谱图为相关标准谱图，其他经过不同条件贮存的蜂王浆样品的红外谱图与其通过比对软件进行相关系数计算。本节选用的比对区域分别为 $800 \sim 1\,800$ cm^{-1}、$1\,500 \sim 1\,700$ cm^{-1} 和 $1\,600 \sim 1\,700$ cm^{-1}。所得相关系数（Correlation coefficient）见表 7-2。

表 7-2 不同条件下贮存王浆红外谱图相关系数

Tab. 7-2 Correlation coefficient of FTIR spectra of royal jelly stored under various conditions

温度（℃）	波数（cm^{-1}）	1 d	7 d	17 d	28 d	38 d	60 d
-18			0.9976	0.9958	0.9973	0.9959	0.9960
4			0.9944	0.9957	0.9935	0.9955	0.9951
16	$800 \sim 1\,700$	1.0000	0.9950	0.9953	0.9918	0.9913	0.9889
28			0.9867	0.9850	0.9881	0.9793	0.9761
-18			0.9974	0.9964	0.9973	0.9978	0.9978
4			0.9957	0.9976	0.9969	0.9971	0.9954
16	$1\,500 \sim 1\,700$	1.0000	0.9962	0.9954	0.9936	0.9925	0.9905
28			0.9869	0.9831	0.9856	0.9734	0.9752
-18			0.9984	0.9976	0.9962	0.9973	0.9961
4			0.9951	0.9972	0.9951	0.9963	0.9974
16	$1\,600 \sim 1\,700$	1.0000	0.9951	0.9944	0.9961	0.9910	0.9892
28			0.9834	0.9765	0.9751	0.9529	0.9467

由表 7-2 可以看出，在不同温度下贮存不同时间后的蜂王浆红外谱图的相关系数

比较接近，均在 0.9400 以上，这也正说明蜂王浆贮存过程中整体化学组成、含量和基团的变化是很小的。仔细分析发现，不同条件下贮存的蜂王浆红外谱图相关系数还是存在一定差别的：在 60 d 的试验期内，无论在哪个比对区段，-18℃ 和 4℃ 条件下贮存的蜂王浆红外光谱相关系数均在 0.9950 以上；而在 28℃ 下，贮存 7 d 后的蜂王浆谱图相关系数都在 0.9900 以下；在 16℃ 下贮存的蜂王浆红外光谱相关系数尽管都在 0.9900 以上或接近 0.9900 (0.9892)，但在贮存 38d 后，其相关系数均在 0.9930 以下。

对 3 个不同的比对区域进行分析，结果表明酰胺 I 带（1 600~1 700 cm^{-1}）区域的相关系数变化最明显，尤其是在高温（28℃）贮存时，贮存期为 60 d 时蜂王浆红外谱图的相关系数降到了 0.9467；其次为酰胺 I 带和酰胺 II 带的混合区域（1 500~1 700 cm^{-1}）。因为红外光谱中酰胺 I 带和酰胺 II 带代表的是蛋白质、肽类或氨基酸相关基团的振动吸收，因此蜂王浆贮存中发生的组分变化中，蛋白质、肽类及氨基酸类物质可能占据了主导地位，这与以往的研究是相符的（Chinshuh *et al.*, 1995；Kamakura *et al.*, 2001）。

根据实践经验，蜂王浆不能在高温下贮放，也不能在室温下放置太长时间。结合红外光谱比对结果以及蜂王浆贮存的实践经验，选择不同蜂王浆的红外谱图酰胺 I 带区间（1 600~1 700 cm^{-1}）的相关系数作为评判蜂王浆品质和新鲜度的一个参考指标，并以 0.9910 为阈值。相关系数在 0.9910 以下的蜂王浆可以断定为贮存不当或贮存时间过长，亦即不新鲜的蜂王浆。

利用红外光谱图的指纹性结合比对软件，可以根据不同条件下贮存的蜂王浆的相关系数差异以及差异的大小来考察蜂王浆在贮存过程中变化的大小，以此考察蜂王浆贮存条件的科学性以及在贮存过程中的宏观质量变化。该法具有操作简单、方便快捷、准确实用等优点，适合大量样品的快速鉴别研究，有一定的可靠性和实用性，为蜂王浆的新鲜度鉴别研究提供了科学的理论依据。

（三）红外指纹图谱结合选点归一化谱图处理技巧对蜂王浆新鲜度的鉴别研究

前已叙及，在不同条件下贮存的蜂王浆组成成分和含量差别很小，因此其中红外（400~4 000 cm^{-1}）区域的谱图非常相似，肉眼很难将其进行区分，必须借助于分析软件进行谱图解析。除了对谱图进行相关性（相关系数）分析比较外，选点归一化谱图处理技巧也是一种较好的处理红外谱图的方法，它是把外观比较相似的两张或多张谱图的某一区域进行归一，从而找出其他区域吸收峰的峰强和峰型差异的一种谱图处理技巧，可以直观地看出不同条件下贮存蜂王浆的红外谱图差异。在本文中，为了使比较结果直观清晰，只从红外全谱区中选择了信息较丰富的 800~1 800 cm^{-1} 区域进行选点归一。

1. 相同温度下贮存不同时间的蜂王浆红外谱图归一化比较

选取同一温度条件下贮存不同时间的蜂王浆红外谱图，以 1 054 cm⁻¹ 左右的最高峰进行归一。图 7-7 和图 7-8 分别为 16℃ 和 28℃ 下贮存不同时间的蜂王浆红外光谱图，下图是上图的局部放大图。

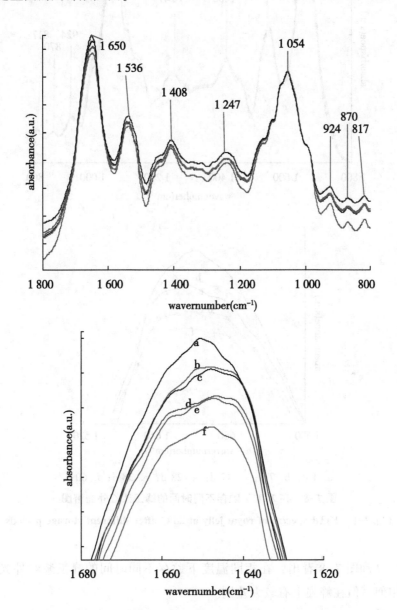

a. 1 d；b. 7 d；c. 17 d；d. 28 d；e. 38 d；f. 60 d

图 7-7　在 16℃ 下贮存不同时间的蜂王浆红外光谱图

Fig. 7-7　FTIR spectra of royal jelly at 16℃ after different storage periods

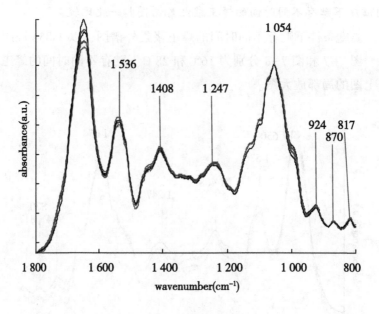

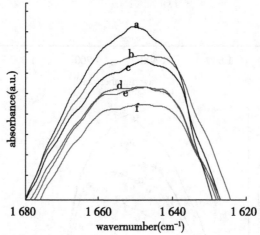

a. 1 d; b. 7 d; c. 17 d; d. 28 d; e. 38 d; f. 60 d

图7-8　在28℃下贮存不同时间的蜂王浆红外光谱图

Fig. 7-8　FTIR spectra of royal jelly at 28℃ after different storage periods

由图7-7和图7-8看出，在相同温度下贮存不同时间的蜂王浆红外光谱图在峰位上非常相似，但在峰强上有较大差别。

由局部放大图可以看到，相同温度下贮存的蜂王浆红外谱图的酰胺 I 带（1 650 cm⁻¹）峰相对于 1 054 cm⁻¹峰的峰强随着贮存时间的延长逐渐降低，且贮存时间越长，差别越大。仔细分析还可发现，贮存期为 1 d 和 7 d 的蜂王浆谱图之间的差别要远大于 7 d 和 17 d 谱图之间的差别，说明在贮存过程中（尤其是在较高温度时），蜂王浆组成成分变化在前 7 d 要更大一些。利用谱图的选点归一化，可以将相同温度下不同贮存时间的蜂王浆红外谱图直观地区分开来。

2. 不同温度下贮存相同时间的蜂王浆红外谱图归一化比较

图 7-9 为在不同温度下贮存 60 d 的蜂王浆红外光谱归一化图，下图为其局部放大图。

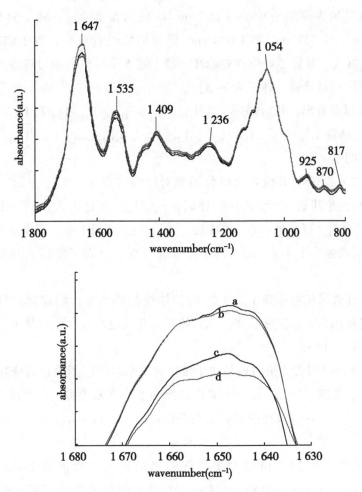

a. -18℃；b. 4℃；c. 16℃；d. 28℃

图 7-9 不同温度下贮存 60 d 的王浆红外光谱图

Fig. 7-9 FTIR spectra of royal jelly after 60 d' storage at different temperature

经过谱图的归一化，可以直观地发现，贮存于冷冻（-18℃）和冷藏（4℃）条件下的蜂王浆红外光谱图 a 和 b 的峰强明显强于不适条件（16℃和 28℃）下贮存的蜂王浆红外光谱图 c 和 d。另外可以看出，尽管贮存于-18℃和 4℃的蜂王浆的红外谱图差别很小，但仍表现出了相同的变化趋势，即经过相同贮存期，贮存温度越高，酰胺 I 带相对于 1 054 cm⁻¹峰的峰强越小。

因此，通过选点归一化技巧可以将经过不同条件贮存的蜂王浆红外光谱图直观地区分开来，从而有效区分不同质量的蜂王浆。

3. 红外光谱的相对峰强及其与蜂王浆贮存条件的相关性

为了定量化地描述红外光谱相对峰强与蜂王浆贮存条件的相关性，选取蜂王浆红外谱图中信息量最为密集的 950～1 800 cm⁻¹区段的 5 个峰位，即 1 647 cm⁻¹、1 536 cm⁻¹、1 408 cm⁻¹、1 247 cm⁻¹和 1 054 cm⁻¹附近的峰进行分析，以 1 850 cm⁻¹和 950 cm⁻¹两点画定基线，计算各峰位相对峰高。将上述 5 个峰位的相对峰高两两比较，获得各峰位之间的相对峰强，列于表 7-3。

从表 7-3 可以看出，相对峰强 I_{1647}/I_{1536}、I_{1647}/I_{1409}、I_{1647}/I_{1247} 和 I_{1647}/I_{1054} 呈规律性变化，而相对峰强 I_{1536}/I_{1408}、I_{1536}/I_{1247}、I_{1536}/I_{1054}、I_{1408}/I_{1247}、I_{1408}/I_{1054} 和 I_{1247}/I_{1054} 的变化规律并不明显。

分析 1 647 cm⁻¹峰与其他 4 个峰位的相对峰强（以 I_{1647}/I_{****} 表示），可以看出，在-18℃和 4℃，尤其是-18℃条件贮存时，I_{1647}/I_{****} 变化不大；但在 16℃和 28℃，尤其是 28℃贮存时，随着贮存时间的延长，I_{1647}/I_{****} 明显下降。以 I_{1647}/I_{1054} 为例，贮存 1d 时的相对峰强为 1.444，而当贮存期为 60 d 时，分别下降到了 16℃的 1.380 和 28℃的 1.317。

蜂王浆红外谱图相对峰强 I_{1647}/I_{****} 的总体变化趋势是：贮存时间越长，温度越高，相对峰强越小；贮存温度越高，相对峰强变化速度越快，幅度越大，变化幅度为 28℃>16℃>4℃>-18℃。

由于 1 647 cm⁻¹谱带为蛋白质酰胺 I 带。蜂王浆红外谱图的相对峰强 I_{1647}/I_{****} 随着贮存时间延长和温度增加，出现明显而持续的下降现象表明：在贮存过程中蜂王浆蛋白质发生了降解，这与以往的研究结果是相符的（Chinshuh *et al.*，1995；Kamakura *et al.*，2001）。

表 7-4 列出了在 28℃和 16℃下贮存的蜂王浆红外光谱图 1 647 cm⁻¹、1 536 cm⁻¹、1 408 cm⁻¹、1 247 cm⁻¹和 1 054 cm⁻¹ 5 个峰两两之间的相对峰强与贮存时间（7～60 d）的线性方程与线性相关系数（R^2）。

从表 7-4 可以看出，无论是在 28℃还是在 16℃条件下贮存，蜂王浆红外光谱的 1 647 cm⁻¹峰与其他 4 个峰的相对峰强：I_{1647}/I_{1541}、I_{1647}/I_{1409}、I_{1647}/I_{1247}、I_{1647}/I_{1054} 均与贮存时间存在良好的线性关系，相关系数 $R^2 \geq 0.8741$，而其他 4 个峰之间的相对强度变化与贮存时间的相关性并不明显。因此，蜂王浆贮存中酰胺 I 带的变化，也就是蛋白质基团的变化是整个谱图中最大的，也是最值得研究的。

表7-3　不同贮存条件下蜂王浆的红外光谱部分峰的相对峰强

Tab. 7-3　IR peak intensity of royal jelly stored at various conditions

		I_{1647}/I_{1541}	I_{1647}/I_{1409}	I_{1647}/I_{1247}	I_{1647}/I_{1054}	I_{1541}/I_{1409}	I_{1541}/I_{1247}	I_{1541}/I_{1054}	I_{1409}/I_{1247}	I_{1409}/I_{1054}	I_{1247}/I_{1054}
1 d		1.818±0.04	2.550±0.05	3.470±0.04	1.444±0.01	1.402±0.04	1.909±0.04	0.794±0.03	1.361±0.01	0.566±0.02	0.416±0.01
7 d	-18℃	1.811±0.03	2.536±0.01	3.466±0.05	1.439±0.03	1.400±0.03	1.914±0.05	0.795±0.03	1.367±0.01	0.567±0.01	0.415±0.00
	4℃	1.813±0.02	2.528±0.04	3.464±0.01	1.419±0.01	1.395±0.01	1.911±0.01	0.783±0.01	1.370±0.01	0.561±0.01	0.410±0.01
	16℃	1.805±0.02	2.537±0.01	3.469±0.04	1.431±0.01	1.406±0.04	1.922±0.02	0.793±0.02	1.367±0.01	0.564±0.00	0.413±0.00
	28℃	1.744±0.03	2.430±0.04	3.345±0.05	1.412±0.00	1.393±0.01	1.918±0.00	0.809±0.02	1.377±0.01	0.581±0.01	0.422±0.01
17 d	-18℃	1.816±0.05	2.562±0.07	3.446±0.05	1.440±0.01	1.411±0.00	1.898±0.09	0.793±0.04	1.345±0.07	0.562±0.03	0.418±0.00
	4℃	1.803±0.02	2.531±0.03	3.439±0.06	1.404±0.01	1.404±0.09	1.907±0.01	0.778±0.01	1.359±0.01	0.555±0.00	0.408±0.01
	16℃	1.792±0.06	2.514±0.06	3.454±0.04	1.416±0.02	1.403±0.01	1.927±0.03	0.790±0.03	1.374±0.01	0.563±0.01	0.410±0.02
	28℃	1.736±0.01	2.377±0.02	3.231±0.04	1.381±0.01	1.369±0.01	1.861±0.02	0.795±0.01	1.359±0.01	0.581±0.00	0.427±0.00
28 d	-18℃	1.796±0.05	2.521±0.08	3.349±0.07	1.427±0.01	1.404±0.01	1.865±0.01	0.795±0.02	1.329±0.01	0.566±0.02	0.426±0.01
	4℃	1.805±0.03	2.519±0.08	3.395±0.06	1.409±0.02	1.396±0.02	1.881±0.03	0.780±0.04	1.348±0.00	0.559±0.02	0.415±0.02
	16℃	1.781±0.01	2.476±0.02	3.335±0.02	1.397±0.01	1.390±0.01	1.872±0.01	0.784±0.01	1.347±0.01	0.564±0.01	0.419±0.00
	28℃	1.723±0.02	2.372±0.03	3.198±0.04	1.348±0.01	1.377±0.01	1.856±0.01	0.783±0.01	1.348±0.01	0.568±0.01	0.422±0.01
38 d	-18℃	1.803±0.01	2.522±0.01	3.478±0.01	1.448±0.00	1.399±0.00	1.929±0.00	0.803±0.00	1.379±0.01	0.574±0.00	0.416±0.00
	4℃	1.796±0.01	2.526±0.02	3.454±0.02	1.406±0.00	1.407±0.00	1.923±0.01	0.783±0.00	1.367±0.02	0.577±0.00	0.407±0.00
	16℃	1.779±0.04	2.431±0.07	3.341±0.07	1.402±0.03	1.366±0.01	1.878±0.01	0.788±0.06	1.374±0.00	0.577±0.03	0.420±0.04
	28℃	1.690±0.04	2.329±0.07	3.146±0.09	1.350±0.05	1.378±0.01	1.862±0.01	0.799±0.05	1.351±0.01	0.580±0.04	0.429±0.03
60 d	-18℃	1.810±0.01	2.519±0.01	3.457±0.02	1.432±0.00	1.392±0.01	1.910±0.00	0.791±0.00	1.372±0.00	0.568±000	0.414±0.00
	4℃	1.798±0.03	2.521±0.06	3.395±0.08	1.397±0.02	1.402±0.01	1.888±0.01	0.777±0.00	1.347±0.00	0.554±0.01	0.412±0.00
	16℃	1.770±0.02	2.421±0.03	3.277±0.01	1.380±0.05	1.368±0.03	1.851±0.03	0.779±0.04	1.354±0.01	0.570±0.02	0.421±0.01
	28℃	1.682±0.01	2.308±0.05	3.093±0.05	1.317±0.03	1.372±0.03	1.839±0.02	0.783±0.01	1.340±0.01	0.571±0.03	0.426±0.01

表7-4 贮存的蜂王浆红外光谱相对峰强与贮存时间的相关性

Tab. 7-4 Correction on IR peak intensity and storage periods of royal jelly

线性方程	R^2	贮存温度	y 所代表的相对峰强
$y = 0.0013x + 1.7559$	0.9023	28℃	
$y = -0.0006x + 1.8041$	0.9001	16℃	I_{1647}/I_{1541}
$y = -0.0022x + 2.4294$	0.8988	28℃	
$y = -0.0023x + 2.5462$	0.8973	16℃	I_{1647}/I_{1409}
$y = -0.0044x + 3.3353$	0.8979	28℃	
$y = -0.0038x + 3.4890$	0.8741	16℃	I_{1647}/I_{1247}
$y = -0.0009x + 1.4322$	0.9131	28℃	
$y = -0.0017x + 1.4125$	0.9039	16℃	I_{1647}/I_{1054}
$y = -0.0002x + 1.3851$	0.2817	28℃	
$y = -0.0008x + 1.4115$	0.8219	16℃	I_{1541}/I_{1409}
$y = -0.0012x + 1.9020$	0.6394	28℃	
$y = -0.0015x + 1.9343$	0.8194	16℃	I_{1541}/I_{1247}
$y = -0.0004x + 0.8054$	0.4793	28℃	
$y = -0.0002x + 0.7939$	0.8263	16℃	I_{1541}/I_{1054}
$y = -0.0006x + 1.3731$	0.7993	28℃	
$y = -0.0002x + 1.3705$	0.1580	16℃	I_{1409}/I_{1247}
$y = -0.0002x + 0.5815$	0.3514	28℃	
$y = 0.0002x + 0.5624$	0.3766	16℃	I_{1409}/I_{1054}
$y = 6E-05x + 0.4235$	0.1330	28℃	
$y = 0.0002x + 0.4104$	0.6951	16℃	I_{1247}/I_{1054}

注：表中 y 为相对峰强，x 为贮存时间（7~60d）

综合蜂王浆不能在高温下贮存的实践经验和蜂王浆贮存过程中红外谱图目标峰之间相对峰强的变化规律，初步选择在28℃贮存7 d 的红外光谱相对峰强作为评价蜂王浆新鲜度的可能阈值，对蜂王浆的新鲜度进行评价。也就是说，将评判蜂王浆新鲜度的相对峰强 I_{1647}/I_{1541}、I_{1647}/I_{1409}、I_{1647}/I_{1247} 和 I_{1647}/I_{1054} 阈值分别设为 1.744、2.430、3.345 和 1.412。

通过测定未知蜂王浆样品的红外光谱图，比较设定的各组相对峰强，如果有 1 组或几组相对峰强小于相对应的阈值，基本就能判定此蜂王浆是不新鲜的。另外，由于相对峰强 I_{1647}/I_{1541}、I_{1647}/I_{1409}、I_{1647}/I_{1247} 和 I_{1647}/I_{1054} 分别与贮存时间存在着良好的线性关系，因此只要确定某一未知蜂王浆样品红外谱图的相对峰强，就可以根据相应的回归方程初步判定出此蜂王浆相当于在 16℃或 28℃下贮存的时间长短。

四、小 结

本节测定了不同贮存条件下蜂王浆 Fourier 变换红外光谱的变化规律，采用计算相关系数、选点归一化和比较目标峰相对峰强的方法分析了相关谱图。发现以新采收蜂王浆红外谱图为标准谱图，不同条件贮存的蜂王浆红外谱图酰胺 I 带区域（1700～1600 cm⁻¹）的相关系数随着贮存时间延长和温度升高而降低；一些谱峰间的相对峰强也随着贮存时间延长和温度升高而降低，且与贮存时间存在良好的线性关系。

根据谱图变化规律和蜂王浆贮存的实践经验，初步选定谱图酰胺 I 带相关系数（与新采收蜂王浆比较）和 4 组相对峰强（I_{1647}/I_{1541}，I_{1647}/I_{1409}，I_{1647}/I_{1247} 和 I_{1647}/I_{1054}）作为评价蜂王浆新鲜度的指标，并将相关系数的阈值设定为 0.9100，4 组相对峰强的阈值分别设定为 1.744，2.430，3.345 和 1.412。只要有 1 个或几个指标低于相应的阈值，就可以初步判定此蜂王浆是不新鲜的。因此，FTIR 红外光谱结合各种计算机辅助解析技术是整体评价蜂王浆品质和新鲜度的一种有效方法。

第二节 蜂王浆不同贮存条件下蛋白质二级结构的 Fourier 变换红外光谱研究

本节通过测定在不同温度下经过不同时间贮存后的蜂王浆的 Fourier 变换红外光谱，应用去卷积和曲线拟合方法对蜂王浆的酰胺 I 带进行分析，得到其蛋白质二级结构的组成。结果表明：经过不同条件贮存的蜂王浆蛋白质二级结构组成之间也存在着显著差异。随着贮存时间增加和温度升高，蜂王浆蛋白质二级结构的 α-螺旋和 β-折叠分别显著减少和增加，β-转角也有增加的趋势，其变化幅度为 28℃ > 16℃ > 4℃ > -18℃。FTIR 红外光谱结合去卷积、二阶导数和曲线拟合方法是分析蜂王浆蛋白质二级结构的有效方法，同时也是评价蜂王浆品质和新鲜度的一条合适的新途径。

一、概 述

蜂王浆富含蛋白质，其生理功能在很大程度上是通过蛋白质来体现的。蜂王浆在贮存过程中，蛋白质会通过美拉德反应等途径发生逐渐降解（Okada *et al.*，1997；Chen & Chen，1995；Masaki *et al.*，2001），导致营养功能降低甚至丧失。贮存过程中褐变程度试验表明，蜂王浆的色度随着贮存时间延长和温度升高而增加，但用三氯醋酸（TCA）除去蛋白后，不同贮存条件下的蜂王浆色度几乎没有差别，说明蜂王浆贮存过程中变化最大的应该是蛋白质或者糖蛋白（Takenaka *et al.*，1986；Chen & Chen，1995）。

由于生物大分子的功能往往是由其结构所决定的，蛋白质的结构研究是了解其功能所不可缺少的重要环节（Cabrera-Vera *et al.*，2003；Mozhaev *et al.*，1996）。尽管已有研究者在蜂王浆贮存过程中在蛋白质组成、含量变化方面展开了一些研究（Kamakura *et al.*，2001；吉挺等，2006；刘红云等，2003），但却鲜有蜂王浆贮存过程中蛋白质结构变化的报道。

20 世纪 80 年代以来，随着红外光谱学及计算机辅助解析技术的发展和完善，傅里叶光谱学方法已经被广泛应用于蛋白质构象研究（Susi & Byler，1986；Arrondo *et al.*，1993；Surewicz *et al.*，1993；张极震，1995）。FTIR 光谱法是研究蛋白质二级结构的有效方法（Zhao *et al.*，2008；卞卫东等，1998；Delaunay *et al.*，2007），最常用于研究蛋白质二级结构的是红外光谱的酰胺 I 带，结合提高分辨率的二阶导数、去卷积技术和曲线拟合技术，可以给出蛋白质二级结构的丰富信息。加上 FTIR 光谱法具有制样简单、可对复杂体系进行快速无损检测、无需分离提取等优点，使得该方法的应用领域十分广泛，如蛋白质变性研究（谢孟峡等，2003；孙素琴等，1996）、蛋白质的结合反应研究（Sun *et al.*，1997；Heyes & Eisayed，2001）、临床医学研究（Sulesuso *et al.*，2003；Crupi *et al.*，2001）等。

本节的目的是应用 FTIR 光谱结合二阶导数和去卷积等分辨技术研究在不同温度下（-18℃、4℃、16℃和28℃）贮存不同时间（1 d、7 d、17 d、28 d、38 d 和 60 d）对蜂王浆蛋白质各种二级结构的影响，并找寻其变化规律，为蜂王浆品质变化的机理研究提供有参考价值的理论依据。

二、材料与方法

（一）样品来源及试剂

蜂王浆采自浙江浆蜂蜂场，茶花期。采集后迅速带回实验室，分成小份，分别在 -18℃、4℃、16℃和28℃下保存。在样品采集后 1 d、7 d、17 d、28 d、38 d 和 60 d 分别进行红外光谱测试，每个温度梯度测 5 个样品。

溴化钾为 AR 级。

（二）样品制备

采用压片法，取蜂王浆样品约 3 mg 与溴化钾 200 mg 混合，烘干，研磨均匀压片测量谱图。

（三）仪器及实验条件

1. 仪器设备

傅里叶变换红外光谱仪为 Perkin Elmer 公司的 Spectrum GX 型光谱仪，DTGS 检测器。

2. 实验条件

光谱分辨率 4 cm^{-1}，测量范围 400~4 000 cm^{-1}，扫描信号累加 16 次，OPD 速度 0.2 cm/s，增益为 1。

（四）谱图数据处理

每一个样品的酰胺 I 吸收带，采用 Perkin Elmer IR Data Manager 中的去卷积获得其去卷积谱，参数是 Gamma = 1.0，Length = 2.0%；各子峰的吸收频率由去卷积谱和二阶导数谱获得。曲线拟合利用 Origin 7.0 中的 Peakfit 插件，拟合至与原谱重合，Chi^2<10^{-5}。

拟合过程：

（1）根据二阶导数谱和去卷积谱确定峰位置、峰高和半峰宽，以这些值作为拟合初值。

（2）固定峰位置和峰高，改变半峰宽，对谱线进行拟合。

（3）固定峰位置和半峰宽，调整峰高。

（4）反复调整半峰宽和峰高。

（5）固定半峰宽和峰高，微调峰位置。

（6）反复执行（2）~（5）。

当有必要时加入或去掉一个峰进行拟合，经过几次拟合得到初步结果后，将峰位、半峰宽等参数全部放开，由软件自动调整诸参数，直至原谱与拟合谱的差谱为一直线。

蜂王浆蛋白质各种二级结构的比例由各子峰面积占整个酰胺 I 带面积的比例来计算。

三、结果与讨论

（一）蜂王浆的酰胺 I 带峰与温度和贮存时间的关系

多肽和蛋白质的酰胺基团具有 9 个特征振动模式，红外光谱中最常用于二级结构分析的是酰胺 I 带，位于 1 600~1 700 cm^{-1}。由不同条件下贮存的蜂王浆红外光谱比较分析看出，位于 1 649 cm^{-1} 附近的酰胺 I 带变化是最大的。因此，本节选用酰胺 I 带进行贮存过程中蛋白质二级结构变化研究。

1. 酰胺 I 带峰与贮存温度的关系

实验分别获得了蜂王浆在 -18℃、4℃、16℃和 28℃下贮存 60 d 后的酰胺 I 带红外谱图（图 7-10），图 7-11 为其二阶导数谱图。

由图 7-10 可以看出，在相同贮存时间下，随着贮存温度的升高，酰胺 I 带峰的

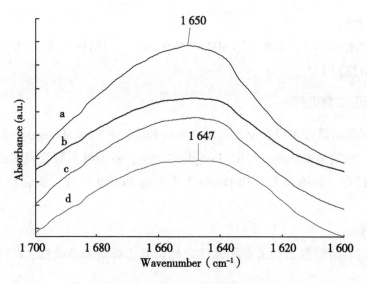

a. −18℃；b. 4℃；c. 16℃；d. 28℃

图 7−10　在不同温度下贮存 60 d 后蜂王浆酰胺 I 带的红外谱图

Fig. 7−10　FTIR spectra in the amide I region of royal jelly after

60d' storage at different temperatures

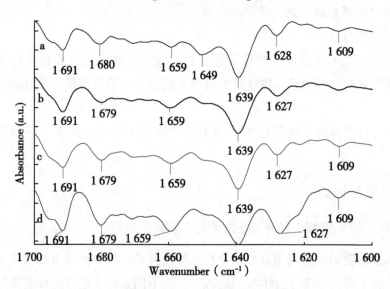

a. −18℃；b. 4℃；c. 16℃；d. 28℃

图 7−11　在不同温度下贮存 60 d 后蜂王浆的二阶导数谱图

Fig. 7−11　Secondary derivative IR spectra of royal jelly at different

temperatures after 60d' storage

变化主要有两个特点：

（1）峰位移：主峰位置从高波数向低波数位移，即由−18℃的 1 650 cm⁻¹位移到

28℃的 1 647 cm^{-1}，大致位移了 3 cm^{-1}。

（2）峰型状：峰型状由天然态的不对称峰逐步趋向于变性终态的对称峰；峰型由尖锐趋于平缓，且贮存温度越高，峰型越平缓，越对称。

图 7-11 给出了相同贮存时间下，在不同温度下贮存的蜂王浆红外谱图的二阶导数图谱，经过分辨率增强的二阶导数图谱提供了更明显和清晰的变化信息。在不同温度下贮存 60 d 的蜂王浆红外谱图的二阶导数图谱各子峰的峰位都未发生变化，但随着温度的升高，1 670 cm^{-1} 和 1 627 cm^{-1} 的峰强逐渐增加，而 1 649 cm^{-1} 峰的强度逐渐降低。

2. 酰胺 I 带与贮存时间的关系

图 7-12 为在 28℃条件下贮存 1 d、7 d、17 d、28 d、38 d 和 60 d 后的蜂王浆的酰胺 I 带红外谱图，图 7-13 为其二阶导数谱图。

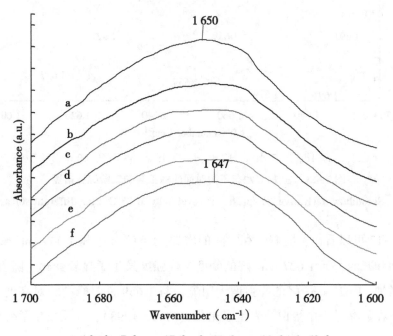

a. 1d; b. 7 d; c. 17 d; d. 28 d; e. 38 d; f. 60 d

图 7-12 在 28℃贮存不同时间的蜂王浆酰胺 I 带的红外谱图

Fig. 7-12 FTIR spectra in the amide I region of royal jelly at 28℃ after different storage periods

由图 7-12 可以看出，在贮存温度一致时（28℃），随着贮存时间的延长，峰型也由尖锐趋于平缓，且由不对称趋于对称；酰胺 I 带谱峰峰位向低波数移动了约 3cm^{-1}，从 1 650 cm^{-1} 位移到了 1 647 cm^{-1} 左右。该谱带发生位移说明 C=O 的氢键化程度增加（凌晓锋等，2005）。

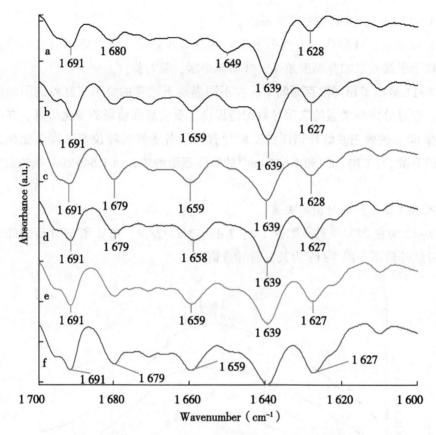

a. 1 d; b. 7 d; c. 17 d; d. 28 d; e. 38 d; f. 60 d

图 7-13 在 28℃贮存不同时间的蜂王浆的二阶导数谱图

Fig. 7-13 Secondary derivative IR spectra of royal Jelly at 28℃ after different storage periods

由图 7-13 可以看出，随着贮存时间的增加，1 679 cm⁻¹和 1 649 cm⁻¹峰的强度分别逐渐增加和减弱；而 1 627 cm⁻¹峰的峰型、峰强度发生了显著变化。随着贮存时间和温度的增加，1 627 cm⁻¹峰的峰强增大明显，与 1 639 cm⁻¹峰的相对高度显著减小。说明蜂王浆在贮存过程中蛋白质发生了聚集（Fink，1998），性质发生了变化。

（二）蜂王浆酰胺Ⅰ带的去卷积谱及其子峰的归属

图 7-14 中 A 谱图代表新鲜蜂王浆（贮存 1 d），B、C、D 和 E 分别代表蜂王浆在 -18℃、4℃、16℃和 28℃下贮存 60 d 时在 1 600~1 700 cm⁻¹的原始谱（上）、去卷积谱（中）和二阶导数谱图（下）。

由图 7-14 可知，在酰胺Ⅰ带区城，蜂王浆红外谱图的去卷积谱主要有如下特征峰：1 691 cm⁻¹、1 679 cm⁻¹、1 671 cm⁻¹、1 659 cm⁻¹、1 649 cm⁻¹、1 639 cm⁻¹、1 627 cm⁻¹和 1 609 cm⁻¹。除了 1 609 cm⁻¹峰是由氨基酸残基侧链或苯环振动引起的，

其余各峰都应归结于蛋白质羰基的振动吸收。

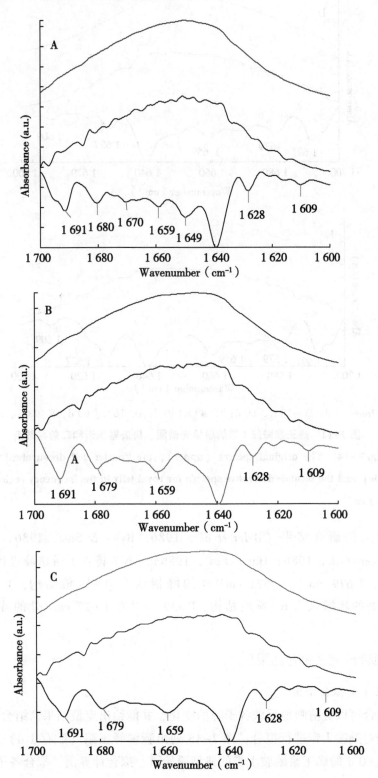

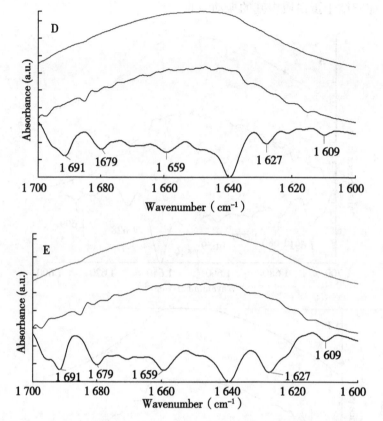

A. fresh, 1 d；B. -18℃, 60 d；C. 4℃, 60 d；D. 16℃, 60 d；E. 28℃, 60 d

图 7-14 蜂王浆酰胺 I 带的原始光谱图、自去卷积谱和二阶导数谱

Fig. 7-14 The original spectra（upper），the Fourier self deconvolved spectra（middle）and the second-derivative spectra for royal jelly in the frequency region 1 600 to 1 700 cm⁻¹

根据前人的研究结果（Byler *et al.*, 1986；Byler & Susi, 1986；慈云祥等, 1998；Olinger *et al.*, 1986；Haris *et al.*, 1986），本节将各子带谱峰进行如下归属：1 691 cm⁻¹、1 679 cm⁻¹、1 671 cm⁻¹ 处的峰指认为 β-转角结构，1 659 cm⁻¹ 和 1 649 cm⁻¹ 处的峰指认为 α-螺旋结构，1 639 cm⁻¹ 和 1 627 cm⁻¹ 处的峰为 β-折叠结构。

（三）酰胺 I 带的拟合结果

1. 酰胺 I 带拟合谱图

曲线拟合可以更清晰地反映各子峰的变化，并能给出定量结果。结合去卷积谱和二阶导数谱对酰胺 I 带进行拟合，图 7-15 列出新鲜蜂王浆（贮存 1 d）和在不同温度下贮存了 60 d 的蜂王浆酰胺 I 带的典型原始谱、拟合计算谱、拟合各子谱。

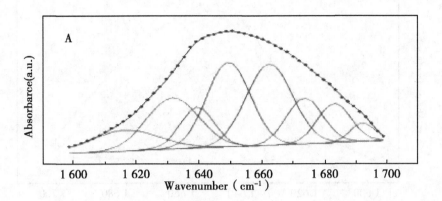

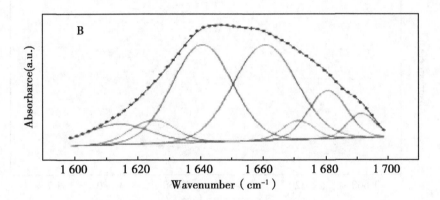

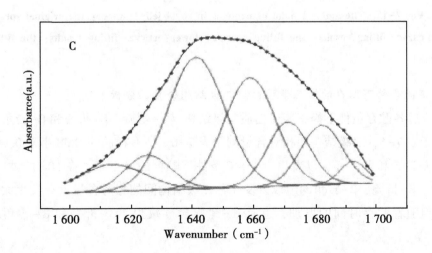

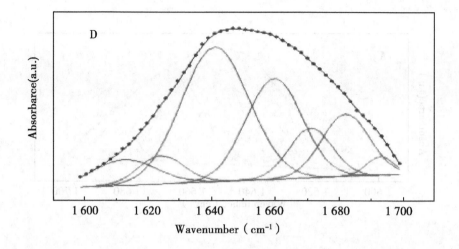

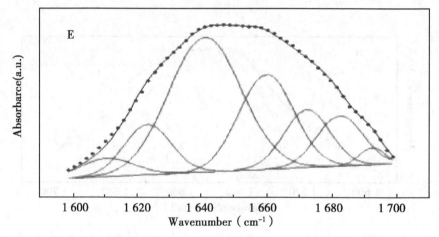

A. fresh, 1 d；B. -18℃, 60 d；C. 4℃, 60 d；D. 16℃, 60 d；E. 28℃, 60 d

图 7-15   蜂王浆蛋白质酰胺 I 带的红外拟合谱图

Fig. 7-15   The amide I band of proteins in royal jelly（upper：the original spectra and curve-fitting results：the fitting spectra；lower：curve-fitting results：the fitting bands）

2. 不同条件下贮存的蜂王浆蛋白质二级结构含量及分析

拟合后各贮存条件下蜂王浆蛋白质二级结构（α-螺旋、β-折叠和 β-转角）的含量值列于表 7-5，二级结构间相对含量列于表 7-6。所有样品的 RMS 小于 0.005。

由表 7-5 和表 7-6 可以看出，-18℃条件下贮存的蜂王浆，在 60d 的试验期间，α-螺旋、β-折叠、β-转角的组成以及 3 种二级结构间的相对含量没有发生太明显的变化，但随着贮存时间的增加，也有 α-螺旋含量减少，β-折叠和 β-转角增加的趋势。

表 7-5 蜂王浆蛋白质各种二级结构的定量比较

Tab. 7-5 Quantitative estimation* of the secondary structures of proteins in royal jelly

	α-螺旋 (%)				β-折叠 (%)				β-转角 (%)			
	-18℃	4℃	16℃	28℃	-18℃	4℃	16℃	28℃	-18℃	4℃	16℃	28℃
1 d	35.95±1.14				32.02±1.36				18.93±0.69			
7 d	35.92±1.23	35.11±1.23	34.78±2.01	34.07±1.65	32.05±1.25	32.11±0.94	33.17±1.02	34.25±1.25	18.93±1.06	18.97±1.76	19.14±1.37	19.09±0.91
17 d	25.79±0.87	34.57±0.94	32.96±1.35	31.89±1.43	32.13±1.08	32.46±1.07	34.52±1.39	35.76±0.86	18.95±1.34	19.32±1.36	20.43±1.43	20.52±2.03
28 d	35.59±1.17	33.56±1.15	29.78±1.35	28.07±1.32	32.34±1.36	32.97±1.62	36.64±0.96	36.62±1.34	18.94±0.75	19.77±1.45	21.17±0.67	21.63±0.76
38 d	35.42±1.67	32.73±1.65	28.01±1.46	25.33±1.06	32.57±1.47	33.39±20.3	36.67±1.43	38.41±0.67	18.92±0.92	20.31±0.94	22.38±1.36	22.79±1.49
60 d	35.00±1.34	30.89±1.81	25.38±1.03	21.91±0.96	32.88±1.09	34.12±1.27	39.33±1.67	41.42±1.38	18.99±1.37	20.93±1.22	23.14±1.54	23.65±1.71

注：所有样品曲线拟合的均方根误差（RMS）均小于 0.005；表中数据以平均值±相对标准误差（%）表示，$n=5$

表 7-6 蜂王浆蛋白质各种二级结构的相对含量比较

Tab. 7-6 Comparative content compare of the secondary structures of proteins in royal jelly

	α-螺旋/β-折叠				α-螺旋/β-转角				β-折叠/β-转角			
	-18℃	4℃	16℃	28℃	-18℃	4℃	16℃	28℃	-18℃	4℃	16℃	28℃
1 d	1.227±0.21				1.899±0.12				1.691±0.08			
7 d	1.121±0.13	1.093±0.17	1.049±0.21	0.995±0.08	1.898±0.24	1.851±0.07	1.817±0.13	1.785±0.03	1.693±0.31	1.693±0.05	1.733±0.34	1.794±0.31
17 d	1.114±0.16	1.065±0.22	0.955±0.14	0.892±0.18	1.889±0.13	1.789±0.26	1.613±0.18	1.554±0.12	1.696±0.21	1.680±0.18	1.690±0.21	1.743±0.15
28 d	1.100±0.16	1.018±0.13	0.836±0.09	0.767±0.16	1.879±0.24	1.689±0.15	1.407±0.15	1.298±0.1	1.668±0.27	1.668±0.09	1.684±0.18	1.693±0.07
38 d	1.088±0.20	0.980±0.15	0.764±0.15	0.659±0.07	1.869±0.11	1.612±0.14	1.252±0.16	1.111±0.17	1.644±0.16	1.664±0.16	1.639±0.09	1.685±0.26
60 d	1.064±0.17	0.905±0.10	0.645±0.15	0.529±0.23	1.843±0.16	1.476±0.21	1.097±0.23	0.926±0.07	1.630±0.18	1.630±0.25	1.700±0.28	1.751±0.13

注：曲线拟合的均方根误差（RMS）均小于 0.005；表中数据以平均值±相对标准误差（%）表示，$n=5$

　　4℃贮存时，蜂王浆的α-螺旋含量从 1 d 的 35.95% 减少到 28d 的 33.56% 和 60 d 的 30.89%；β-折叠含量从 1 d 的 32.02% 增加到 60 d 的 34.12%；β-转角含量从 1 d 的 18.93% 增加到 60 d 的 20.93%；α-螺旋/β-折叠和 α-螺旋/β-转角相对比值分别从 1 d 的 1.227 和 1.899 下降到 0.905 和 1.476，变化幅度明显要比在-18℃贮存时大。

　　在 16℃ 和 28℃ 下贮存时，α-螺旋含量分别从 1 d 时的 35.95% 减少到 60 d 时的 25.38% 和 21.91%，分别减少了 10.57% 和 14.04%；α-螺旋/β-折叠分别从 1 d 的 1.227 下降到 60 d 的 0.645 和 0.529；α-螺旋/β-转角则分别从 1 d 的 1.899 下降到 60 d 的 1.097 和 0.926。蜂王浆蛋白质二级结构含量及 α-螺旋/β-折叠和 α-螺旋/β-转角相对含量变化幅度很大，且贮存温度越高，变化幅度越大，但 β-折叠/β-转角的变化并无规律。

　　在 28℃ 时，蜂王浆仅仅经过 7 d 的贮存，α-螺旋含量就已经明显低于-18℃和接近4℃保存 60 d 的蜂王浆样品。β-折叠含量增加的趋势基本与 α-螺旋含量减少的变化趋势一致，分别从新鲜蜂王浆的 32.02% 增加到了 60 d 时的 39.33% 和 41.42%。β-转角含量也分别增加了 4.21% 和 4.72%（图 7-16）。

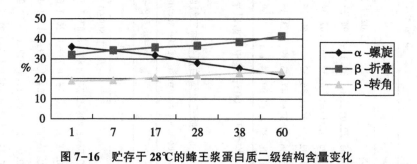

图 7-16　贮存于 28℃的蜂王浆蛋白质二级结构含量变化

Fig. 7-16　Changes of the secondary structures' contents of proteins in royal jelly storage at 28℃

　　蜂王浆贮存期间蛋白质的 α-螺旋结构减少，β-折叠结构增加，蛋白质分子结构呈现了由螺旋向折叠转化的趋势，同时伴随着 β-转角结构的增加。说明蜂工浆的整个分子构象从有序向无序转化，出现了蛋白质的聚合沉淀（卞为东等，2000；Fink，1998）。尤其是在 28℃ 保存时，β-折叠结构在高温下以很强的氢键相互作用使蛋白出现了不可逆聚合，因此，其含量增加很快。

　　总之，随着贮存温度的升高和时间的延长，蜂王浆蛋白质二级结构呈现 α-螺旋含量减少，β-折叠和 β-转角含量增加的趋势，其变化幅度与贮存时间和温度的增加幅度成正相关。本试验中蛋白质二级结构的变化幅度为 28℃>16℃>4℃>-18℃，且在 28℃ 和 16℃ 时变化的幅度显著大于 4℃ 和-18℃ 时。

（四）蛋白质二级结构含量与贮存时间相关性分析

为了考察不同贮存温度下蜂王浆蛋白质二级结构含量与贮存时间的相关性，分别以 α-螺旋、β-折叠和 β-转角含量（%）为纵坐标 y，以贮存时间（d）为横坐标 x，分析了变量之间的线性关系（表7-7）。以 α-螺旋/β-折叠、α-螺旋/β-转角和 β-折叠/β-转角为纵坐标 y，以贮存时间（d）为横坐标 x，分析了各种二级结构相对含量与贮存时间的相关性（表7-8）。

表7-7 3种蜂王浆蛋白质二级结构含量与贮存时间的相关性

Tab. 7-7 Correction between contents of the secondary structures of proteins in royal jelly and storage periods

二级结构	贮存温度	线性方程	相关系数（R^2）
α-螺旋	-18℃	$y=-0.0165x+36.027$	0.9877
	4℃	$y=-0.0836x+35.9051$	0.9959
	16℃	$y=-0.1867x+35.8420$	0.9761
	28℃	$y=-0.2452x+35.7077$	0.9799
β-折叠	-18℃	$y=0.0154x+31.9438$	0.9783
	4℃	$y=0.0373x+31.9072$	0.9937
	16℃	$y=0.1197x+32.2131$	0.984
	28℃	$y=0.1485x+32.6767$	0.9752
β-转角	-18℃	$y=0.0009x+18.9248$	0.8322
	4℃	$y=0.0363x+18.7922$	0.9853
	16℃	$y=0.0766x+18.9382$	0.9586
	28℃	$y=0.0869x+18.9144$	0.9548

由表7-7可以看出，蜂王浆在不同温度的贮存过程中，其蛋白质二级结构（α-螺旋、β-折叠和 β-转角）含量变化与贮存时间之间存在着良好的相关性，$R^2>0.9500$（其中，-18℃保存条件下，β-转角含量与贮存时间的相关性为0.8322，可能是因为在这个条件下贮存时，β-转角本身含量变化很小，测试误差导致了相关系数的下降）。

表7-8　3种蜂王浆蛋白质二级结构相对含量与贮存时间的相关性

Tab. 7-8　Correction between relative contents of the secondary
structures of proteins in royal jelly and storage periods

二级结构	贮存温度	线性方程	相关系数（R^2）
α-螺旋/β-折叠	−18℃	$y=-0.0021x+1.1719$	0.6514
	4℃	$y=-0.0047x+1.1673$	0.8818
	16℃	$y=-0.0092x+1.1452$	0.9234
	28℃	$y=-0.0110x+1.1208$	0.9148
α-螺旋/β-转角	−18℃	$y=-0.0010x+1.9039$	0.9845
	4℃	$y=-0.0073x+1.9039$	0.9968
	16℃	$y=-0.0143x+1.8737$	0.9585
	28℃	$y=-0.0172x+1.8629$	0.9584
β-折叠/β-转角	−18℃	$y=-0.0012x+1.7009$	0.8868
	4℃	$y=-0.001x+1.6974$	0.9633
	16℃	$y=-0.0005x+1.7015$	0.1173
	28℃	$y=-0.0001x+1.7291$	0.0034

由表7-8可以看出，在16℃和25℃贮存条件下，α-螺旋/β-折叠相对值与贮存时间之间存在着良好的相关性，$R^2>0.9100$，但在−18℃和4℃条件下，其相对值与贮存时间的相关性并不太好，原因可能就是在较低温度下贮存时，蜂王浆蛋白质二级结构本身变化不大，反而是测量误差在其中起了主导作用，导致相关系数的降低。

但无论在哪个温度条件贮存，α-螺旋/β-转角相对比值与贮存时间之间均具有良好的相关性，$R^2>0.9500$。而β-折叠/β-转角与贮存时间的相关性较差。

总体分析各种蛋白质二级结构含量变化与贮存时间的相关性，可以发现蜂王浆蛋白质二级结构中的α-螺旋、β-折叠含量以及α-螺旋/β-转角相对比值与贮存时间之间存在着良好的相关性，$R^2>0.9500$。因此，完全有可能利用这种良好的线性关系，通过分析蜂王浆二级结构的相对含量变化，来预测和判断蜂王浆在不同温度下的贮存时间和新鲜度。

四、小　结

蜂王浆的贮存时间、温度与其新鲜度、品质及功效存在很强的相关性。本试验测定了不同贮存条件下蜂王浆 Fourier 变换红外光谱的变化规律，并利用曲线拟合方法定量计算蛋白质二级结构，分析其变化规律。结果表明：随着贮存时间增加和温度升高，蜂王浆蛋白质二级结构的α-螺旋和β-折叠分别显著减少和增加，β-转角也有增加的趋势，其变化幅度为28℃>16℃>4℃>−18℃，变化规律与公认的的蜂王浆长期贮存应冷冻（−18℃），短期贮存可冷藏但不能经受高温的理论相吻合。而且，蜂王浆蛋白质二级结构中的 α-螺旋、β-折叠含量以及 α-螺旋/β-转角的比值与贮存时间具有良好的线性关系。因此，FTIR 红外光谱结合去卷积、二阶导数和曲线拟合方法是分析蜂王浆蛋白质二级结构的有效方法，同时也是评价蜂王浆品质和新鲜度的一条合适的新途径。

第三节　基于显色反应快速测定蜂王浆的新鲜度

本节建立了一种基于蜂王浆和 HCl 之间的显色反应来检测蜂王浆新鲜度的方法，结果表明，基于颜色参数的分析可以区分经历不同时间和温度贮存的蜂王浆样品。在 -18℃ 和 4℃ 下贮存 28 d 的蜂王浆的颜色参数与新鲜样品相当，这与实际的蜂王浆生产和保存条件一致。建立的新鲜度快速评价方法实用、快速，可以用于蜂王浆新鲜度的现场快速分析。

一、概　述

蜂王浆是一种浓稠的乳状物质，富含咽下腺分泌的蛋白质和工蜂上颚腺分泌的其他营养物质等（Townsend & Lucas，1940；Lercker et al.，1981）。蜂王浆在蜜蜂的级型分化中发挥重要作用：饲喂大量蜂王浆的幼虫发育成蜂王，而在蜂群中喂食少量蜂王浆的幼虫发育成了不育的工蜂（Townsend & Lucas，1940）。蜂王浆具有多种保健功能，包括舒张血管、降血压（Shimoda et al.，1978；Matsui et al.，2002）、抗肿瘤（Townsend et al.，1960）、抗炎（Fujii et al.，1990）、抗疲劳（Kamakura et al.，2001b）、抗过敏（Kataoka et al.，2001）活性，以及增加鸡胚胎的生长速度（Kawamura，1961）和促进骨愈合（Vittek & Halmos，1968）等，并在许多国家作为健康食品和化妆品被广泛推广和商业化，尤其是在中国和日本（FAO，1996）。

如果贮存条件不当，蜂王浆的营养组分可能会损坏并减弱甚至丢失其保健功效。为了更好保存和维护其功能特性，蜂王浆必须贮存在 4℃ 或 -18℃ 条件下（Fik et al.，1992；Chen & Chen，1995；FAO，1996；AQSIQ，2002）。因此，为了确保蜂王浆质量，有必要评估蜂王浆的新鲜度。蜂王浆的不适当贮存伴随着各种物理和化学性质的变化，例如黏度、可滴定酸度、颜色、酶活性、水溶性蛋白质和游离氨基酸（Kamakura et al.，2001a）；王浆肌动蛋白 royalactin（以前命名为 57-kDa 蛋白）与贮存温度和时间成比例降解（Kamakura et al.，2001a；Kamakura，2011），糠氨酸的含量（"早期"美拉德反应的标志物）也会随着贮存温度和时间增加（Maconi et al.，2002）。所有这些参数都被认为可能是蜂王浆新鲜度和质量指标的基础，但它们要因为受到各种因素的影响（Maconi *et al.*，2002）而缺乏可靠性，要么需要复杂的样品制备和精密的高效液相色谱（HPLC）系统来定量（与王浆肌动蛋白和糠氨酸一样）。本节介绍了一种用盐酸显色反应快速评估蜂王浆新鲜度的方法。

二、材料与方法

（一）样品

（1）从浙江省的 10 个意大利蜜蜂蜂场购买 10 个新鲜蜂王浆样品，采集的样品在冷藏条件下迅速带到实验室，并贮存于 -18℃下。产浆蜂群的饲料由蛋白质饲料（50%茶花粉 + 50%大豆）和糖浆组成。

（2）将每个蜂王浆样品分装到 40 个密封玻璃瓶中。这些样品随机分成 4 组：10 瓶贮存在 -18℃，10 瓶贮存在 4℃，10 瓶贮存在室温 [（25±2）℃]，10 瓶贮存在 30℃。在 1 d、3 d、5 d、7 d、9 d、11 d、14 d、21 d 和 28 d 时每组分别取 1 小瓶进行试验。

（3）不同来源的蜂王浆成分会有一定的差异（Sabatini *et al.*，2009 年）。为了验证该方法的可靠性，我们在 2010 年 4 月油菜盛花期，从 10 多个意大利蜜蜂养蜂场各收集 1 个新鲜样本。将每个样品放入 4 个密闭玻璃瓶中，分别在 -18℃、4℃、30℃和室温下保存 21 d。

（4）每个小瓶样品进行 2 次平行试验，结果取其平均值。为了避免蜂王浆反复冻融变质，每瓶只取样一次。

（二）比色分析

称取 1 g 蜂王浆置于 15 mL 离心管中，加入 10 mL 浓 HCl。将混合物剧烈震荡 10 s 后转移到 10 mL 石英比色皿中（长：宽：高 = 37.5 mm：12.0 mm：49.5 mm，比色皿壁厚 1 mm），用于室温下的透光率测量。混合物的颜色用 CIE Lab 颜色坐标的红-绿轴（A）和蓝-黄轴（B）和亮度（L）表示。每个样品以 8 个时间间隔测量溶液颜色变化，蜂王浆与盐酸混合后 40 s 开始第一次记录，此后每 30 s 测量一次，直至 250 s。加入 HCl 几小时后，所有混合物的颜色都会变成黑色（图 7-17）。由于 250 s 期间已经可以获得比色分析所基于的最宽色谱，分析时只记录并采用前 250 s 数值。

（三）数据分析

基于描述性统计，选择使用 a-b 值作为蜂王浆新鲜度分析的颜色指数。

使用参数 a 和 b 的组合作为颜色指数比单独使用的任一参数分离度更好。亮度值不随贮存时间而变化，不作为判别参数。

（四）室温贮存的蜂王浆样品新鲜度评价

为了确定是否能够预测蜂王浆样品的贮存时间和评估所获得正确分类的百分比（作为该方法准确性的指标），我们对未转换的 a-b 指数值进行了判别分析。将 2010 年样本的 8 个测量点处的 a-b 指数值作为非分组案例纳入判别分析中，以验证基于 2009 年数据模型的分类是否正确。

（五）贮藏温度对蜂王浆新鲜度评价的影响

采用前述方法，将在-18℃、4℃ 和 30℃ 下贮存的样品与盐酸进行化学反应并测定 Lab 值。并对在-18℃、4℃、30℃ 和室温下贮存 0~28 d 的样品，进行了 a-b 指数值的判别分析。

三、结果与讨论

（一）显色反应

在将浓 HCl 加入蜂王浆样品后，溶液的颜色立即开始变化。随着贮存时间和温度的增加，混合物颜色越来越深。溶液分别在 1 h 和 3 h 内从黄色或粉红色变成棕色，随后慢慢变黑。在前 10 min，在室温下贮存 7~28 d 的样品与在-18℃ 下贮存 28 d 的样品相比显示出不同的颜色（分别为粉紫色和浅黄色，图 7-17、彩插）。

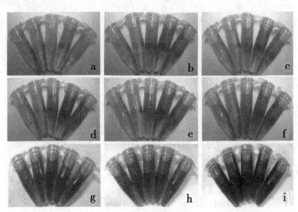

图 7-17 蜂王浆与盐酸反应的颜色变化

Fig. 7-17 The development of the chromogenic reaction of royal jelly and HCl

注：将 0.15 g 蜂王浆样品与 1.5 mL 浓 HCl 在 Eppendorf 管中混合，并将混合物剧烈摇动 10 s。从左到右的样品是蜂王浆在-18℃ 下贮存 28 d，在室温下贮存 7 d、14 d、21 d 和 28 d。图中 a、b、c、d、e、f、g、h 和 i 显示溶液的颜色，分别为加入 HCl 后，70 s、130 s、170 s、250 s、5 min、10 min、30 min、1 h 和 3h

导致颜色变化的化学反应机理目前尚不清楚。但蜂王浆中的有机化合物，如蛋白质、多肽、酯类和碳水化合物，在酸性溶液中会被水解（Roach & Gehrke，1970；Challinor，2001）。尽管蜂王浆蛋白水解产生的大多数氨基酸（Boselli *et al.*，2003年；Wu *et al.*，2009年）在酸性溶液中稳定，但色氨酸易于氧化，在浓盐酸中，其中的吲哚环会与脂肪族或芳香醛反应产生有色衍生物（Friedman & Finley，1971）；此外，色氨酸与丙酮酸（一种由蛋白质或碳水化合物水解而来的衍生物）的反应，会导致棕色到黑色的溶液和沉淀物的生成（Olcott & Fraenkel-Conrat，1947）。因此，我们猜测与色氨酸的反应是蜂王浆和盐酸溶液颜色变化的可能之一。

（二）室温下蜂王浆贮藏时间的估算

在室温下存储时间不同的样品其 a-b 值出现了显著差异（图7-18），对所测量的参数或这些参数的组合进行统计分析，可以分辨经历了不同贮存时间的蜂王浆。尽管没有一个单独的分析或参数能给出足够的分辨率以准确评估蜂王浆贮存时间，但是我们能够根据几个分析确定一个样本贮存的时间是"小于"还是"超过"某一特定天数。

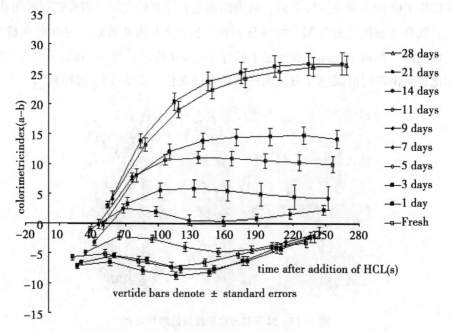

图7-18 在加入HCl 40 s后，蜂王浆色度变化情况（以30 s的间隔测量）（平均值±SE）。每条曲线表示一种在室温下贮存不同时间的样品

Fig. 7-18 Changes in coloration of royal jelly（average ± SE）at 30-second intervals，40 seconds after addition of HCl. Each curve represents a sample stored at room temperature for various durations before colorimetric analysis

以与 HCl 混合后测得的 8 个比色指数值的平均值为准，发现贮存时间小于 11 d 的样品与大于 11 d 的样品之间存在显著差异（$F=50.94$，$P<0.01$）。以曲线下面积为参数，在相同的贮存时间点附近的样品具有良好的分离度。使用向蜂王浆中加入浓 HCl 后，反应时间为 130 s 和 160 s 时指数的平均值，发现贮存 9 d 前后颜色指数差异显著（$F=75.38$，$P<0.01$）。尽管差异显著（$F=34.25$，$P<0.01$），但由于存在重要的重叠，我们依然不能根据添加 HCl 后的 8 个值的最大值来确定贮存时间。

在盐酸添加后 8 次测定的基础上进行判别分析，结果表明：蜂王浆贮存时间小于或等于 5 d 和超过 5d 的样品颜色特征分离效果较好，92% 的样品被模型正确分类。进一步缩小贮存时间，发现 3 组（新鲜至 5 d、7~9 d、11~28 d）样品的正确分类率降低至 81%，这主要是由于最后两个组之间的重叠（图 7-19）。

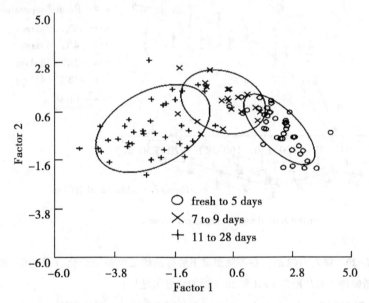

图 7-19 基于 8 次测量的蜂王浆比色指数（a-b，未转化数据）进行判别分析，加入 HCl 后 40 s，间隔 30 s 测定。每组包含在室温下存储不同持续时间的样品

Fig. 7-19 Discriminant analysis based on 8 measurements of colorimetric index (a-b, untransformed data) of royal jelly taken at 30-second intervals, 40 seconds after addition of HCl. Groups contain samples stored for different durations at room temperature

（三）贮藏温度对蜂王浆新鲜度的影响

贮藏温度越高，蜂王浆样品的比色指数变化越快（图 7-20）。与新鲜蜂王浆相比，在 -18℃ 保存 28 d 对指数几乎没有影响（值<0）。相反，在 30℃ 下贮存 14 d 后，指数会发生很大偏差（值趋于 25，图 7-20）。根据 4 种温度下保存的样品的颜色指

数进行判别分析，结果表明：低温（-18℃和4℃）和高温（室温和30℃）贮藏的蜂王浆颜色特性有较好的分离性。鉴于在-18℃和4℃或室温和30℃下贮存的样品之间存在重要的重叠，只有44.7%的样品被模型正确分类（表7-9）。170个（17组×10个样本）样品中只有8个样品在低温和高温之间的分类不正确。当贮存在-18℃和4℃的样品被分配到1组，而贮存在室温和30℃的样品被分配为另一组时，判别分析显示出更好的预测能力，170个案例中只有2例（1.2%）被错误分类。

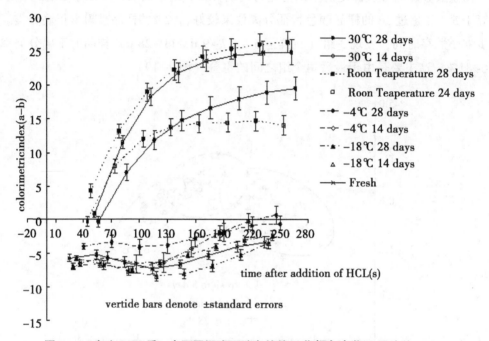

图7-20 加入HCl后，在不同温度下贮存的蜂王浆颜色变化（平均值±SE）（仅显示了新鲜蜂王浆和贮存14 d和28 d时的样品的结果）

Fig. 7-20 Changes in coloration of royal jelly（average ± SE）stored at different temperatures after addition of HCl. For clarity, only results for fresh royal jelly and samples stored for 14 and 28 days are shown

以2010年的样本不同贮存时间的颜色指数作为标准值建立模型，在40个（4组×10个样本）案例中，只有2例在低温（-18℃和4℃）和高温（室温和30℃，表7-9）之间的分类不正确。这表明，试验通过对大量样品的分析，证实了该方法的可靠性，尽管不同来源的蜂王浆成分存在差异，该方法仍可推广应用。

对不同温度下保存的蜂王浆的分析表明，低温贮藏（4℃和-18℃）有助于保持蜂王浆的新鲜度至少一个月，因为这一时期的颜色指数与新鲜蜂王浆相似。相反，在较高温度下存储增加了颜色变化的速度。

表7-9　在加入盐酸40 s后以30 s间隔对采集的8组蜂王浆的比色指数（a-b，未转化数据）值判别分析的分类结果。包含在-18℃、4℃、30℃和室温下贮存0 d、7 d、14 d、21 d、28 d的样品

Tab. 7-9　Classification results of the discriminant analysis based on 8 measurements of colorimetric index (a-b, untransformed data) of royal jelly taken at 30 second intervals 40 seconds after addition of HCl. Groups contain samples stored for 0, 7, 14, 21, 28 days at -18, 4, 30 and room temperature

			classification results															
		Fresh	-18℃				4℃				RT				30℃			
	days	0	7	14	21	28	7	14	21	28	7	14	21	28	7	14	21	28
Fresh	0	4	2	3	1													
-18℃	7	2	3	3														
	14	1		5	5													
	21		1	1	5	2	1	2	2									
	28	1		2	2	1	1	1	1									
4℃	7	2	3				1										1	1
	14	1	1				1	4									1	1
	21	3			2	1	1	1	1									
	28	1		2	2	1			2	1						2		
samples used in the model																		
RT	7										10							
	14										5	5	1	1				1
	21										1	1	2	1			3	2
	28											1	1	5			1	3
30℃	7										2				8			2
	14										1	1				5	2	1
	21										1					1	7	1
	28										1	1		20			1	6
Ungrouped cases	-18℃ 21	6	4					1				5						1
	4℃ 21	4	2				3	2							1			2
	RT 21											5				7	8	2
	30℃ 21																8	2

四、小 结

试验结果表明，加入浓盐酸后，在室温下贮存超过 1 周的蜂王浆的颜色与新鲜蜂王浆的颜色显著不同，使用色度计能精确地记录它们的比色指数，结合统计学方法，能对样品间的差异进行准确描述。此外，建立的比色法从样品制备到结果读数只需要 6 min，可以实现野外或现场实时评价蜂王浆新鲜度和质量。

综上，与现有的其他分析方法相比较，测量蜂王浆样品的颜色变化是一种更快速，更容易确定其新鲜度的方法。该方法可为蜂王浆新鲜度鉴定标准的建立提供依据。

参考文献

卞为东，孙素琴，黄岳顺．1998.FT-IR 光谱法研究天花粉蛋白溶液的二级结构 [J].现代仪器使用与维修，(6)：15-17.

陈建波，周群，孙素琴，等.2007.红参类中药注射剂红外光谱法宏观质量控制标准的研究 [J].光谱学与光谱分析，27 (8)：1493-1496.

慈云祥，高体玉，冯军，等.1998.乳腺癌变组织的 Fourier 变换红外光谱研究 [J].科学通报，43 (24)：2627-2632.

吉挺，陈晶，焦雅君.2006.蜂王浆中 γ-球蛋白分子质量与贮存时间相关分析 [J].扬州大学学报（农业与生命科学版），27 (2)：83-85.

凌晓锋，徐智，徐怡庄，等.2005.傅里叶变换红外光谱应用于乳腺癌临床诊断的探索 [J].光谱学与光谱分析，25 (2)：198-200.

刘红云，童富淡，李宜梅，等.2003.贮存温度、时间对蜂王浆水溶性蛋白的影响 [J].食品与发酵工业，29 (6)：1-4.

孙素琴，赵树兵，卢为琴，等.1996.PS Ⅱ RC 光抑制过程中蛋白质二级结构变化的 FTIR 光谱法研究「J].光谱学与光谱分析，16 (4)：25-27.

孙素琴，周群，张宣，等.2000.傅里叶变换拉曼光谱法无损鉴别植物生药材 [J].分析化学，28 (2)：211-214.

王凡，凌晓峰，杨展澜，等.2003.直肠癌和直肠正常组织的傅里叶变换红外光谱研究 [J].光谱学与光谱分析，23 (3)：498-501.

王加聪，陈坤，李晓栋，等.中国人民共和国国家发明专利：蜂王浆及冻干粉活性的生物测定方法 [P].申请号：02138452.5；公开号：CN 1412566 A.

吴斌.1994.酶活性部位柔性 [D].北京：中国科学院生物物理研究所.

吴瑾光.1994.近代傅里叶变换红外光谱技术及应用 [M].北京：科学技术文献出版社.

吴景贵，曾广斌，汪冬梅，等.1997.玉米叶片残体腐解过程的傅里叶变换红外光谱研究［J］.分析化学，25（12）：1395-1400.

吴婧，孙素琴，周群，等.2007.丹参配方颗粒红外无损快速分析研究［J］.光谱学与光谱分析，27（8）：1535-1538.

谢孟峡，刘媛.2003.红外光谱酰胺Ⅲ带用于蛋白质二级结构的测定研究［J］.高等学校化学学报，24（2）：226-231.

詹达琦，张晓明，孙素琴.2007.基于小波变换的二维红外相关光谱鉴别人参的生长年限［J］.光谱学与光谱分析，27（8）：1497-1501.

张极震，梁圻.1995.水在稳定肌红蛋白天然结构中的作用［J］.生物物理学报，11（1）：5-10.

AQSIQ. 2002. The quality standard of royal jelly ［S］. Beijing, China：General Administation of Quality Supervision, Inspection and Quarantine（AQSIQ）of People's Republic of China.

Arrondo J L, Muga A, Castresana J, et al.. 1993. Quantitative studies of the structure of proteins in solution by Fourier-transform infrared spectroscopy ［J］. Progress in Biophysics & Molecular Biology, 59（1）：23-56.

Boselli E, Caboni MF, Sabatini AG, et al.. 2003. Determination and changes of free amino acids in royal jelly during storage ［J］. Apidologie, 34：129-34.

Byler D M, Brouiliette J N, Susi H. 1986. Quantitative studies of protein structure by FT-IR spectra deconvolution and curve-fitting ［J］. Spectroscopy, 1（3）：29-39.

Byler D M, Susi H. 1986. Examination of the secondary structure of proteins by deconvolved FTIR spectra ［J］. Bioploymers, 25（3）：469-487.

Cabrera-Vera T M, Vanhauwe J, Thomas T O, et al.. 2003. Insights into G protein structure, function, and regulation ［J］. Endocrine Reviews, 24（6）：765-781.

Challinor JM. 2001. Review：the development and application of thermally assisted hydrolysis and methylation reactions ［J］. Journal of Analytical and Applied Pyrolysis, 61：3-34.

Chen C, Chen S. 1995. Changes in protein components and storage stability of Royal Jelly under various conditions ［J］. Food Chemistry, 54：195-200.

Chen C, Chen S. 1995. Changes in protein components and storage stability of royaljelly under various conditions ［J］. Food Chemistry, 54：195-200.

Chen Y, Inbar Y, Hadar Y. 1989. Chemical properties and solid-state CAMAS[13]C-NMR of composted orginac matter ［J］. Science of the Total Environment, 82：201-208.

Chinshuh C, Soe-Yen C. 1995. Changes in protein components and storage stability of royal jelly under various conditions ［J］. Food Chemistry, 54：195-200.

Cristina M, Fiorenza M, Emanuele M. 2005. Storage stability assessment of freeze-dried royal jelly by furosine determination ［J］. Journal of Agricultural and Food Chemistry, 53（11）：4440-4443.

Crupi V, Doenico D D, Imterdonato S, et al.. 2001. FT-IR spectroscopy study on cutaneous neoplasie

[J]. Journal of Molecular Structure, 563-564: 115-118.

Delaunay D, Rabiller-Baudry M, Gozálvez-Zafrilla J. 2007. Mapping of protein fouling by FTIR-ATR as experimental tool to study membrane fouling and fluid velocity profile in various geometries and validation by CFD simulation. Chemical Engineering and Processing: Process Intensification, In Press, Accepted Manuscript, Available online 25 December 2007.

Durig D T, Esterle J S, Dickson T J, et al.. 1988. An investigation of the chemical variability of woody peat by FT-IR spectroscopy [J]. Applied Spectroscopy, 42 (7): 1239-1244.

FAO. 1996. Value - added products from beekeeping. Rome, Italy: FAO Agricultural Services Bulletin 124.

Fik M, Firek B, Leszczynska-Fik A, et al.. 1992. Effect of refrigerated storage on the quality of royal jelly [J]. Pszczelnicze Zeszyty Naukowe 36: 91-101.

Fink A L. 1998. Protein aggregation: folding aggregates inclusion bodies and amyloid [J]. Folding and Design, 3 (1): R9-15.

Friedman M, Finley JW. 1971. Methods of tryptophan analysis [J]. Journal of Agricultural and Food Chemistry, 19: 626-31.

Fujii A, Kobayashi S, Kuboyama N, et al.. 1990. Augmentation of wound healing by royal jelly in streptozotocin-diabetic rats [J]. Journal of Pharmacological Sciences, 53: 331-7.

Haris P I, Lee D C, Chapman D. 1986. A Fourier transform infrared investigation of the structural differences between ribonuclease A and ribonuclease S [J]. Biochimica et Biophysica Acta, 874 (3): 255-265.

Heyes C D, Eisayed M A. 2001. Effect of temperature, pH and metal ion binding on the secondary structure of bacteriorhodopsin: FT - IR study of the melting and premelting transition temperatures [J]. Biochemistry, 40 (39): 11819-11827.

Inbar Y, Chen Y, Hadar Y. 1991. Carbon-13 CPMAS NMR and FTIR spectroscopic analysis of organic matter transformations during decomposition of solid wastes from wineries [J]. Soil Science, 152: 272-282.

Jean F, Ois A, Sarah Z, et al.. 2003. Evaluation of (E) -10-hydroxydec-2-enoic acid as a freshness parameter for royal jelly [J]. Food Chemistry, 80 (1): 85-89.

Jozef S. 2001. Some properties of the main protein of honeybee (Apis mellifera) royal jelly [J]. Apidologie, 32 (1): 69-80.

Kamakura M, Fukuda T, Fukushima M, et al.. 2001. Storage - dependent degradation of 57 - kDa protein in royal jelly: a possible marker for freshness [J]. Bioscience, Biotechnology and Biochemistry, 65 (2): 277-284.

Kamakura M, Mitani N, Fukuda T, et al.. 2001b. Antifatigue effect of fresh royal jelly in mice [J]. Journal of Nutritional Science and vitaminology, 47: 394-401.

Kamakura M. 2011. Royalactin induces queen differentiation in honeybees [J]. Nature, 473: 478-83.

Kataoka M, Arai N, Taniguchi Y, *et al.*. 2001. Analysis of anti-allergic function of royal jelly [J]. Nature Medicine, 55: 174-80.

Kawamura J. 1961. Influence of gelee royale on chick embryos [J]. J Showa Med Assoc 20: 1465-71.

Lercker G, Capella P, Conte LS, *et al.*. 1981. Components of royal jelly: I. identification of the organic acids [J]. Lipids, 16 (12): 912-9.

Maconi E, Caboni MF, Messia MC, *et al.*. 2002. Furosine: a suitable marker for assessing the freshness of royal jelly [J]. Journal of Agricultural and Food Chemistry, 50: 2825-9.

Masaki K, Toshiyuki F, Makoto F, *et al.*. 2001. Storage-dependent degradation of 57-kDa protein in royal jelly: a possible marker for freshness [J]. Bioscience, Biotechnology, and Biochemistry, 65 (2): 277-284.

Matsui T, Yukiyoshi A, Doi S, *et al.*. 2002. Gastrointestinal enzyme production of bioactive peptides from royal jelly protein and their antihypertensive ability in SHR [J]. Journal of Nutritional Biochemistry, 13: 80-6.

Mozhaev V, Heremans K, Frank J, *et al.*. 1996. High pressure effects on protein structure and function [J]. Proteins Structure Function and Genetics, 24 (1): 81-91.

Nakanshi K, Solomon P H. 1984. 红外光谱分析 100 例 [M]. 王绪明译. 北京: 科学出版社, 8-45.

Okada I, Sakai T, Matsuka M. 1997. Changes in the electrophoretic patterns of royal jelly proteins caused by heating and storage [J]. Chemistry Abstract, 91: Article 34385y.

Olcott HS, Fraenkel-Conrat H. 1947. Formation and loss of cysteine during acid hydrolysis of proteins: role of tryptophan [J]. Journal of Nutritional Biochemistry, 171: 583-94.

Olinger J M, Hill D M, Jakobsen R J, *et al.*. 1986. Fourier transform infrared studies of ribonuclease in H_2O and H_2O_2 solutions [J]. Biochimica et Biophysica Acta, 869 (1): 89-98.

Roach D, Gehrke CW. 1970. The hydrolysis of proteins [J]. Journal of Chromatography A, 52: 393-404.

Sabatini AG, Marcazzan GL, Caboni MF *et al.*. 2009. Quality and standardisation of royal jelly [J]. J ApiProd ApiMed Sci 1: 1-6.

Shimoda M, Nakajin S, Oikawa T *et al.*. 1978. Biochemical studies on vasodilative factor in royal jelly [J]. Yakugaku Zasshi, 98: 139-45.

Stocker A, Rossmann A, Kettrup A, *et al.*. 2006. Detection of royal jelly adulteration using carbon and nitrogen stable isotope ratio analysis [J]. Rapid Communications in Mass Spectrometry, 20 (2): 181-184.

Sule-suso J, Zholobenk O V, Stone N, *et al.*. 2003. 30 efects of chemotherapy on lung cancer cel lines measured with Fourier Transform Infrared Spectroscopy [J]. Lung Cancer, 41: 281-286.

Sun W, Fang J, Cheng M, *et al.*. 1997. Secondary structure dependent on metal ions of copper, zinc superoxide dismutase investigated by Fourier transform IR spectroscopy [J]. Biopolymers, 42 (3): 297-303.

Surewicz W K, Mantsch H H, Chapman D. 1993. Determination of protein secondary structure by Fourier transform infrared spectroscopy: a critical assessment [J]. Biochemistry, 32 (2): 389-394.

Susi H, Byler D M. 1986. Resolution-enhanced Fourier transformation infrared spectroscopy of enzymes [J]. Methods Enzymol, 130: 290-311.

Takenaka T, Yatsunami K, Echigo T. 1986. Changes in quality of royal jelly during storage [J]. Nippon Shokuhin Kogyo Gakkaishi, 33: 1-7.

Townsend GF, Lucas CC. 1940. The chemical nature of royal jelly [J]. Biochemical Journal, 34 (8-9): 1155-1162.

Townsend GF, Morgan JF, Tolnai S et al.. 1960. Studies on the in vitro antitumor activity of fatty acids: I. 10-hydroxy-2-decenoic acid from royal jelly [J]. Cancer Research, 20: 503-510.

Wu L, Zhou J, Xue X et al.. 2009. Fast determination of 26 amino acids and their content changes in royal jelly during storage using ultra-performance liquid chromatography [J]. Journal of Food Composition and Analysis, 22: 242-249.

Yoshifumi T, Keizo K, Shinichiro I, et al.. 2003. Oral administration of royal jelly inhibits the development of atopic dermatitis-like skin lesions in NC/Nga mice [J]. International Immunopharmacology, 3 (9): 1313-1324.

Zhao X, Chen F, Xue W, et al.. 2008. FTIR spectra studies on the secondary structures of 7S and 11S globulins from soybean proteins using AOT reverse micellar extraction [J]. Food Hydrocolloids, 22 (4): 568-575.

Zheng H-Q, Hu F-L, Dietemann V. 2011. Changes in composition of royal jelly harvested at different times: consequences for quality standards [J]. Apidologie, 42: 39-47.

Zuo L, Sun S, Zhou Q, et al.. 2003. 2D-IR correlation analysis of deteriorative process of traditional Chinese medicine 'Qing Kai Ling' injection [J]. Journal of Pharmaceutical and Biomedical Analysis, 30 (5): 1491-1498.